有色金属青年科学家文库

# 矿山充填

## 膏体管输流变行为与阻力特性

程海勇　孙伟　吴顺川 ⊙ 著

Rheological Behavior and Resistance Characteristics of
Mine Filling Paste Pipeline Transportation

中南大学出版社
www.csupress.com.cn
·长沙·

**图书在版编目（CIP）数据**

矿山充填膏体管输流变行为与阻力特性／程海勇，孙伟，吴顺川著. —长沙：中南大学出版社，2024.1
ISBN 978-7-5487-5703-0

Ⅰ. ①矿… Ⅱ. ①程… ②孙… ③吴… Ⅲ. ①金属矿开采—矿山充填—流变性质—研究 Ⅳ. ①TD853.34

中国国家版本馆 CIP 数据核字(2024)第 029034 号

# 矿山充填膏体管输流变行为与阻力特性
KUANGSHAN CHONGTIAN GAOTI GUANSHU LIUBIAN XINGWEI YU ZULI TEXING

程海勇　孙伟　吴顺川 ◎ 著

| | |
|---|---|
| □出 版 人 | 林绵优 |
| □责任编辑 | 史海燕 |
| □责任印制 | 唐　曦 |
| □出版发行 | 中南大学出版社 |
| | 社址：长沙市麓山南路　　　邮编：410083 |
| | 发行科电话：0731-88876770　传真：0731-88710482 |
| □印　　装 | 湖南省众鑫印务有限公司 |

| | | |
|---|---|---|
| □开　　本 | 710 mm×1000 mm 1/16 | □印张 19　□字数 383 千字 |
| □版　　次 | 2024 年 1 月第 1 版 | □印次 2024 年 1 月第 1 次印刷 |
| □书　　号 | ISBN 978-7-5487-5703-0 | |
| □定　　价 | 160.00 元 | |

# 内容简介 / Introduction

　　本书全面系统地阐述了矿山充填中膏体流变机理与管道输送阻力特性，主要包括跨尺度颗粒赋存状态、水分迁移转化规律、料浆的时–温效应以及脉冲泵压环境阻力特性等内容。深入开展了膏体流变学的理论探讨、机理分析与工程应用，对实用膏体流变学进行了经验总结，反映了矿山充填膏体特性和管道输送近年来最新研究进展。

　　本书可为从事采矿工作的高等院校、科研院所、设计单位、施工单位专业技术人员提供参考，也可作为采矿工程专业等相关学科研究生教材。

# 序言 / Preface

　　绿水青山就是金山银山，面对"双碳"目标下的机遇和挑战，膏体充填作为金属矿开采近年来的变革性技术之一，为解决传统采矿问题、建设绿色矿山提供了新途径。膏体充填具有安全、环保、经济、高效的显著优势，可从源头上遏制采空区与尾矿库灾害，实现"一废治两害"的目标，并最大程度实现尾砂这一固体废弃物的资源化利用。膏体充填被自然资源部等列为先进适用技术，先后在国内300余座矿山得到了广泛的应用，取得了显著的经济效益与社会效益。

　　膏体充填技术的显著优势支撑和助推了《关于进一步加强尾矿库监督管理工作的指导意见》（安监总管一〔2012〕32号）、《关于印发防范化解尾矿库安全风险工作方案的通知》（应急〔2020〕15号）、《关于加强非煤矿山安全生产工作的指导意见》（矿安〔2022〕4号）等一系列文件的出台，要求"新建金属非金属地下矿应当采用充填采矿法，不能采用的要进行严格论证""全国尾矿库数量原则上只减不增"。同时，面临"三高一扰动"的复杂环境，充填采矿法将是深部开采地下矿山不得不采用的开采方法。

　　管道输送是膏体充填的一个关键环节，主要采用泵压输送和自流输送两种方式。膏体浓度高，跨尺度颗粒配比方案的复杂性、输送环境的复杂性、管网布设的复杂性以及黏、弹、塑、时变等流变行为的复杂性，从而管道输送阻力大且计算不准，容易导致堵管、爆管等事故的发生，严重影响充填系统的稳定性。

　　鉴于此，程海勇教授团队根据多年从事膏体管道输送技术的教学、科研工作积累，并融合国内外相关研究现状和最新动态，撰写了《矿山充填膏体管输流变行为与阻力特性》一书。该书紧密结合膏体自身特点和工程实际条件，从水分迁移转化的角度揭示了膏体管输过程的流变行为，提出了表征膏体流动性与稳定性的双骨架结构，分析了膏体流变行为的时温效应，建立了脉冲泵压环境长距离输送颗粒流态及阻力分析模型。

该书是膏体充填理论与技术专著体系中一本重要著作，对于充填采矿设计、科研、生产、教学具有较大的实用价值，在此推荐给广大从事充填采矿的专家与同行。

北京科技大学教授、博士生导师

中国工程院院士

2024 年 1 月于北京

# 前言 /
Foreword

　　中国矿业的强劲开发为中国经济的高速发展提供了原始动力，但受开发水平制约，在环境、安全、效率等方面也付出了巨大代价。随着国家"绿水青山"理念的提出与实践，由粗放式开采引发的环境问题和安全问题正逐步得到解决，绿色开发和深部开采将成为我国长期践行的两大主题。

　　矿山膏体充填因其显著的生态优势和技术优势已成为深部资源绿色安全开发的重要支撑力量。膏体是多尺度散体材料(全粒级尾砂、粗骨料等)与水复合而成的高浓度、饱和态、无泌水的非牛顿流体，具有不脱水、不分层、不离析的特性。全尾砂及粗骨料颗粒体系分布具有跨尺度特点，从微米级到毫米级。在料浆中大量细颗粒的絮凝作用下，膏体内部存在一定强度的絮网结构，其宏观流动形态往往以整体运动的形式呈现。在微细观层面，随着剪切变形速率的变化，颗粒群及絮网结构又存在摩擦滚动、推移运动以及压缩沉降运动等。膏体颗粒流变迁移规律及阻力演化机制研究是膏体长距离高落差稳态输送调控的基础理论。

　　膏体在长距离、高落差深井管道输送过程中，存在压力脉冲扰动剧烈、温度敏感性高、触变性强等一系列影响因素，阻力变化异常复杂。膏体在复杂条件下的流变行为和阻力变化不仅与微观絮团间的强力化学键相关，同时还受跨尺度颗粒群间的摩擦作用、颗粒与流体间动态连接机制的影响。膏体内部水分以结合水、吸附水和自由水形态存在，水分的存在形态是影响膏体流动性和形态稳定性的重要因素。科学、准确地描述膏体跨尺度颗粒群空间形态和水分赋存状态，有利于揭示剪切条件下膏体力学结构变化机理的本质问题，同时对跨尺度、高浓度、因势而变的膏体输送阻力模型的建立也具有重要意义。

本书是作者团队近年来在膏体流变学研究方面的积累，系统阐述了膏体复杂流变行为发生的微观、细观及宏观力学机理，提出了膏体在脉冲来压环境中长距离高落差稳态输送约束机制与调控方案。全书共分为 11 章，主要内容包括膏体流变学研究现状、微观颗粒状态与阻力特性、膏体水分迁移规律与双骨架结构、膏体料浆的时−温效应、考虑时−温效应的膏体管道输送阻力及工程应用、不同管道布置形式下膏体阻力特性、基于数值模拟的环管流态与阻力特性、脉冲泵压环境长距离输送颗粒流态及阻力特性、矿山固废膏体充填智能化发展前景与趋势。

本书由昆明理工大学程海勇、孙伟、吴顺川主笔，参加全书审校、资料查阅、搜集、整理、绘图、文稿校对的人员有姜关照、李红、刘津、朱加琦、牛永辉、刘泽民、马庶钊、刘伟铧、庹儒军、张京、熊艳碧等。诸位专家及研究生付出了大量时间和宝贵精力，作者在此表示衷心感谢！本书在撰写过程中，引用了许多专家、学者和矿山现场工程技术人员的重要研究成果，在此深表感谢！

在本书撰写和出版过程中，得到了北京科技大学、玉溪矿业有限公司、金川集团有限公司、云南驰宏锌锗股份有限公司、中国铜业有限公司、自然资源部高原山地地质灾害预报预警与生态保护修复重点实验室、云南省高原山地地质灾害预报预警与生态保护修复重点实验室、金诚信矿业管理股份有限公司等单位的大力支持与帮助，得到了国家自然科学基金（52074137）、云南省重大科技项目（202202AG050014）、云南省基础研究计划项目面上基金（202201AT070151）、云南省创新团队（202105AE160023）等资助。在此一并表示衷心感谢！

由于作者水平有限，书中难免存在不足之处，敬请广大读者不吝赐教、批评指正。

作 者
2023 年芒种于昆明

# 目 录 / Contents

# 第 1 章

# 绪 论

中国矿业的强劲开发为中国经济的高速发展提供了原始动力，但受开发水平和经济条件制约，其在环境、安全等方面也付出了巨大代价。我国由采选形成的尾砂积存量达到了 146 亿 t，侵占土地面积 8700 km²，相当于 4 个深圳市面积；矿山污水排放量超过 100 亿 t/a，造成了江河流域性污染，导致大面积粮食重金属超标。

随着国家"绿水青山"理念的提出与实践，由粗放式开采引发的环境和安全问题正逐步得到解决[1]。2018 年，自然资源部发布《有色金属行业绿色矿山建设规范》等 9 项行业标准，这标志着我国绿色矿山建设进入了"有法可依"的新阶段。2019 年，根据遥感监测数据统计，全国新增矿山恢复治理面积已达到 $4.8×10^4$ hm²[2]。根据《中国矿产资源报告（2022）》，目前已建有 1100 多家国家级绿色矿山，绿色矿山建设开展以来，在促进资源节约、高效利用、生态修复治理、构建矿区社区和谐关系等方面发挥了很大作用，成为矿业领域推进生态文明建设的生动实践。

金属矿绿色矿山建设的重要内涵是尾矿不入库、废石不出坑、废水不外流，充填采矿法是国家绿色矿山建设和无废矿山建设的重要手段和支撑技术[3]。工信部于 2017 年 1 月已明确指出（工信部原〔2017〕10 号）："十三五"期间，应当重点加强尾渣膏体充填技术的研究工作。2017 年 12 月，环保部公示的《2017 年国家先进污染防治技术目录（固体废物处理处置领域）》中将"矿山采空区尾矿膏体充填技术"列为示范技术。充填技术以"一充治三废，一废治两害"的思路创造性地将矿山固体废弃物高效利用，消除尾矿库并治理采空区，形成了高回收率、低贫化率的采矿方法[4]，在深部地应力控制、环境污染防治方面形成了独特优势，被加拿大矿业协会列为矿业工业领域 100 项重要创新之一。充填采矿法将成为深部采矿和绿色采矿未来可期的唯一解决方案。

## 1.1　金属矿山充填采矿发展特点

### 1.1.1　充填采矿发展史

充填采矿法已有半个多世纪的发展历史，最初以简单处理废石等矿山固体废弃物为目的，后来逐渐发展为一种控制地压、改善采矿环境、降低贫损指标、形成完整回采工艺的综合性技术。

按照充填材料和充填方式的不同，充填采矿技术经历了干式充填、水砂充填、低浓度胶结充填、高浓度充填、膏体充填等阶段，每一个发展阶段都有着其特殊的时代特征和技术特点，如图 1-1 所示。不仅在惰性材料合理利用方面有所发展，在新型胶凝材料研发、使用等方面也进行了诸多尝试和探索。

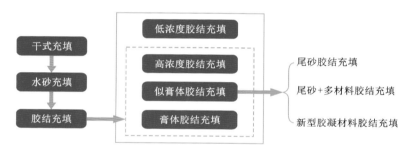

**图 1-1　充填采矿技术演化历程**

20 世纪 40 年代以前，许多矿山都将矿山废料填入采空区处理废石，后逐渐发展为一种地压控制方法，称为干式充填法。1915 年，澳大利亚的塔斯马尼亚芒特莱尔和北莱尔矿应用废石充填矿房，出现世界上最早的废石干式充填雏形，我国在 20 世纪 50 年代有 50%的有色金属矿山采用干式充填采矿法。但干式充填法效率低，且成本相对过高，使充填采矿技术的应用和发展受到很大程度的制约[5]。

水砂充填法较干式充填法具有一定优势，能够很好地避免干式充填的粉尘过大和运输工艺复杂等问题，极大地提升了输送效率[6]。水砂充填是将尾砂、炉渣、碎石等充填料以固-液两相流的方式输送到井下采空区处理废石的方法，本质上没有改善充填功能，但改变了传统的输送方式，为后续充填技术的发展提供了创新平台，促进了充填采矿技术的繁荣发展。1864 年，美国宾夕法尼亚州某煤矿为保护教堂基础首次采用了水砂充填。1909 年，南非韦特瓦特斯兰、澳大利亚北莱尔矿相继开展了水砂充填。20 世纪初，美国和加拿大发展了基于分级尾砂的水砂充填工艺，在悬浮液输送固体物料、水力旋流器脱泥等方面取得了突破[7]。水砂充填技术作为早期充填开采技术之一，也存在诸多不足，比如充填材料浓度低且需要脱水处理，充填效率并不理想。

20 世纪 60—70 年代，随着采矿高回采率和低贫化率生产需求的提高，干式充填和水砂充填技术已经不能满足高质量采矿要求，胶结充填开始逐渐发展[8]。胶结充填扩展了充填的采矿功能，是采矿工艺发展的新阶段，且胶结充填技术由于其材料的胶结性能，可以很好地避免干式充填和水砂充填的缺点。胶结充填一般是将尾砂、废石等多种惰性材料与水泥等胶凝材料混合制备成充填料浆，输送至井下采空区，形成具有一定强度和整体性的充填体，实现预定的充填功能。1962 年，加拿大 Food 矿首次采用尾砂和水泥开展了胶结充填。1968 年，凡口铅锌矿成功试验了基于卧式砂仓的分级尾砂胶结充填。

高浓度胶结充填、似膏体胶结充填和膏体胶结充填本质上是不同发展阶段对同一理想目标的不同表述，在料浆的流动性、可塑性和稳定性方面具有相似的考察指标。主要是将多尺度的惰性材料、胶凝材料、改性材料进行混合搅拌，制备出高质量浆体，输送到井下采空区，以安全、环保、经济、高效为目标，实现预定的充填功能。1977 年，金川镍矿试验了 -3 mm 棒磨砂加水泥的高浓度胶结充填工艺，并成功进行了工程应用。同年，坎宁顿矿建成了澳大利亚首座膏体充填站。20 世纪 80 年代初，德国巴德·格隆德铅锌矿成功试验了膏体泵压输送充填系统。1996 年，我国金川镍矿采用立式砂仓+皮带过滤机+柱塞泵组合，建成了国内第一套膏体充填系统，初步实现了尾砂、废水的利用。2006 年，我国会泽铅锌矿建成了国内第一座基于深锥浓密的全尾砂膏体充填系统，充填质量分数达到了79%~81%，输送距离达 5188 m。2014 年，伽师铜矿采用深锥浓密机+两级卧式搅拌+柱塞泵组合，使膏体质量分数达到了 78%~80%，首创了高泥高黏膏体充填技术，同时实现了设备国产化示范。近年来，膏体技术迅猛发展，据不完全统计，1996—2017 年，国内采用膏体技术的矿山共 244 座，如图 1-2 所示。

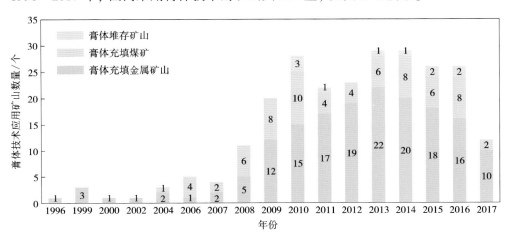

图 1-2　膏体技术在中国应用矿山数量统计（1996—2017）

### 1.1.2 未来充填技术发展趋势：膏体充填

（1）膏体充填的工艺流程

膏体充填是将符合膏体技术指标的物料通过管道运送至井下采场并实现预定功能的过程。一般来讲，其工艺流程为：将低浓度尾砂浆浓缩成高浓度砂浆，放至搅拌机内与胶凝材料、外加剂等混合搅拌，连续制备出具有一定流动特性的膏体物料，由钻孔和管道通过自流或泵压输送至充填采场，实现预定功能，如图1-3所示。膏体充填技术工艺主要由物料贮备、充填准备、尾矿浓密、膏体制备、管道输送等5个工序组成[1]。

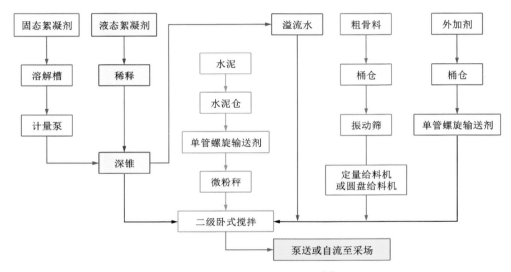

图1-3 膏体充填工艺流程[1]

（2）膏体充填的技术优势

膏体充填采矿具有诸多优点，如维护围岩稳定、减少地表沉陷、提高矿产资源回收率和保护环境等，可有效解决尾矿库环境污染问题，保证矿山的可持续发展。膏体充填技术运用全尾砂这一"废"来治理开采引起的地质灾害与地表尾矿库溃坝两个矿山重大灾"害"，即形成了"一废治两害"的功用[9]。除此之外，膏体充填固含量大，充填体强度高，即用少量胶结材料就能达到较高的强度，充填体接顶性能和整体性能良好，大大降低了采矿充填成本。

（3）膏体充填是深地充填技术的最佳选择方案

浅部资源经过长期大规模开采已接近枯竭，未来矿产开发将进入1500～3000 m的深地领域，而深部资源开发需要解决的核心安全问题是附加高地应力引发的安全问题。大量文献资料显示，高能级岩爆与矿震、软岩大变形、采空区大面积失稳、冒顶和片帮等动力灾害问题在矿山深部开采中时有发生，且难以精准预测和有效防治。膏体充填采矿法具有采场不脱水、接顶性能好及力学性能高等优势，相较于传统充填采矿法，其在显著降低充填成本的同时，充填体还能够达到良好的接顶性能及力学稳定性，可有效吸收转移应力，缓解区域地压，为解决深部硬岩岩爆、软岩大变形等一系列重大安全问题提供可靠的解决方案[10]。

### 1.1.3　充填采矿设计理念与技术革新

充填采矿设计理念与技术的革新长期伴随着国家政策的调整、经济状况的改善、安全意识的提高、环保需求的提升、工业基础的增强和科技水平的进步等不断发展。近年来，充填采矿技术得到了极大推广，也进一步倒逼了充填理念、充填理论和充填技术的发展。吴爱祥、周爱民等[10, 11]认为，在理想条件下，充填采矿法可达到回采率高、产废率低、矿区环境损伤微小、无尾矿库和无废石场的目标。现代充填设计理念与技术路线如图 1-4 所示。

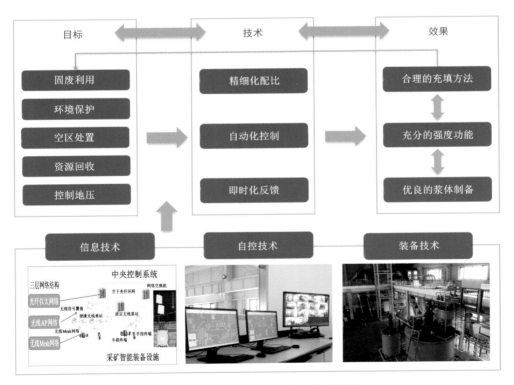

图 1-4　现代充填设计理念与技术路线

在充填采矿方法设计过程中，首先要根据工程要求确定合理的预期目标，主要包括固废利用、强度改善、空区处置、资源回收、地压控制等。在充填采矿设计时一般需要综合考虑一个或多个目标，并建立与经济成本、工程安全、系统效率相关联的综合化方案[12]。固废利用主要指对采选冶形成的尾砂、废石、炉渣等固体废弃物的处理利用，近年来，多所大型城市正在探索城市垃圾深埋充填的资源化利用。

其次要利用信息技术、自控技术和装备技术实现充填材料的精细化配比、充填过程的自动化控制和充填参数的即时化反馈。这一过程伴随着科技的发展在不断调整优化，通过集散控制系统（DCS）、可编程逻辑控制器（PLC）或 DCS+PLC 混合式控制系统，借助自动化设备、仪器、仪表对放砂质量、配比质量、搅拌质量、输送质量和采场充填质量的全链条控制、连锁启停，避免人为监测、矫正带来的随机性与滞后效应。

最后在充填效果方面，最终目标是满足充填采矿方法的宏观需求，实现不同工艺下的人机行走、自立支撑、高强护顶等功能，形成安全、连续、高效的回采工序，这对强度的稳定发挥提出了苛刻要求。由于充填料浆在井下受到热-水-力-化多场、多因素综合作用，同时料浆在采场流动、固结过程中存在分层离析等行为，在水平和竖直方向均存在强度分布紊动现象，且沿深度方向强度差值可达 11 倍，如图 1-5 所示，故充填体强度控制困难。以调控充填质量分数、改善级配结构为主线，综合平衡充填料浆的流动性、稳定性和可塑性，制备优质的充填料浆成了充填设计中最基础、最有效和最关键的技术问题。

近年来，随着矿业可持续发展理念的不断深化，新兴的充填理念更迭涌现，并朝着高效利用资源、有效保护环境、有序修复生态、减少"三废"排放和安全高效节能的新阶段迈进。较为典型的包括"膏体+多介质协同充填"理念、"同步充填"理念和"功能性充填"理念等。

（1）膏体+多介质协同充填理念

膏体+多介质协同充填是充填采矿法在绿色生态与工程安全综合要求下的理念革新。膏体主要由矿山尾砂、矿山废石、水泥等材料制备而成，能够形成高强度结构，起到有效承压作用。多介质主要采用廉价的矿山废石、工业固废、城市建筑垃圾等散体材料制备而成，在采场中具有松散孔隙，可有效吸收采场高应力，起到有效让压作用，具有深部安全适应性和经济成本低廉性。基于该理念所提出的高地应力环境低成本采矿方法如图 1-6 所示。在回采阶段，采用六角形全断面一次性回采；在充填阶段，将六角形断面沿水平半腰线划分为上、下两部分，下部的倒梯形断面中采用多介质进行充填，上部的梯形断面中采用膏体进行充填，六角形采矿进路形成交错布置局面，膏体与多介质呈蜂窝状镶嵌组合结构。该方法在经济、环保、安全等方面形成了综合优势。

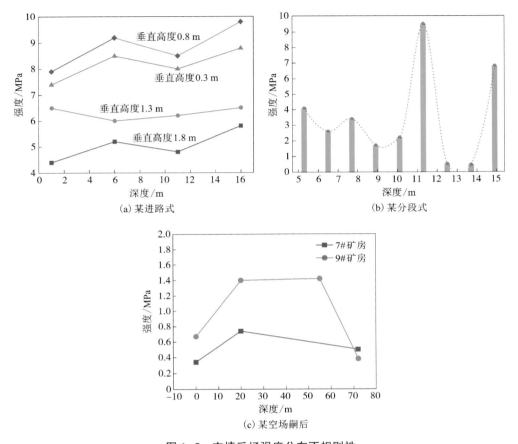

(a) 某进路式

(b) 某分段式

(c) 某空场嗣后

图 1-5　充填采场强度分布不规则性

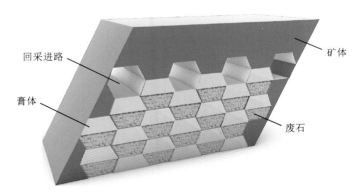

图 1-6　基于膏体+多介质协同充填的高地应力环境低成本采矿方法

（2）同步充填理念

同步充填基本理念是在采空区空间尚未全部释放时，将采空区部分空间先行作为转换空间，将充填工序前移至采场出矿工序环节同步实施[13]。该理念深化了协同开采的内涵，激发了采矿工艺的变革发展。基于该理念所提出的大量放矿同步充填无顶柱留矿采矿法，能够防止围岩大量片落，控制矿石贫化率和损失率，限制地表沉陷，同时促进了放矿学理论的新发展[14]。

（3）功能性充填理念

功能性充填是在满足结构性充填的基础上，具有载冷、蓄热、储能、资源储备、核废弃物堆存等拓展功能的矿山充填技术[15]。根据充填材料实现效能的不同，可将功能性充填划分为载冷/蓄冷功能性充填、蓄热/释热功能性充填以及储库式功能性充填3种基本类别[16]。矿山功能性充填以深地矿床-地热协同开采、井下空区再利用等为着眼点，拓展了传统矿山的充填功能，为生产矿山或废弃矿山的转型升级提供了新路径。

### 1.1.4　矿山固废充填力学

充填法作为一种有效控制地压的方法，其充填体需要承受一定程度的压力，这与充填体的力学性质有关。充填体强度受材料和环境等多方面因素影响，而充填体力学强度设计与开采方法、经济效益等具有较大关联，因此需要对矿山固废充填力学进行研究，解决充填法工程应用中的力学强度的相关问题。

1987年版《采矿手册》将充填采矿方法分为垂直分条充填采矿法、上向分层充填采矿法、上向进路充填采矿法、下向分层充填采矿法、方框支架充填采矿法及削壁充填采矿法6大类。2009年版《采矿工程师手册》将充填采矿法分为分层充填法、进路充填法、壁式充填法、削壁充填法、分段充填法和嗣后充填法6大类。随着充填功能的不断细化，充填采矿方法的范围也在逐渐扩展，按方向可划分为上向式、下向式、倾斜式；按空区体积可划分为进路式、分层式、分段式；按充填时序可与空场法结合形成嗣后充填，包括分段空场嗣后充填、阶段空场嗣后充填、垂直深孔落矿阶段矿房（VCR）嗣后充填等。

充填体强度设计会受不同采矿方法影响，导致不同采矿方法开采成本的差异性。《有色金属采矿设计规范》（GB 50771—2012）中规定：采用低强度上向水平分层胶结充填时，每分层充填面上宜铺设厚度不小于0.3 m、强度不低于3 MPa的胶结充填体；采用下向分层充填采矿法时，分层假顶充填体单轴抗压强度应不低于3 MPa；嗣后充填时，当充填体需要为相邻矿块提供出矿通道或底柱需要回收时，充填体底部应采用高灰砂比胶结充填，充填体强度应大于5 MPa。在国外，仅进行空区处置时，充填体早期单轴抗压强度一般要达到150~300 kPa；当作为矿柱回采支撑时，28 d单轴抗压强度要大于1 MPa；当充填体作为顶板支撑时，单轴抗压强度要大于 4 MPa[17]。不同的充填采矿方法在综合成本方面具有较大差异,阶段空场嗣后充填采矿法的成本一般在 100 元/t 左右,上向水平分层充填采矿法的综合成本为 175~200 元/t,下向水平分层充填采矿法的综合成本达到了 400 元/t。

矿山充填不仅涉及充填体与围岩的相互作用关系,还涉及充填料浆制备、输送与采场流动等问题,与岩石力学、流体力学、流变力学、弹塑性力学等学科密切相关。矿山充填力学研究框架如图 1-7 所示[18]。

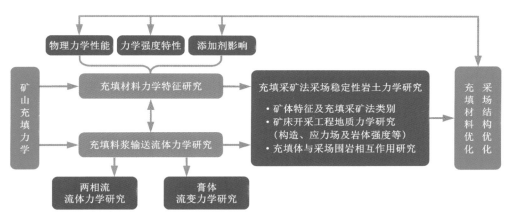

图 1-7　矿山充填力学研究框架

## 1.2　膏体流变学的工程应用及主攻方向

对流变学的认识,最早可追溯到公元前 6 世纪。在远古时代,应用物体流动和变形的知识,古希腊哲学家赫拉克里提出"万物皆流"的流变学思想,在人类社会得到了广泛的认可并得以流传。直到 16 世纪后,伽利略创新性地提出"液体具有内聚黏性"的观点,推动了对流变学的深入认识。流变学在 16 世纪到 18 世纪得到了飞速发展,胡克建立了弹性固体的应力与应变关系,牛顿阐明了流体阻力和切变速率之间的关系。到 19 世纪,法国泊肃叶建立泊肃叶方程,指出水或其他小分子流体通过圆管时,体积流量与管径、管长、流体的黏度以及压差之间的关系。泊肃叶方程的建立标志着流变学的发展更上了一步台阶。英国物理学家麦克斯韦和开尔文认识到材料的变化与时间存在联系紧密的时间效应。1869 年,麦克斯韦发现材料可以是弹性的,也可以是黏性的。直到 1874 年,玻尔兹曼发展了三维线性黏弹性理论,这对理解和进一步研究橡胶流变性能起到了推动作用。1928 年,美国物理化学家宾汉教授发现"宾汉流体"的流动规律。宾汉教授将 20 世纪以前积累下来的有关流变学的零碎知识进行系统归纳,并正式命名为"流变学",这标志着流变学作为一门独立的学科出现。

### 1.2.1 膏体流变学的基本应用场景

流变学是研究物质运动规律的重要科学理论，众多学者对流变学进行了深入的研究，并以流变学为理论基础解决了生产生活中的许多相关问题。

膏体充填技术的发展遇到了诸多与膏体流动和变形行为相关的技术难题，如膏体充填的关键技术——膏体输送技术，其任务是将制备好的膏体料浆稳定连续地输送至充填采场。常见的输送方式有管道自流输送与管道泵压输送，但不论哪种输送方式，都需保证膏体料浆的稳定输送，即料浆在管道中应时刻处于满管流动状态并不产生显著的浓度梯度。膏体流动阻力也会影响膏体管道的输送效果，需要对膏体阻力特性进行相关调控。若膏体料浆不能稳定输送、出现不满管情况，或是膏体流动阻力过大，都会导致管道出现不同程度的振动、堵管、强化管壁磨损甚至加剧发生爆管事故，带来膏体管道输送问题。

膏体管道输送阻力是影响膏体管道输送效果的重要因素，其核心难题是阻碍膏体充填技术发展的绊脚石。其他浆体研究如水泥砂浆、混凝土浆体等也遇到了类似的相关问题，众多学者基于流变学对浆体的流动情况进行了相关研究，取得了较好的研究成果。学者们基于流变学模型，研究了各种浆体的流动状态，利用相关流变参数对浆体的流变特性进行了较为细致的描述，推动了浆体流动性能和流变特性调控方法的发展；基于多种流变学计算模型，解决了流动阻力等多项流动力学参数计算问题。流变学能够较好地解决浆体的流动与变形等相关科学与工程问题。

实际上，膏体充填中的浓密、搅拌、输送、充填各工艺环节均存在不同形式的流动与变形行为，流变学是研究充填料浆流变行为、构建数学描述及指导工程应用的有效手段[19]，因此，基于流变学理论对膏体充填技术开展研究是必要的，膏体流变力学架构如图1-8所示。

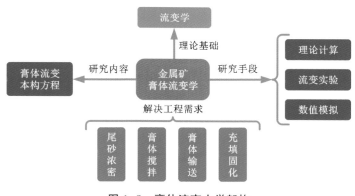

图1-8 膏体流变力学架构

## 1.2.2　膏体流变学研究的必要性

膏体流变学是膏体充填技术的理论基础，贯穿膏体充填的各个工艺环节。

（1）浓密阶段

需将低浓度尾砂浆（质量分数通常低于 20%）经膏体浓密机深度脱水，获得稳定的高浓度底流砂浆（质量分数通常高于 60%）。压缩区料浆的流变特性直接关系到耙架转速与扭矩的稳定，流变参数的分布与变化直接反映了浓密机的功效[20-22]。

（2）搅拌阶段

需将高浓度底流砂浆与其他惰性材料、活性材料及改性材料等搅拌制备成均匀的流态化膏体，关键在于保证膏体的均质性。理想的颗粒分散效果及活化搅拌质量与料浆所受剪切作用的过程息息相关，搅拌方式及搅拌参数的确定需要考虑物料在搅拌过程中的流变行为规律，流变学特征是评估搅拌效果的关键指标[23-25]。

（3）输送阶段

需将制备好的膏体料浆稳定连续地输送至地下采空区，关键在于低阻、稳定以及连续输送。膏体的满管流动调节、管道输送阻力计算、输送方式选择，以及防堵、防爆，均与料浆流变行为存在高度关联[26, 27]。

（4）充填阶段

需将膏体料浆充入采空区直至接顶并凝结固化，膏体在采场应具有良好的自流平效果，且质量均匀，无明显的分层离析现象。膏体在采场内的流动、固结以及充填体的蠕变行为，亦与料浆流变特性演化规律息息相关[28-30]。

因此，全尾砂膏体充填的整个工艺流程的需求响应均以料浆的流变行为演化为基础。

## 1.2.3　膏体流变学的"主战场"：管道输送

膏体颗粒流变迁移规律及阻力演化机制研究是膏体长距离高落差稳态输送调控的基础理论。膏体是多尺度散体材料（全粒级尾砂、粗骨料等）与水复合而成的高浓度、饱和态、无泌水的非牛顿流体，全尾砂及粗骨料颗粒体系分布具有跨尺度特点，从微米到毫米级。在料浆中大量细颗粒的絮凝作用下，膏体内部存在一定强度的絮网结构，其宏观流动形态往往以整体运动的形式呈现。在微细观层面，随着剪切变形速率的变化，颗粒群及絮网结构又存在摩擦滚动、推移运动以及压缩沉降运动等。

膏体在长距离、高落差深井管道输送过程中，存在压力脉冲扰动剧烈、温度敏感性高、触变性强等一系列影响因素，阻力变化异常复杂。膏体在复杂条件下的流变行为和阻力变化不仅与微观絮团间的强力化学键相关，同时还受跨尺度颗粒群间的摩擦作用、颗粒与流体间的动态连接机制的影响。膏体内部的水分以结合水、吸附水和自由水形态存在，水分的存在形态是影响膏体流动性和形态稳定性的重要因素。科学、准确地描述膏体跨尺度颗粒群的空间形态和水分赋存状态，有利于揭示剪切条件下膏体力学结构变化机理的本质问题，同时对跨尺度、高浓度、因势而变的膏体输送阻力模型的建立也具有重要意义。

膏体管道输送技术的发展与流变学理论的研究进展息息相关，基于流变学理论的研究应用解决了众多输送问题，推动了膏体管道输送技术的优化和进步。在膏体输送环节，为最优化管道输送阻力分布，必须开展沿程阻力精确计算，进而提出合理的管道设计布置方案。

屈服应力及塑性黏度等是综合反映流变特性的流变参数，对管输阻力的影响较为显著。通过构建流变模型，建立与流变参数与沿程阻力相关的计算模型，可进行膏体沿程阻力的计算分析。众多学者基于流变学，对膏体管道输送阻力的计算公式进行了推导。Belem 等[17]在 Bingham 流变模型的基础上，分析了膏体管内流动的受力状态，获得了相应的阻力计算模型，并将其作为膏体充填管道系统的一个设计标准。

工程中常用的主要有宾汉模型（Bingham）和 H-B 模型（Herschel-Bulkley）。应用宾汉流变模型，联系管流沿程阻力和管壁单位面积的流体摩擦阻力，根据管流静力学平衡理论，可建立料浆管道输送沿程阻力理论计算模型：

$$j_\mathrm{m} = \frac{16}{3D} \times \tau_0 + \mu \times \frac{32v}{D^2} \qquad (1-1)$$

式中：$j_\mathrm{m}$ 为管流沿程阻力，Pa/m；$D$ 为管径半径，m；$\tau_0$ 为屈服应力，Pa；$\mu$ 为黏度系数 Pa·s；$v$ 为流速，m/s。

膏体输送工艺的流态控制对膏体管道输送效果具有显著影响，需要考虑膏体料浆输送时在剪切诱导下的粗细颗粒径向运动问题。膏体流变学在膏体输送参数计算和方案设计等诸多方面提供了理论方法，协助解决了膏体管道输送诸多工程问题，推动了膏体输送工艺的发展和进步。

## 1.3　膏体流变学的主要研究内容

### （1）膏体流变本构方程

金属矿膏体流变学中研究流动与变形规律的首要工作是确定充填料浆的流变本构方程，即确定合适的应力张量与应变率张量之间的关系，确切地说，是确定由流动引起的偏应力张量与应变率张量之间的关系。理论研究是膏体流变本构方程构建的基本手段，主要分为两大部分，即适用于膏体充填料浆的流变分析和适用于充填体的变形分析，本研究重点讨论前者。膏体充填料浆的流变分析核心在于构建膏体充填料浆的流变本构方程，同时还讨论膏体充填料浆黏性、弹性、塑性复杂流变属性的分析等问题，主要基础学科是连续介质力学、流体力学、非牛顿流体力学、流变学、颗粒物质力学等，并且在分析本构方程时需要涉及张量分析[31]。

（2）膏体流变参数测量方法

本构方程中相关流变参数的获取以及方程的验证需要开展膏体流变参数测量研究。理论上，若构建的膏体料浆流变本构方程正确，那么在某一流动条件下，测试的流变参数同样适用于另一流动条件，如使用同轴旋转流变仪获取流变参数所确定的流变方程，同样适用于管道输送条件下的流变方程。但是实验验证中二者之间往往存在差异，这主要是流变参数测量误差所致，如常见的壁面滑移、剪切局部化等流变测量问题对测量方法精度具有较大影响[32]。为此，充分考虑各工艺环节的工程需求、设计合适的流变测量方法就成为膏体流变学研究的重要内容。目前常用的膏体流变参数测量方法有流变仪法、坍落度法、L管法、环管法等，随着计算机技术的发展，多普勒超声流速剖面、核磁共振和电阻层析成像等技术也开始用于膏体流变参数的无损测量。

（3）膏体流变机理分析

膏体细观结构的破坏与重建、颗粒结构的松紧状态等细观信息的变化导致颗粒间作用力（如范德华力、接触力）改变，在宏观上表现为膏体剪切应力或表观黏度改变。因此，揭示剪切变稀、剪切增稠、应力过冲等膏体宏观流变现象产生机理的关键在于准确获悉膏体细观结构的信息。首先，膏体细观结构研究的第一步是开展细观实验获取膏体充填料浆的细观图像。常见的微观实验方法有环境扫描电镜实验、工业 CT 扫描实验、显微 CT 扫描实验、MRI 成像实验等[33, 34]。其次，在获得膏体微观图像后，可借助计算机图形学以及分形几何知识对充填料浆进行细观层面的结构表征，将图像信息转化为颗粒尺寸、孔隙率、分形维数等可量化指标，并构建相应的三维结构模型。最后，可根据微观结构量化或三维化结果分析膏体微观结构变化，从而揭示膏体流变机理。近年来，随着细观仪器观测能力的提升，从细观层面上科学、准确地解释膏体料浆宏观流变现象成为可能，为膏体流变机理分析提供了关键技术支撑。

（4）膏体流变参数预测分析

膏体屈服应力、塑性黏度等流变参数是指导矿山充填现场的关键参数，对于不具备开展流变实验或其他流变参数测量实验条件的矿山，开展膏体流变参数预测研究显得尤为重要。同时，准确可靠的流变参数预测避免了大量烦琐的流变测试，可以节省大量人力、物力成本。最常用的膏体流变参数预测方法为通过回归分析法构建流变参数预测模型，即基于流变参数实验数据，分析流变参数的内在联系，构建以影响因素为自变量、流变参数为因变量的多参数流变参数预测模型，利用 MATLAB、Origin、SPSS 等数学分析软件进行回归分析，确定模型待定系数并进行模型可靠性检验。近年来，人工智能、大数据、物联网技术异军突起，基于智能化算法的膏体流变参数智能预测研究方兴未艾。该方法需在完善的流变参数数据集的基础上，提取目标充填材料及工艺的相关特征，基于智能化算法，并结合矿山具体工况进行智能化分析，实现充填料浆流变参数较为准确的预测。

（5）膏体流动问题数值模拟

确定料浆流变本构方程后，膏体流变学的另一重要内容是求解膏体流动问题，这是为响应膏体充填四个工艺环节内的工程需求而出现的相应问题的求解。即在流变本构方程的基础上，结合流变实验所获取的流变参数，构建描述膏体料浆运动的方程组，即连续性方程、动量方程以及能量方程。但限于非牛顿流体流动问题的复杂性，精确的解析解很难获得，故数值解法成为一种重要的求解手段[35-37]。随着计算机计算能力和数值计算方法的发展，料浆流动问题在数值模拟方面取得了诸多成果。计算流体动力学（CFD）是膏体料浆流动问题数值模拟的基础方法，常用的 CFD 软件有基于有限体积法的 Fluent 和 Open FOAM、基于有限元法的 COMSOL、基于格子玻耳兹曼方法的 Palabos 等。由于粗骨料颗粒尺寸在 1 cm 数量级别尺度上，不能视为连续介质，故进行含粗骨料的膏体充填料浆模拟时，可采用 CFD-DEM 耦合方法，具体采用 Euler 坐标系研究连续相、Lagrange 坐标系研究离散相。

# 1.4 膏体流变学研究的特点

## 1.4.1 膏体的基本概念

膏体是多尺度散体材料与水复合而成的高浓度、饱和态、泌水率低的非牛顿流体，具有不脱水、不分层、不离析的特性。受限于选矿工艺技术，全尾砂颗粒体系分布具有跨尺度特点，从微米级到毫米级。细颗粒受静电相互作用，易形成稳定的悬浮体系，尤其是 20 μm 以下细颗粒，而粗颗粒之间的机械摩擦与碰撞作用更为显著。由于膏体体系的复杂性，膏体的量化定义仍具有较大争议，国内外多认为膏体的塌落度在 20~25 cm[38]、屈服应力应在 100 Pa 以上[39]，20 μm 以下细颗粒占比在 15% 以上较为理想[40]；另有学者用分层度小于 2 cm[41]、饱和率为 101.5%~105.3% 与泌水率为 1.5%~5% 等指标加以补充。由于膏体物料来源与组成的复杂性，在评价膏体流变性能时应综合考虑多方面因素影响。

膏体中大量的超细颗粒在表面物理化学作用下会形成三维絮凝网状结构，其具有一定的抗剪强度，使膏体兼有固体和液体的特征，呈"半固体"状态，除了具有流动时所呈现出的高黏性外，还具有较高的屈服应力，并且在一定尾矿类型与制备条件下存在触变性，是一种具有较复杂流变特性的非牛顿流体。

## 1.4.2 膏体流变学研究的特殊性

膏体流变学研究的特殊性主要体现在三方面：组分复杂多样、高固含及工程需求特殊。

（1）组分复杂多样

膏体各组分的物化性质具有明显差异，主要表现为固体颗粒尺度、外形及表面性质等复杂多样。膏体料浆中的颗粒粒径在微米级至毫米级之间跨尺度分布；且受选矿工艺影响，尾砂颗粒并非规则的球形或椭球形，而是呈现出较大的几何外形差异；此外，不同矿山及矿山不同时期的尾砂，其化学成分差异亦十分显著，导致颗粒表面性质复杂，大量细颗粒的存在进一步加剧了化学成分差异对料浆流变特性的影响。

膏体各组分之间存在长时间的复杂相互作用，包括水化反应等。胶凝材料进行水化反应生成水化产物，或二者与尾砂组分间产生化学作用，都会增加膏体料浆组成体系的复杂性；此外，为改善颗粒沉降特性、料浆流动性以及充填体力学特性等而添加的改性材料，如絮凝剂、泵送剂、早强剂等，所引起的化学反应及微细观三维结构的改变，亦会对膏体料浆的流变特性产生影响。

（2）高固含

膏体中固体颗粒占比高，表现出高黏性及塑性（存在显著的屈服应力）行为，流动形态为典型的非牛顿流体，具有明显的柱塞流动特点，固体颗粒分散在水介质中的两相流假设显然不适用。高固含膏体料浆中存在不可忽视的三维絮网，颗粒与水以及颗粒与颗粒之间的相互作用难以通过两相流模型中的阻力及升力等公式进行有效分析[42]。颗粒间的摩擦碰撞效应及细颗粒间的静电作用所形成的非牛顿悬浮基质流变行为，原有两相流理论很难进行解释。高固含膏体管输流动模型的建立，不能忽视颗粒的剪切诱导迁移及输送时粗颗粒径向运动规律等因素[43]。

（3）工程需求特殊

膏体需具备不脱水、不分层、不离析的"三不"特性。其中，不脱水指膏体中自由水含量低、内部孔隙多闭合，水分很难自由流动，采场内泌水率极低，无明显脱水现象；不分层指垂直方向上无明显粗细颗粒分层现象，充填体固化后垂直方向上强度分布均匀；不离析指膏体料浆流入采场后，水平方向上粗骨料分布均匀，在流入口附近无粗骨料堆积现象，充填体固化后水平方向上强度分布均匀。

"三不"特性使多组分、高固含的膏体料浆进一步区别于工程中常见的固液两相流，凸显了膏体流变学研究的必要性与特殊性。此外，一些极端的工程应用环境，如热带地区与严寒地区（温度）、干旱地区与湿润地区（水分蒸发）、深部开采（三高一扰动）等，也对膏体流变学研究提出了特殊的工程需求。

### 1.4.3 膏体流变学研究的复杂性

膏体流变学研究的复杂性具体到理论研究与实验研究层面，表现为：

（1）理论研究方面

膏体具有黏、弹、塑以及时变等特性。在不同剪切作用与剪切时间下，膏体流变行为复杂多变。研究发现，在低剪切速率下，某些膏体表现出剪切稀化特征；而在高剪切速率下，某些膏体表现出剪切增稠特征[25]。膏体流变特性的复杂性，导致数学描述的构建十分困难。如何建立流变本构方程来准确地描述膏体流变特性，已成为膏体充填技术发展的首要问题，也是膏体流变学的核心问题。

膏体料浆的流变行为是其微细观结构演化的宏观表现，膏体流变学基础理论的突破，离不开对微细观结构演化规律及机理的研究。由于膏体组分复杂，且具有高固含及"三不"特点，在进行理论分析时，还涉及固体颗粒表征、分散介质假设、多级粒径颗粒迁移等问题，这些都增加了膏体流变学基础理论研究的难度。

（2）实验研究方面

由于膏体成分复杂，难以保证膏体流变测试的可重复性、测试样品成分分布的均匀性等，单次或有限数量的研究难以获得普适性结论，给膏体流变学的深度研究带来了极大挑战。膏体流变特性对多种外部因素扰动的敏感度高，因此，膏体流变测试对仪器及测试标准提出了很高的要求。此外，在研究宏观流变行为及微细观结构演化时，单一、孤立的测试与研究难以获得有说服力的结果。

## 1.5 膏体流变学研究意义

膏体流变学的发展对膏体充填技术在基础理论研究、充填工艺优化、新型设备开发、智能调节与控制等方面的突破具有重要的推动作用，特别是对膏体技术在深地开采领域的应用具有积极的促进作用。为实现膏体的高效精准制备、稳定连续输送、均匀流平接顶，亟须开展膏体流变学基础研究，为我国深地金属矿安全、绿色、高效开采提供保障。

近年来，膏体流变学得到了国内外学者的广泛关注与深入研究，在基础科学问题上，尤其在膏体流变学概念、膏体流变特性及其影响因素、流变模型以及流变测量等方面做了大量工作，并取得了重要成果。针对膏体流变学研究中的重点、难点及热点进行跟踪总结，可为推动膏体充填、绿色采矿以及深部开采理论与技术发展提供战略思路。

# 参考文献

[1] 吴爱祥，杨莹，程海勇，等. 中国膏体技术发展现状与趋势[J]. 工程科学学报，2018，40(5)：517-525.

[2] 中华人民共和国自然资源部. 中国矿产资源报告(2020)[M]. 北京：地质出版社，2020.

[3] WU A X，RUAN Z，BÜRGER R，et al. Optimization of flocculation and settling parameters of tailings slurry by response surface methodology[J]. Minerals Engineering，2020，156.

[4] 吴爱祥，王勇，张敏哲，等. 金属矿山地下开采关键技术新进展与展望[J]. 金属矿山，2021(1)：1-13.

[5] 任宏伟. 尾砂胶结充填采矿法在金属非金属矿山的运用研究[J]. 世界有色金属，2020(1)：54-56.

[6] 彭浩. 采空区高吸水树脂充填材料特性与应用研究[D]. 西安：西安科技大学，2021.

[7] 刘同有，蔡嗣经. 国内外膏体充填技术的应用与研究现状[J]. 中国矿业，1998(5)：1-4.

[8] 吴季洪. 我国充填开采技术发展现状与展望[J]. 山西焦煤科技，2022，46(1)：7-11.

[9] 吴爱祥，王洪江. 金属矿膏体充填理论与技术[M]. 北京：科学出版社，2015.

[10] 吴爱祥，李红，杨柳华，等. 深地开采，膏体先行[J]. 黄金，2020，41(9)：51-57.

[11] 周爱民. 中国充填技术概述[J]. 矿业研究与开发，2004：7.

[12] YIN S H，SHAO Y J，WU A X，et al. A systematic review of paste technology in metal mines for cleaner production in China[J]. Journal of Cleaner Production，2020，247(C).

[13] 陈庆发，陈青林. 同步充填采矿技术理念及一种代表性采矿方法[J]. 中国矿业，2015，24(12)：86-88.

[14] 韦才寿，陈庆发. "同步充填"研究进展与发展方向展望[J]. 金属矿山，2020(5)：9-18.

[15] 刘浪，辛杰，张波，等. 矿山功能性充填基础理论与应用探索[J]. 煤炭学报，2018，43(7)：1811-1820.

[16] 刘浪，方治余，张波，等. 矿山充填技术的演进历程与基本类别[J]. 金属矿山，2021(3)：1-10.

[17] TIKOU B，BENZAAZOUA M. Design and Application of Underground Mine Paste Backfill Technology[J]. Geotechnical and Geological Engineering，2008，26(2)：147-174.

[18] 蔡嗣经. 矿山充填力学基础[M]. 北京：冶金工业出版社，1994.

[19] 阮竹恩，李翠平，钟媛. 全尾膏体制备过程中尾矿颗粒运移行为研究进展与趋势[J]. 金属矿山，2014(12)：13-19.

[20] 吴爱祥，焦华喆，王洪江，等. 深锥浓密机搅拌刮泥耙扭矩力学模型[J]. 中南大学学报(自然科学版)，2012，43(4)：1469-1474.

[21] JIAO H Z，WANG S F，YANG Y X，et al. Water recovery improvement by shearing of gravity-thickened tailings for cemented paste backfill[J]. Journal of Cleaner Production，2020，245：118882.

[22] 王洪江，杨柳华，王勇，等. 全尾砂膏体多尺度物料搅拌均质化技术[J]. 武汉理工大学学报，2017，39(12)：76-80.

[23] 杨柳华，王洪江，吴爱祥，等. 全尾砂膏体搅拌技术现状及发展趋势[J]. 金属矿山，2016(7)：34-41.

[24] 杨柳华，王洪江，吴爱祥，等. 全尾砂膏体搅拌剪切过程的触变性[J]. 工程科学学报，2016，38(10)：1343-1349.

[25] 程海勇. 时—温效应下膏体流变参数及管阻特性[D]. 北京：北京科技大学，2018.

[26] 刘晓辉. 膏体流变行为及其管流阻力特性研究[D]. 北京：北京科技大学，2015.

[27] 邱华富，刘浪，孙伟博，等. 采空区充填体强度分布规律试验研究[J]. 中南大学学报(自然科学版)，2018，49(10)：2584-2592.

[28] 卢宏建，梁鹏，甘德清，等. 充填料浆流动沉降规律与充填体力学特性研究[J]. 岩土力学，2017，38(S1)：263-270.

[29] 王新民，朱阳亚，姜志良，等. 上向进路充填采矿法不同接顶率充填体的稳定性[J]. 科技导报，2014，32(20)：37-43.

[30] 王劼，杨超，张军，等. 膏体充填管道输送阻力损失计算方法[J]. 金属矿山，2010(12)：33-36.

[31] PULLUM L，BOGER D V，SOFRA F. Hudraulic mineral waste transport and storage[J]. Annual Review of Fluid Mechanics，2018，58：158-185.

[32] 刘晓辉. 膏体流变行为及其管流阻力特性研究[D]. 北京：北京科技大学，2015.

[33] 吴爱祥，刘晓辉，王洪江，等. 恒定剪切作用下全尾膏体微观结构演化特征[J]. 工程科学学报，2015，37(2)：145-149.

[34] 吴亚闯. 全尾砂浓密过程中孔隙结构演化及渗流脱水特性研究[D]. 焦作：河南理工大学，2021.

[35] 尹升华，闫泽鹏，严荣富，等. 全尾砂-废石膏体流变特性及阻力演化[J]. 工程科学学报，2023，45(1)：9-18.

[36] 刘建，朱雄，徐磊，等. 膏体充填参数对岩层移动控制作用数值模拟分析[J]. 煤炭科技，2021，42(1)：47-50.

[37] 吴爱祥. 金属矿膏体流变学[M]. 北京：冶金工业出版社，2019.

[38] BELEM M T. Design and Application of Underground Mine Paste Backfill Technology[J]. Geotechnical and Geological Engineering，2008，26(2)：147-174.

[39] FOURIE A. Paste and Thickened Tailings[J]. Perth：Australian Centre for Geomechanics，2012.

[40] LAUBSCHER D－H，JAKUBEC J. The MRMR rock mass classification for jointed rock masses. Underground mining methods：Engineering fundamentals and international case studies[M]. 2001.

[41] 刘同有. 充填采矿技术与应用[M]. 北京：冶金工业出版社，2001.

[42] OVARLEZ G，BERTRAND F，COUSSOT P，et al. Shear-induced sedimentation in yield stress fluids[J]. Journal of Non-Newtonian Fluid Mechanics，2012：177-178.

[43] 颜丙恒，李翠平，吴爱祥，等. 膏体料浆管道输送中粗颗粒迁移的影响因素分析[J]. 中国有色金属学报，2018，28(10)：2143-2153.

# 第 2 章 /

# 膏体流变学研究现状

　　膏体流变行为反映了跨尺度颗粒在流体介质中的流动与变形特征，膏体流变学的发展对于膏体充填技术的发展和进步具有重要意义，膏体技术的广泛应用对膏体流变学研究提出了更高的要求。众多学者在膏体流变特性及其影响因素、流变模型和流变测量方法等领域积极开展了研究，膏体流变特性及其本构方程是膏体流变学研究的核心，国内外针对膏体流变特性及其影响因素开展了大量的实验研究，取得了许多卓有成效的研究成果。

　　膏体流变学研究的复杂性和特殊性给膏体流变学的发展带来了许多挑战。膏体流变特性复杂多变，影响因素众多，目前还无法从机理上进行模型构建，通常需要借助实验由剪切应力与剪切速率的变化关系得出膏体的流变模型。同时，膏体具有多尺度、高浓度颗粒悬浮液的特征，传统黏塑性流变模型是否适应于膏体的流变行为是需要解决的重要研究问题，膏体流变模型存在针对性强、局限性大、推广性差等特点，目前仍缺乏能有效反映膏体流变本质的描述方程。建立膏体流变测试标准、构建准确的膏体流变本构方程、探明膏体流变特性的内在演化机理及应用膏体流变学解决工程问题将是现阶段的研究重点与难点。

## 2.1　膏体流变特性

　　大量实验发现，不同材料配制的膏体均表现出典型的非牛顿流体特性，但在黏性、塑性、弹性、触变性、应力过冲、剪切稀化及剪切增稠等特征上却各有差异。

### 2.1.1　膏体的黏弹塑性

　　膏体的黏弹塑性特征可通过理想的应力测试曲线进行阐述，如图 2-1 所示。在控制剪切速率（CSR）模式下，剪切应力缓慢增加，膏体在初始阶段未发生流动，表现出弹性性质，应力应变呈线性关系，满足胡克定律（*AB* 段）；剪切应力增加到某一值时，应力应变呈非线性变化，膏体表现出黏弹性特征（*BC* 段）；剪切应力持续增加至超过某一特定值时（*C* 点，通常将 *C* 点作为屈服点，认为膏体于此点发生固-流转变行为），膏体发生流动，主要表现出黏塑性性质（*CD* 段）。

在整个剪切过程中，通常认为在初始阶段膏体中的大量颗粒形成了具有一定刚度的网状结构，具备一定抵抗变形的能力；随着应力增加，网状结构中的部分节点达到其弹性极限，开始发生断裂，膏体内部体系处于黏弹性过渡阶段；直至网状结构完全失效，此时应力达到最大值；随后，膏体发生不可恢复且稳定的塑性流动，表现出黏塑性特征，故在稳态流动时表现为黏塑性体。

膏体充填料浆屈服前表现出黏弹性固体的特性，屈服后表现出黏塑性体的特性，膏体充填料浆在全生命周期内表现出复杂的黏弹塑性体特征。

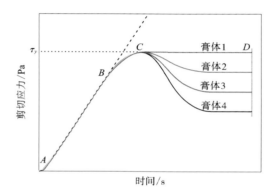

**图 2-1　典型的膏体剪切应力-时间曲线**[1]

黏弹塑性流体力学模型包括 Saramito 模型（SRM），Park 和 Liu 正则化模型，Belblidia、Tamaddon-Jahromi、Webster 和 Walters 正则化模型等，之后 Saramito[1] 分别引入 Herschel-Bulkley 模型和黏弹性 PTT 模型，构建了修正的 SRM，如 SRM-HB 和 SRM-PTT 模型。目前应用较多的黏弹塑性模型多基于 SRM 演变而来，基于 SRM 的黏弹塑性力学模型如图 2-2 所示。该模型由一个塑性元件与一个黏性元件并联再与一个弹性元件串联，最后再与一个黏性元件并联得到。

SRM 表达式如下：

$$\begin{cases} \lambda \dot{\tau} + \max\left(0, \dfrac{|\tau_d| - \tau_0}{|\tau_d|}\right)\tau - 2\eta_m D(\boldsymbol{v}) = 0 \\ \rho\left(\dfrac{\partial \boldsymbol{v}}{\partial t} + \boldsymbol{v} \cdot \nabla \boldsymbol{v}\right) - \mathrm{div}(-pI + 2\eta D(\boldsymbol{v}) + \tau) = \boldsymbol{f} \\ \mathrm{div}\,\boldsymbol{v} = 0 \end{cases} \quad (2-1)$$

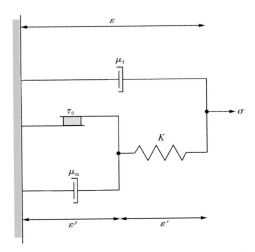

**图 2-2　Saramito 提出的黏弹塑性流体力学模型简图**[2]

式中：$\lambda$ 为弛豫时间；$\tau$ 为应力；$\dot{\tau}$ 为 $\tau$ 的物质导数；$\tau_0$ 为屈服应力；$\tau_d$ 为 $\tau$ 的偏量；$\boldsymbol{v}$ 为速度张量；$p$ 为压力场；$\rho$ 表示恒定的密度；$\boldsymbol{f}$ 为已知的外力，如重力；$\eta$ 为宏观尺度上的黏度；$\eta_m$ 为微观尺度上的黏度；$D(\boldsymbol{v})$ 为变形速率。

当初始条件为 $\tau(t=0)=\tau_0$ 和 $\boldsymbol{v}(t=0)=\boldsymbol{v}_0$，在边界 $\partial\Omega$ 上边界条件为 $\boldsymbol{v}=\boldsymbol{v}_\Gamma$ 时，总柯西应力张量可以表示为：

$$\sigma = -pI + 2\eta D(\boldsymbol{v}) + \tau \tag{2-2}$$

当 $\tau_0 = 0$ 时，SRM 可简化为常见的黏弹性的 Oldroyd 模型；当 $\lambda = 0$ 时，SRM 可简化为黏塑性的 Bingham 模型；当 $\tau_0 = 0$ 且 $\lambda = 0$ 时，SRM 描述的是牛顿流体。

## 2.1.2　膏体的剪切稀化与剪切增稠

不同的膏体料浆在不同剪切环境中往往表现出不同程度的剪切稀化和剪切增稠行为。文献[3，4]发现，膏体在剪切作用下可表现出剪切稀化现象，同时剪切稀化的时变特性与剪切速率存在显著的相关性。文献[5]进一步研究发现，同一膏体表现出剪切稀化还是剪切增稠行为，与其所受的剪切作用相关。剪切速率较低时，膏体表现出剪切稀化行为；随着剪切速率继续增加，膏体表观黏度趋于稳定，基本符合宾汉体特性；当剪切速率超过某一阈值时，膏体表现出剪切增稠行为。

同时，文献[6]认为膏体的流变行为与其细观结构的演变规律有关。当膏体发生剪切稀化时，颗粒间连接松散、无序；随着剪切速率增加，颗粒间的随机碰撞逐渐在流动过程中有序化，屈服应力与黏度逐渐降低并趋于稳定；当剪切速率超过某一阈值时，强剪切促使膏体内部颗粒碰撞、黏连、聚集的频度增加，作用力增强，表现出剪切增稠现象，如图 2-3 所示。

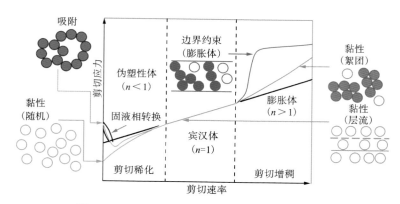

图 2-3　不同剪切作用下膏体细观演变示意图[6]

## 2.1.3　膏体的触变性

触变性是流体在剪切、振荡等机械力作用下发生的一种可逆流变行为。膏体的触变性表现为：在给定的温度等外界条件下，当受到剪切作用时，屈服应力及黏度随时间减小；当剪切作用撤去后，屈服应力及黏度随时间逐渐增大。膏体的触变性内容丰富，具有重要的工程意义，近些年成为膏体流变特性研究的主要关注点。下面从触变测试方法、触变模型和触变机理三方面展开介绍。

（1）触变测试方法

1）触变环法

通常认为，触变行为反映了膏体细观结构的破坏与重建过程，即一定的剪切作用导致结构破坏速率大于重建速率，剪切应力及黏度降低，当剪切作用撤去，结构的重建速率大于破坏速率，剪切应力及黏度逐渐恢复[6]。由于恢复需要一定的时间，故存在滞后性，在试验中表现为应力滞后环，即触变环。一些分析认为[7, 8]，触变环面积可以作为判断材料触变性强弱的依据。但膏体试验研究表明，触变环分析法存在明显的局限性，触变环仅能表征剪切速率对触变性的影响，而不能有效反映时间因子的作用。如图 2-4 所示，剪切速率的峰值不同，触变环的形态尤其是下行曲线差异显著，若采用下行曲线对流变参数进行回归，则触变后的塑性黏度往往大于触变前的塑性黏度，这与实际情况不符。因此，触变环仅能作为材料触变性的定性判别依据，而无法定量描述触变性的大小，亦不能据此获得真实的触变参数。

2）恒定剪切速率法

膏体的触变行为反映了内部结构对剪切作用及剪切时间的响应，因此，对膏

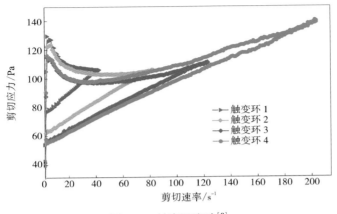

图 2-4　触变环实验[9]

体触变性的准确评价也需同时考虑以上两个因素。文献[9]提出了一种膏体触变性的表征方法，因发现剪切速率恒定时，膏体的应力松弛特征曲线具有规律性，如图 2-5(a)所示，故提出可通过回归分析得到触变前后的屈服应力和塑性黏度。对应力松弛前后不同剪切速率对应的剪切应力进行拟合，如图 2-5(b)所示，可得到剪切应力随剪切速率的变化特征，进一步拟合可得到触变后的屈服应力和塑性黏度。

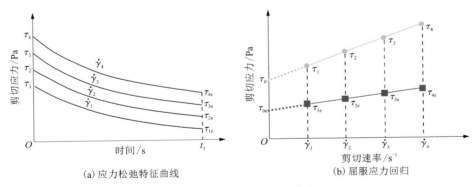

(a) 应力松弛特征曲线　　　　　(b) 屈服应力回归

图 2-5　触变性表征方法[10]

3）三阶段测试法（3 Interval thixotropy test，3ITT）

三阶段触变测试法是研究流体从制备到应用全过程中结构破坏与恢复规律的科学方法，目前已经被广泛应用于水泥基材料体系[10, 11]。该测试过程分为三个阶段，如图 2-6 所示。

阶段 I：采用非常小的剪切速率，测试膏体在静置条件下的初始结构状态，剪切速率一般为 $0.01\sim0.1\ \mathrm{s}^{-1}$；

阶段 II：采用高剪切速率，模拟样品在连续搅拌或者输送条件下的结构破坏状态，剪切速率根据应用工况确定，如泵送时剪切速率一般不大于 $100\ \mathrm{s}^{-1}$，喷射混凝土时剪切速率可达 $10^4\ \mathrm{s}^{-1}$；

阶段 III：采用与阶段 I 相同的剪切速率，模拟膏体静置状态下的结构恢复状态。

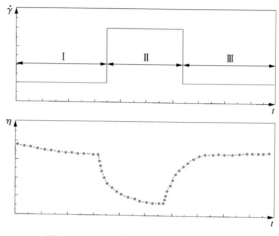

**图 2-6　3ITT 触变实验方法示意图**

（2）触变模型

为定量分析浓密尾砂的触变性，需引入新的物理量——结构参数 $\lambda$，来表征料浆内部的结构状态，该值与料浆内颗粒间的接触概率相关。需要注意的是，结构参数的具体物理含义随触变模型形式的变化而变化，甚至值域也存在差异。

Cheng 和 Evans 等[12]提出，触变材料剪切应力的通用表达式为：

$$\tau=\eta(\lambda,\dot{\gamma})\dot{\gamma} \tag{2-3}$$

式中：$\tau$ 为剪切应力，Pa；$\eta$ 为黏度，Pa·s；$\dot{\gamma}$ 为剪切速率，$\mathrm{s}^{-1}$。

其中，$\lambda$ 的动力学方程可以表示为：

$$\frac{\mathrm{d}\lambda}{\mathrm{d}t}=f(\lambda,\dot{\gamma}) \tag{2-4}$$

Roussel[13]和 Coussot 等[14]提出的触变性模型是基于 Cheng 和 Evans 的假设发展而来的，其中，Roussel[15]根据水泥浆体提出的简化触变模型为：

$$\begin{cases}\tau=(1+\lambda)\tau_y+\eta_p\dot{\gamma}\\[2mm]\dfrac{\mathrm{d}\lambda}{\mathrm{d}t}=\dfrac{1}{T}-a_1\lambda\dot{\gamma}\end{cases} \tag{2-5}$$

式中：$T$ 为结构参数项；$a_1$ 为参数；$\tau_y$ 为宾汉屈服应力，Pa；$\eta_p$ 为塑性黏度，Pa·s。

虽然式（2-5）被应用于水泥浆体的触变性分析，但其形式与传统概念上的触变性本构模型迥异，描述的物理现象也较为简单。根据触变性理论，结构参数的变化速率是料浆自身恢复速率和破坏速率的叠加，因此，结构参数的控制方程应当包含恢复速率和破坏速率两项。

刘晓辉[16]基于 Moore 理论，构建了膏体的触变屈服模型，该模型由速率方程和结构方程两部分组成：

$$\begin{cases} \dfrac{\mathrm{d}\lambda}{\mathrm{d}t} = a_m(1-\lambda) - b_m \lambda \dot{\gamma} \\ \tau = \tau_\infty + \tau_s \cdot \lambda + (\eta_\infty + \eta_s \cdot \lambda) \cdot \dot{\gamma} \end{cases} \quad (2-6)$$

式中：$a_m$，$b_m$ 为常量，与结构恢复和破坏相关，量纲为一；$\tau_s$ 为结构变化对屈服应力的贡献值，Pa；$\mu_s$ 为结构变化对黏度的贡献值，Pa·s；$\tau_\infty$，$\mu_\infty$ 分别为某一剪切速率作用下，浆体结构达到动态平衡时的屈服应力和塑性黏度。

Zhang[17]基于与剪切速率有关的剪切应力稳态模型和与时间有关的剪切应力瞬态模型，建立了 8 参数的全尾砂膏体触变模型：

$$\tau = \tau_y + \eta_p \cdot \dot{\gamma} - (\tau_y - \tau_D) e^{-k\dot{\gamma}} \left[ 1 - (1 - \lambda_i \cdot e^{k\dot{\gamma}}) e^{-he^{k\dot{\gamma}}t} \right] \quad (2-7)$$

式中：$\tau_D$ 为平衡屈服应力；$\lambda_i$ 为初始结构参数；$h$ 为剪切速率函数，根据拟合程序确定；$k$ 为常数。

（3）触变机理

膏体料浆的触变性主要受絮网秩序的影响。在初始状态下，料浆在摩擦力、静电作用力和絮凝力的作用下形成大量无序且力学稳定的絮网结构。在恒定剪切扰动作用下，絮网结构秩序逐渐发生变化，由无序化向有序化转变，并在新的力学平衡条件下趋于某一稳定形态，宏观上表现为屈服应力与黏度逐渐降低并趋于稳定，在这一点上其与膏体剪切稀化的流变表现一致，如图 2-7 所示。

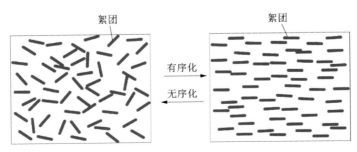

图 2-7　剪切作用下絮网秩序转变[9]

剪切结束后，絮团结构重建开始，对于水泥基膏体，细粒级粉末颗粒的絮凝作用和初期水化产物的形成是结构重建的主要原因[11]。如图 2-8 所示，Roussel等[16]将纯水泥体系的絮团结构恢复分为胶化阶段、刚化阶段、硬化阶段，认为絮团结构恢复与胶体作用力和水化作用有关。具体表现为：胶化阶段与胶体间的作用力有关，刚化阶段与初期水化产物的相互搭接、交织有关，而硬化阶段与水化产物搭接数量和强度的增加有关。虽然膏体充填料浆水化速度明显慢于水泥基浆体，但二者在可水化和颗粒多尺度等方面具有共同性，故膏体絮团结构恢复同样可分为四阶段，不过各阶段时间尺度拉长了数十倍，甚至数百倍以上。

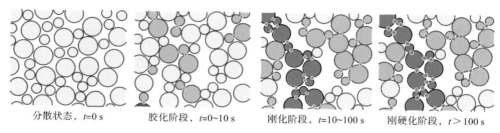

分散状态，$t=0$ s  胶化阶段，$t=0{\sim}10$ s  刚化阶段，$t=10{\sim}100$ s  刚硬化阶段，$t>100$ s

**图 2-8  水泥膏体絮团结构重建过程**[18]

大量研究认为，通过非牛顿流体力学理论可以研究具有黏性、塑性、弹性、触变性的膏体的流变性能。但几乎所有的研究成果均受制于材料差异性，结构系数等关键参数也无法通过实验获取，缺乏有效反映流变本质的描述方程。

## 2.2  膏体流变模型

### 2.2.1  非牛顿流体流变模型

非牛顿流体力学中最重要的参量是剪切速率 $\dot{\gamma}$ 与剪切应力 $\tau$，根据二者的流变关系曲线特点可以推断出流体的流动和流变行为规律，常见的非牛顿流体流变关系曲线如图 2-9 所示。对应的数学模型有幂律模型、Bingham 模型、H-B（Herschel and Bulkley）模型及 Casson 模型等，相应的数学表达式如表 2-1 所示。

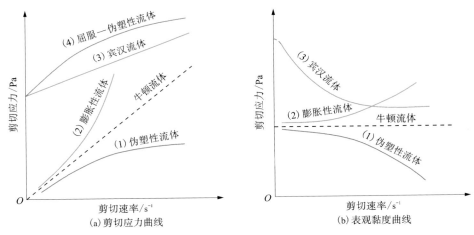

图 2-9  常见的非牛顿流体流变关系曲线

表 2-1  非牛顿流体常用流变模型

| 模型 | 方程 | |
|---|---|---|
| Power-law[19] | $\tau = K(\dot{\gamma})^n$<br>$n = 1$,    Newtonian<br>$n > 1$,    Shear thickening<br>$n < 1$,    Shear thinning | (1) |
| Bingham[20] | $\dot{\gamma} = 0$        $\tau < \tau_y$<br>$\tau = \tau_y + \eta_p \dot{\gamma}$    $\tau \geqslant \tau_y$ | (2) |
| Herschel-Bulkley | $\tau = \tau_y + K(\dot{\gamma})^n$  $\tau > \tau_y$<br>$\dot{\gamma} = 0$            $\tau \leqslant \tau_y$ | (3) |
| Casson[21] | $\sqrt{\tau} = \sqrt{\tau_y} + \sqrt{\eta_c \dot{\gamma}}$    $(\tau > \tau_y)$  (或 $\tau = \tau_y + \eta_p \dot{\gamma} + 2\sqrt{\tau_y \eta_p \dot{\gamma}}$)<br>$\dot{\gamma} = 0$                    $(\tau \leqslant \tau_y)$ | (4) |
| Modified Bingham[20] | $\dot{\gamma} = 0$                $\tau < \tau_y$<br>$\tau = \tau_y + \eta_p \dot{\gamma} + c\dot{\gamma}^2$    $\tau \geqslant \tau_y$ | (5) |
| Buckingham-Reiner[22] | $\tau_w \approx \dfrac{\Delta PD}{4L}$ | (6a) |
| | $= \eta_p \dfrac{8v}{D}\left[1 - \dfrac{4}{3}\left(\tau_y \dfrac{4L}{\Delta PD}\right) + \dfrac{1}{3}\left(\tau_y \dfrac{4L}{\Delta PD}\right)^4\right]^{-1}$ | (6b) |
| | $\tau_w \approx \dfrac{4}{3}\tau_y + \eta_p\left(\dfrac{8v}{D}\right)$, for $\tau \gg \tau_y$ | (6c) |

①幂律模型：最常用的非牛顿流体本构方程之一，也称 Ostvald-de Waele 公式。当 $n<1$ 时，表征剪切稀化(或伪塑性、假塑性)流体；当 $n>1$ 时，表征剪切增稠(或胀塑性)流体。幂律模型不适用于膏体等具有屈服应力的流体，但作为一个重要的流变模型，其在屈服性非牛顿流体的数学分析中具有重要借鉴意义。

②Bingham 模型：表征具有屈服响应的黏塑性流体的经典模型之一，描述了具有屈服应力的流体在其黏度与剪切速率无关(黏度为常数)时的流变特性。Bingham 模型对膏体料浆具有较好的适用性，应用广泛，但由于模型过于简化，不能描述膏体的某些特异流动行为。

③H-B(Herschel-Bulkley)模型：描述黏塑性材料屈服响应的三参数模型，可描述流体流动后剪切应力与剪切速率间的非线性关系。相比 Bingham 模型，能够更准确地描述膏体的流变特性，但其水力学计算过程较为复杂，工程实操困难。

④Casson 模型：属于半经验性模型，剪切应力与剪切速率表现为根号后的线性相关，在研究血液、生物液体等生物流变学时具有良好的适用性，在膏体中应用较少。

⑤Modified Bingham 模型：Bingham 模型的改进，可以描述黏塑性流体的剪切速率与剪切应力间的非线性关系，多用于与 Bingham 模型和 H-B 模型的对比分析，$c=0$ 时可简化为 Bingham 模型。

⑥Buckingham-Reiner 公式：Bingham 流体在管道中的流动状态可划分为柱塞流动区与剪切流动区，如图 2-10 所示，Bingham 流体管内的流速与阻力及流体特性的关系可通过该管输流动模型进行描述。

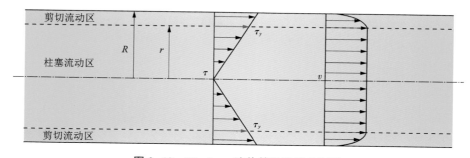

图 2-10 　Bingham 流体管道流动分区图

## 2.2.2　流变模型适用性分析

流变模型的适用性取决于多个因素，如拟合效果、模型简洁性、应用场景等。国内外对全尾砂膏体流变行为的研究多基于传统的黏塑性非牛顿流变模型，最为常用的 Bingham 模型及 H-B 模型具有分段函数特点，且在 $\dot{\gamma}>0$（$\tau>\tau_y$）时单调递增，因此在连续性及单调性方面不足以准确描述膏体的流变特性。

实验表明，膏体存在固-流转换的非连续流变行为，如图 2-11 所示。在较小的剪切应力值变化范围内，剪切速率发生突变，跨越了 3 个数量级。当剪切应力趋向于屈服应力时，表观黏度发生突变。

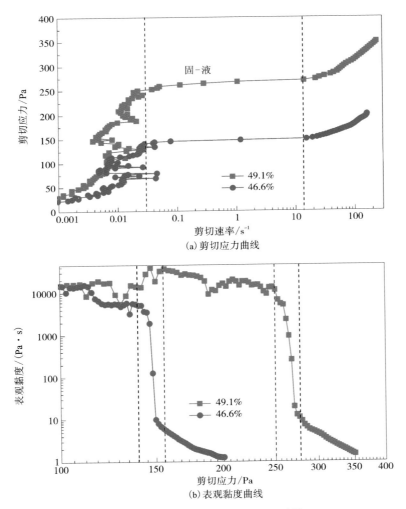

(a) 剪切应力曲线

(b) 表观黏度曲线

图 2-11　膏体固态-流态转变过程[10]

此外，一些膏体料浆在剪切速率初始增长阶段，应力过冲现象不显著，表现出典型的剪切稀化现象，而在较高的剪切速率下，流体内部结构从一种有序状态变为无序状态，流动阻力增加，表现出剪切增稠现象。大量研究表明，在一定的剪切速率范围(通常为 $10 \sim 1000\ s^{-1}$)内，上述模型可用于描述屈服性非牛顿流体，而在更大的剪切速率范围内，单个模型通常不足以描述流变行为。因此，Nguyen 与 Boger[23]建议，应当充分考虑应用场景，经验公式应与实验数据范围一致。

由于材料组合的多样性和剪切流动环境的复杂性，现有流变模型仍无法准确描述应力过冲、剪切稀化和剪切稠化等流变现象随剪切速率的变化规律，在高速紊流条件下，两参数或三参数流变模型不能准确反映膏体的流动形态和动态参数，与实际存在较大偏差，而四参数及更多参数流变模型往往很难获取解析解。现有流变模型往往存在针对性强、局限性大、推广性差等特点。

## 2.3　膏体流变影响因素

膏体的流变特性受到多种因素的影响，主要包括其内部组成成分(如固体含量胶结剂等)及物化性质(如尾砂密度、固体颗粒配比和水化作用等)，以及外部作用(如温度和剪切历史等)。

### 2.3.1　组成成分

(1)固体含量(体积与质量分数)

固体含量是膏体流变特性最为重要的影响因素之一，通常与膏体屈服应力及黏度呈正相关关系。膏体屈服应力与其质量分数之间普遍存在(幂)指数增长关系，如回归方程式(2-8)[24, 25]及式(2-9)[26]，具体参数取决于具体材料特性。

$$\tau_y = a_0 \exp(b_0 w_C) \tag{2-8}$$

$$\tau_y = \alpha(w_C)^\beta \tag{2-9}$$

式中：$\tau_y$ 为屈服应力，Pa；$a_0$、$b_0$、$\alpha$ 和 $\beta$ 为试验确定的材料常数；$w_C$ 为料浆质量分数，%。

(2)胶结剂

膏体胶结剂以水泥为主，近年来矿物掺合料在水泥中的应用越来越普遍，关于胶固粉、磷石膏等水泥替代品的研究日益增加。胶结剂在与水接触后，由于异性电荷相吸、热运动、相互碰撞吸附、范德华力等引起絮凝，浆体内部的各种颗粒之间形成了连续结构，使膏体流动性变差[27]。此外，一些研究表明，随着水泥含量的增加，流变曲线由线性逐渐向幂律变化，如图 2-12 所示。可以推断，随着水泥含量的增加，膏体流变特性发生了明显变化，膏体浆体由宾汉流体逐渐转变为胀塑性体。

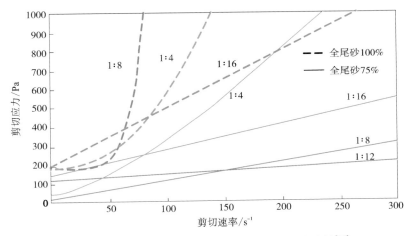

图 2-12　浓度 80% 时不同灰砂比膏体料浆流变特性[27]

（3）外加剂

膏体常用的外加剂包括泵送剂、缓凝剂、早强剂、引气剂等，其中以泵送剂应用最为广泛。泵送剂分子能够吸附到尾砂、水泥颗粒表面，通过改变絮凝颗粒表面的电性以及空间位阻作用而使原本絮凝的尾砂、水泥颗粒分散开，打破絮团结构并释放出絮团中包裹的水，使得自由水增加[28]。故随着泵送剂的掺量增加，膏体料浆的屈服应力明显减少，流动性显著增强，如图 2-13 所示。缓凝剂掺入后，膏体体系的离子浓度减小，颗粒双电层厚度相应增大，颗粒间的吸引力减弱。因此，缓凝剂掺量增加同样会使膏体料浆流变参数减小，起到一定的减阻作用。早强剂作用机理与缓凝剂相反，随着早强剂掺量增加，膏体流变参数增大，流动性变差[29]。

(a) 泵送剂掺量为 0　　　　　(b) 泵送剂掺量为 2%　　　　　(c) 泵送剂掺量为 8%

图 2-13　不同泵送剂掺量下的膏体料浆[30]

### 2.3.2 物理化学性质

（1）尾砂密度

由于矿物成分不同，尾砂密度存在一定的差异，这对膏体流变特性将产生显著影响。膏体料浆质量分数一定时，密度大的尾砂，制成的料浆固体体积分数较低，表现为较"稀"，如含硫尾砂。料浆体积分数与质量分数之间的换算关系见式（2-10），图2-14为5种不同密度的尾砂制备成的料浆（胶凝材料相同）[4]。

$$\varphi_{\mathrm{C}} = w_{\mathrm{C}}\left(\frac{\rho_{\mathrm{bulk-p}}}{\rho_{\mathrm{s-p}}}\right) = \frac{100}{1 + \left(\frac{100}{w_{\mathrm{C}}} - 1\right) \times \frac{G_{\mathrm{s-p}}}{S_{r}}} \tag{2-10}$$

式中：$\varphi_{\mathrm{C}}$ 为料浆体积分数，%；$w_{\mathrm{C}}$ 为料浆质量分数，%；$\rho_{\mathrm{bulk-p}}$ 为膏体密度，$\mathrm{kg/m^3}$；$\rho_{\mathrm{s-p}}$ 为膏体中固体密度，$\mathrm{kg/m^3}$；$G_{\mathrm{s-p}}$ 为膏体密度。

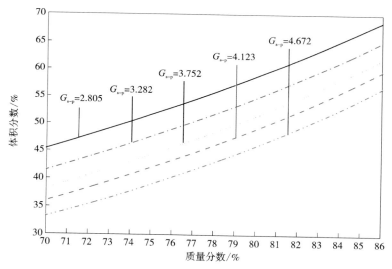

**图 2-14　料浆体积分数与质量分数的关系**

（2）固体颗粒级配

颗粒级配是反映固体颗粒特性的一项综合指标，单一参数是难以进行有效表征的。细颗粒含量对膏体料浆的流变特性影响显著，通常认为20 μm以下细颗粒质量分数应在15%以上，以保证膏体的流动性。相同条件下，较细尾砂制备的料浆具有更高的屈服应力和黏度，因为细颗粒的比表面积较大，颗粒间相互作用的面积增加，而粗颗粒主要通过相互碰撞和摩擦影响料浆的屈服应力。改变粗细颗粒的配比，可使料浆表现出不同的流型。短时间内，在动态剪切条件下，胶凝材料对膏体流变特性的影响主要表现在粒径的分布上。如图 2-15 所示，水泥中 20 μm 以下细颗粒含量基本为 60% 以上，75 μm 以下颗粒含量基本达 100%。因此，增加水泥配比可使料浆的屈服应力增大，其具体影响程度取决于全尾砂及水泥粒径的分布情况。

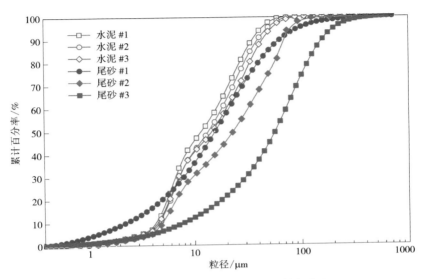

图 2-15　全尾砂与常用硅酸盐水泥粒径分布

（3）pH

当 pH>12 时，胶结剂中绝大多数可溶性 $Ca^{2+}$ 在初始水化阶段释放到膏体体系中，Zeta 电位增加，从而导致颗粒出现团聚，宏观上表现为屈服应力增加。当 pH 升高到 10 以上，且 $Ca^{2+}$ 浓度超过 1 mmol/L 时，在新鲜膏体水化伊始，体系孔结构细化而发生凝胶化，导致高屈服应力[31]。在 pH=3 的酸性环境中，全尾砂膏体的剪切应力和表观黏度较中性条件有所增强，但增强幅度不大[32]。少数学者研究了酸试剂对膏体流变性的影响，但主要集中在减水剂上。据报道，随着木质素磺酸盐数量的增加（pH=6.87），膏体的流动性会随着黏度值的增加而降低。然而，聚羧酸盐可以防止硅酸三钙溶解，从而使膏体具有更好的黏度。关于低 pH 值（酸性）膏体流变特性，尤其是低 pH 溶液对膏体流变特性的影响，由于膏体强度将严重劣化，仍然很少被研究。

（4）水化作用

膏体输送距离通常达数百至几千米，输送过程中水泥水化作用对膏体流变特性的影响不可忽视。随着输送/静置时间的延长，膏体水化作用开始显现并逐渐增强，体积浓度减小，颗粒间距离缩小，范德华力增强，宏观上表现为屈服应力、塑性黏度等流变参数逐渐增大[33]。流变参数随浆体工作时间的变化曲线可总结为直线增长型、指数增长型、幂函数增长型三类[33-35]，如图 2-16 所示。

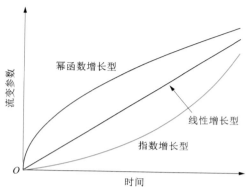

**图 2-16　膏体流变参数随时间变化曲线[32]**

### 2.3.3　外部作用

（1）温度

随着深地高热和高寒地区膏体充填应用越来越广泛，温度对膏体流变参数的影响的相关研究日益增多。实验结果表明[36]，膏体流变参数及其变化趋势在室温和低温条件下表现出显著差异，且温度对受水化作用控制的膏体流变特性——依时性也存在显著影响。一些学者[32, 37]认为，超过 20 ℃时，全尾砂膏体易产生较高的剪切应力、屈服应力和表观黏度，这与随着温度增加，水化加速、水化产物生成量增加及剪切运动环境变化有关。温度 2~20 ℃，随着温度减小，宾汉屈服应力增加[38]（图 2-17）。然而，一些学者[39]发现，在 5~50 ℃，膏体屈服应力随温度增加呈负幂指数变化，塑性黏度随温度增加呈线性降低。在低于零度的环境中，膏体的流动性变差，堵管隐患变大，此时需要掺入含氯防冻剂改善膏体的流变性能。温度对流变参数的影响较为复杂，与温度范围、膏体固体颗粒级配、膏体中是否含有胶结剂、胶结剂类型和含量、外加剂等因素有关，尚需系统性的深入研究。

（2）剪切历史

剪切历史指膏体在制备、输送过程中受到的剪切作用，包括剪切时间及剪切强度。具有三维絮网结构的膏体料浆，通常表现出明显的触变性，其流变特性对剪切作用非常敏感。不同的预处理状态、试验操作方法等因素都可能导致流变测试结果的差异。不同类型的全尾砂制备的膏体，受剪切历史的影响程度不同。在工程设计中，应充分考虑剪切历史对膏体流变特性的影响。控制剪切历史可以为优化特定应用的流变特性提供宝贵的机会。

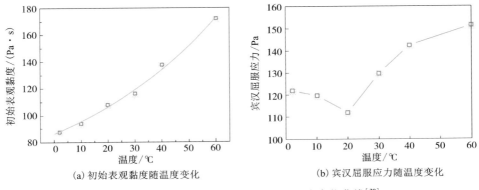

(a) 初始表观黏度随温度变化　　　　　　(b) 宾汉屈服应力随温度变化

图 2-17　2~60 ℃，膏体流变参数随温度变化曲线[39]

## 2.4　膏体流变参数测量

流变测量是现阶段膏体流变学研究的主要方法，流变测量技术的发展对膏体流变学的理论研究具有重要影响。膏体料浆具有黏、弹、塑以及时变等复杂流变特性，其评判依据就主要来源于膏体流变测量结果。通过准确测定不同环境的膏体流变特征并获取流变参数，可为膏体流变规律研究提供保障，并将直接影响到膏体流变本构方程的准确性。同时，在膏体流变测量中应用有效的微观测量技术，可为颗粒运动规律及作用形式、絮团结构演化和流固曳力模型等研究提供数据支撑，推动膏体流变理论发展。

此外，流变测量对膏体充填工程设计与技术应用具有重要的指导作用。在矿山充填中，由全尾砂、水泥和水，以及废石和添加剂等制备而成的膏体料浆，其性质差异显著，料浆浓度、颗粒级配和充填倍线等参数难以综合表征料浆的流动性、可塑性及稳定性，而利用流变测量技术可以获取料浆在不同剪切条件下的流变参数，并对各充填工艺环节中的料浆性能进行综合评估，进而确定合理的工程设计参数，这在矿山充填安全、稳定输送方面具有重要意义。

膏体流变测量通常基于相应的流变模型展开，针对性地确定流变测量参数，如膏体料浆常用的 Bingham 模型及 Herschel-Bulkley 模型等。流变模型的选取及流变参数的测量需充分考虑膏体的流变特性、工程背景及试验条件等情况。通过合理有限的测量，获得相应的流变参数，从而为工程设计参数的确定提供依据。

常见的非牛顿流体流变测量技术，其测量原理同样适用于膏体，但在实际测量中，由于膏体料浆具有高固含、固体颗粒跨尺度（微米至厘米级）、屈服应力大等特点，这就对选用的流变测量方法、测量标准及数据处理方式等提出了更高要求。目前，在膏体流变学研究中，常用的流变测量技术包括旋转流变仪测试法、坍落度测试法、L 管测试法、倾斜管测试法以及环管测试法等，还包括新发展起来的多普勒超声技术（UVP）、核磁共振技术（NMR）和电阻层析成像技术（ERT）。根据测试方式的不同，可分为直接测量法、间接测量法和在线测量法。

### 2.4.1　流变直接测量

在膏体流变测量中，流变仪是较为直接有效的测量工具。常用的流变仪有旋转流变仪、毛细管黏度计等，由于膏体中固含高，且颗粒尺度广，旋转流变仪较其他类型的流变仪适用性更好。旋转流变仪所用转子类型繁多，包括桨式、同轴圆筒式、锥板式、平行板式等。桨式转子可有效避免在旋转流变仪测试中普遍存在的滑移效应以及大颗粒尺寸效应，并且能极大地减少转子对所测样品造成的初始扰动破坏，因此在膏体流变测量中应用最为广泛，如图 2-18 所示。

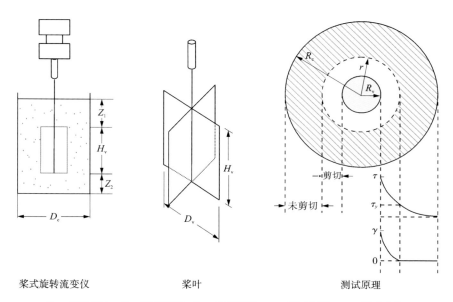

桨式旋转流变仪　　　　　　　桨叶　　　　　　　　　测试原理

$D_c$—容器直径；$Z_1$—顶部距离；$Z_2$—底部距离；$H_v$—桨叶高度；$D_v$—桨叶直径；

$R_c$—容器半径；$R_v$—桨叶半径；$r$—剪切流域半径；$\tau_y$—屈服应力。

**图 2-18　桨式旋转流变仪及测试原理**

旋转流变仪依靠旋转运动产生剪切作用，具有控制剪切应力（CSS）和控制剪切速率（CSR）两种模式，能够进行复杂的流变参数分析。其测量原理在于记录转子扭矩与转速之间的函数关系，以获取剪切应力（$\tau$）与剪切速率（$\dot{\gamma}$）之间的流变关系曲线。其中，剪切应力与扭矩及剪切速率与转速之间的数学关系分别见式

（2−11）及式（2−12）[40]。

$$T = \frac{\pi D_v^3}{2}\left(\frac{H_v}{D_v} + \frac{1}{3}\right)\tau \tag{2-11}$$

$$\dot{\gamma} = 2\Omega \Big/ \left(\frac{\mathrm{d}\ln T}{\mathrm{d}\ln \Omega}\right) \tag{2-12}$$

式中：$T$ 为转子的扭矩；$\Omega$ 为转子的转速；$D_v$ 为转子的直径；$H_v$ 为转子的高度。

　　作为具有重要工程应用价值的流变参数，屈服应力的准确测定对膏体等屈服型非牛顿流体而言尤为重要。屈服应力可通过流变仪直接测得，或通过测得的 $\tau$ −$\dot{\gamma}$ 数据，由相应的流变模型拟合获取，该方法的准确性已得到广泛验证[41]。

　　（1）直接测量法

　　①在控制剪切速率（CSR）的模式下，转子以较小的恒定速度旋转，获得扭矩−时间关系曲线，如图 2−19 所示，根据屈服点对应的扭矩，应用式（2−11）可直接获得料浆的屈服应力。目前，对屈服应力的内涵仍存在一定的争议，相应地，在确定测量的屈服点时，就图 2−19 中的 $B$ 点（由线性关系转变为非线性关系，不再为完全的弹性）或 $C$ 点（达到最

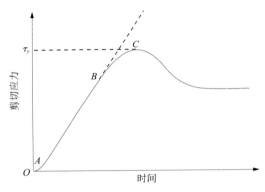

图 2−19　典型的膏体剪切应力−时间曲线

大值，样品开始流动）未达成一致意见，因后者测定更为直观准确，普遍以其对应的应力值作为材料的屈服应力（$\tau_y$）。

　　②在控制剪切应力（CSS）的模式下，通过对测试样品施加不同的恒定剪切应力，观测蠕变响应随时间的变化，这种实验的测量原理类似于蠕变恢复实验[22]。如图 2−20 所示（图中 $\tau_1$、$\tau_2$、$\tau_3$ 及 $\tau_4$ 代表不同大小的剪切应力），当施加的应力小于屈服应力 $\tau_y$ 时（$\tau_y > \tau_1$，$\tau_2$），料浆将表现出一定的弹性，应变则将逐渐趋于定值，并在应力消除后完全恢复；当高于屈服应力时（$\tau_3 < \tau_y < \tau_4$），应变将随时间无限增加，达到剪切速率稳定的黏性流动。在实际测量中，由于膏体具有复杂的黏弹塑性，屈服临界应力难以准确判定，且测量结果依赖于观测时间。在较低剪切应力下，絮网结构松弛与破裂会引起弹性变形与黏性流动混合作用[42]，二者与时间的函数关系不同，在测量中无法进行区分。因此，屈服可能发生在一定的应力范围内，其中，较低应力代表不可逆塑性变形的开始，此时蠕变曲线变化较为缓慢；较高应力则代表黏性流动开始占主导，蠕变曲线变化显著。

　　理论上，蠕变恢复法在评估黏弹塑性变形与流动之间的界限时，比其他方法

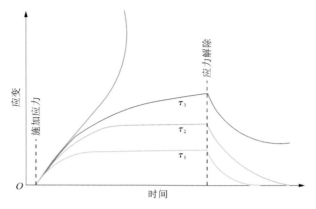

图 2-20 蠕变恢复试验测得的典型应变-时间曲线

更灵敏，且在测试前对样品的扰动和破坏最小。但在实际测量中，因膏体流变特性复杂，测量误差较为显著，应特别注意测量时间、剪切历史以及数据分析。

（2）流变数据拟合法

根据拟合过程是否使用流变模型，可分为直接拟合和应用流变模型拟合两类。

①直接拟合：根据测得流变数据的分布特征，拟合得到 $\dot{\gamma}=0$ 对应的应力值，如图 2-21 中的 $\tau_{y1}$。当数据为线性分布时，此法较为简便；为非线性分布时，则使用多项式拟合。

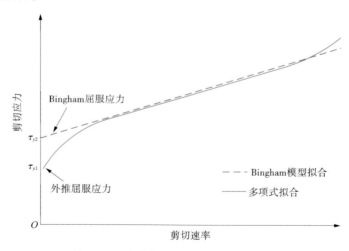

图 2-21 流变数据拟合法测量屈服应力

②应用流变模型拟合：该方法更为常用，其中 Bingham 模型应用较多（如

图 2-21 中的 $\tau_{y2}$），但通常认为该模型更适于描述较高剪切速率下的流变行为[43]。与之相比，Herschel-Bulkley 三参数模型数据处理过程复杂，且结果具有不稳定性。模型适用性对拟合结果影响较大，同时，在拟合时还应对数据的准确性及数据的使用范围进行检验。

通常，所测屈服应力的大小同时取决于设备的精度、观测的时间尺度，以及在测试开始前对样品预先造成的剪切程度。

## 2.4.2　流变间接测量

### （1）坍落度测试法

坍落度测试是目前最为常用的一种现场测量方法，最早用于评价新拌混凝土的和易性及一致性，是一项综合性的定量指标，也是用来衡量膏体料浆的泵送效果及充填质量的重要指标[44]。常用的坍落度装置为标准锥形坍落筒，上口直径 100 mm，下口直径 200 mm，高 300 mm，容积为 5.5 L。为节省物料，部分研究采用小型锥形坍落筒，尺寸为标准装置的一半，容积仅为八分之一（0.69 L）。

大量理论分析、实验及模拟结果表明，坍落度与料浆屈服应力相关，而与黏度无显著关联。Murata[45]首先建立了坍落度与屈服应力的理论模型，随后该模型得到进一步发展，其数学关系见式（2-13）、式（2-14）、式（2-15）。其基本假设为，坍落筒提起后，在自重作用下，仅剪切应力大于屈服应力的料浆层发生变形与流动，直至达到新的应力平衡状态，如图 2-22 所示。

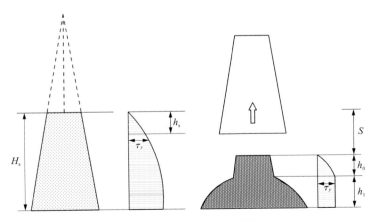

图 2-22　坍落度测量原理

$$S' = 1 - h_0' - h_1' \qquad (2-13)$$

$$h_1' = 2\tau_y' \ln\left[\frac{7}{(1+h_0')^3 - 1}\right] \qquad (2-14)$$

$$\tau'_y = \frac{(1+h'_0)^3 - 1}{6(1+h'_0)^2} \tag{2-15}$$

式中：$S' = S/H_s$ 为量纲为一的坍落度；$S$ 为坍落度，m；$H_s$ 为坍落筒高度，m；$\tau'_y = \tau_y/\rho g H_s$ 为量纲为一的屈服应力；$\rho$ 为料浆密度，kg/m³；$g$ 为重力加速度，m/s²；$h_0$ 及 $h_1$ 分别为未变形区域及变形区域的高度，m；$h'_0 = h_0/H_s$ 及 $h'_1 = h_1/H_s$ 分别为未变形区域及变形区域的量纲为一的高度。

Ferraris 和 De Larrard[46] 对标准坍落度装置进行了改进，增加了对坍落时间的测量，建立了黏度($\eta$)与坍落 100 mm 所需时间的半经验模型，见式(2-16)。

$$\eta = \lambda \rho t \tag{2-16}$$

式中：$\lambda$ 为材料指数；$\rho$ 为料浆密度，kg/m³；$t$ 为坍落 100 mm 用时，s。

锥形筒坍落度模型计算较为复杂，且预测较高屈服应力时存在一定误差。Chandler[47] 最早应用了圆柱形坍落筒，Pashias 等[48] 进一步对装置尺寸、高径比、材质等影响因素进行了测量，并建立了圆筒坍落度与屈服应力的理论模型，见式(2-17)，如进一步简化为式(2-18)，其预测结果更为准确。

$$S' = 1 - 2\tau'_y [1 - \ln(2\tau'_y)] \tag{2-17}$$

$$\tau'_y = \frac{1}{2}(1 - \sqrt{S'}) \tag{2-18}$$

（2）L 管测试法

L 管测试是在实验室或现场进行的接近现场工况的输送流动性测试，装置包括盛料漏斗、垂直管道、水平管道及不同转弯半径的弯管等，如图 2-23 所示。试验中，盛料漏斗中的膏体料浆在自重作用下，会通过与漏斗连接的 L 型管道向下流动，并从下端出口流出。

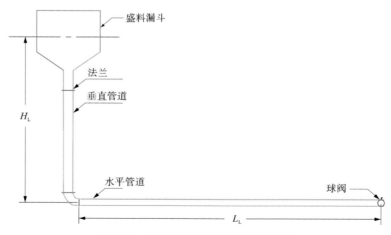

图 2-23　L 管流变实验装置示意图[49]

　　L 管测试的测试原理为：假设膏体在管道中以 Bingham 塑性结构流形式输送，克服起始切应力后流动，管道输送阻力损失随流速的增加相应增大。通过测取料浆不同液位高度 $H_{L1}$、$H_{L2}$ 及相应出口断面流速 $v_{L1}$、$v_{L2}$，再应用式（2-19）进行联立求解，可得到料浆的屈服应力 $\tau_y$ 和塑性黏度 $\eta_p$。

$$\frac{4}{3}\tau_y + \left(\frac{8v_L}{D_L}\right)\eta_p = \frac{D_L\rho g}{4(H_L+L_L)}\left(\frac{H_L}{\alpha} - \frac{v_L^2}{2g}\right) \tag{2-19}$$

式中：$v_L$ 为料浆的平均流速，m/s；$D_L$ 为管道直径，m；$H_L$ 为料浆液面高度，m；$L_L$ 为水平管道的长度，m；$\alpha$ 为局部水头损失系数，取 1.05。

　　（3）倾斜管测试法

　　倾斜管测试装置包括备料漏斗、倾斜管、盛料槽及支架等，如图 2-24 所示。

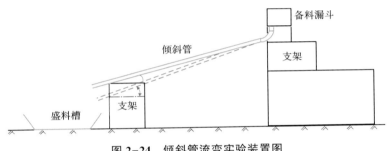

**图 2-24　倾斜管流变实验装置图**

　　测试时，将膏体料浆倒入备料漏斗，持续加料使漏斗内液位保持在同一高度。通过改变倾角 $\theta$ 控制倾斜管的充填倍线，测量料浆在自重作用下通过不同倾角管道时的平均流速 $v_1$，并测量倾斜管直径 $D_1$、长度 $L_1$ 和料浆密度 $\rho$，然后通过式（2-20）联立求解，可得到膏体料浆的流变参数[50]。

$$\frac{4}{3}\tau_y + \left(\frac{8v_1}{D_1}\right)\eta_p = \rho g\left(\frac{D_1\sin\theta}{2} - \frac{D_1v_1^2}{8gL_1}\right)\Big/(1+\rho g) \tag{2-20}$$

　　（4）环管测试法

　　环管测试能够准确测定沿程阻力及流变参数，为井下管线布置提供依据，在指导工程设计方面具有不可替代的重要价值。工业级环管试验系统主要包括 4 个子系统，分别是制浆系统、加压输送系统、测量系统、给排水系统[51]，如图 2-25 所示。

　　①制浆系统负责按照试验设计要求制备料浆。包括搅拌槽、上料工作平台、给料行车、出料阀门、供料板车、数台不同量程电子秤等，核心是搅拌槽。

　　②加压输送系统是环管试验的主体，通过柱塞泵控制不同输送流量和输送压力，选择不同管径的直管或弯管，模拟井下充填管路的实际情况，以获得较为全面的管道输送参数。不同管径的无缝钢管以泵出口—搅拌槽—料斗形成环路，使

料浆反复循环，以便于获取多组数据。

③测量系统负责监测料浆的制备情况、输送量、供压情况，测试不同浆体各时段各工况点的状态参数。所获取的试验数据是浆体输送性研究的重要依据。包括压力变送器、压差变送器、数据采集卡、流量计、数据处理的计算机、浓度壶等。

④给排水系统为环管试验提供清水，用于制备料浆、清洁和检测试验系统可靠性。包括给水系统的水管、阀门等和排水系统的管道、阀门、废浆池等。

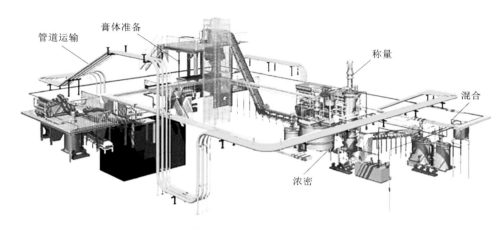

图 2-25　环管实验装置图

### 2.4.3　流变在线测量

在线流变测试是利用相关仪器设备原位获取管输流动状态下料浆的流变信息的测量方法，它能够极大地消除料浆时变性对测量的影响，克服流变仪测试、坍落度测试、L管测试等线下流变测试的缺陷，具有非侵入式、无损伤、响应快速等技术优势[52]。目前，以 UVP 技术、NMR 技术和 ERT 技术为代表的在线流变测试技术已得到广泛关注。

（1）多普勒超声流速剖面技术（UVP）

基于多普勒超声技术 UVP 和压差法 PD 开发出的一种新型在线流变装置——UVP-PD 适配器，已经应用于剪切变稀的黏弹性流体、非牛顿悬浮液等复杂流体。UVP-PD 适配器如图 2-26 所示，

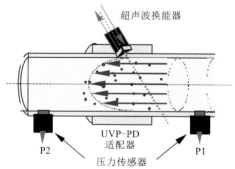

图 2-26　UVP-PD 适配器示意图[54]

超声换能器以特定的倾斜角度安装在管道中的流动适配器单元内，大量的短超声波脉冲被发射到样品流体中，流体中含有的悬浮在流动介质中的颗粒，提供了从微米到厘米不同尺寸大小的反射表面。脉冲以固定的频率发射，由于换能器在发送脉冲后会直接切换到接收模式，在两个脉冲之间反射波被接收。因此，返回的多普勒回波信号在每个发射脉冲后窄的时间窗口内按特定次数被采集，称为时间门或者时间通道。在使用基于时域或频域的信号处理方式解调后，多普勒频移被确定[53]。

每个通道的局部流速可通过式（2-21）确定[53]：

$$v_i = \frac{c \cdot f_i^{\text{Doppler}}}{2f_0 \cos\theta} \qquad (2-21)$$

式中：$v_i$ 是在流动方向上的通道 $i$ 的速度分量；$c$ 是在流体介质中的超声波速度；$f_i^{\text{Doppler}}$ 是通道 $i$ 的多普勒频移；$f_0$ 是发射的中心超声频率；$\theta$ 为多普勒角，定义为移动反射器主速度矢量方向与测量线方向之间的夹角。

同时记录径向速度剖面和相应的管道压差，采用 H-B 模型对得到的速度剖面进行非线性回归，确定流动指数 $n$，然后根据管道压差确定稠度指数 $K$[53]。

$$V_x(r) = \left(\frac{\Delta P}{2LK}\right)^{\frac{1}{n}} \frac{1}{1+\frac{1}{n}} \left[\left(R-R^*\right)^{1+\frac{1}{n}} - \left(r-R^*\right)^{1+\frac{1}{n}}\right] \qquad (2-22)$$

式中：$\Delta P$ 为压力传感器之间距离 $L$ 上的管道压降；$r$ 为径向坐标；$R^*$ 为柱塞流区半径；$R$ 为管道外径。

（2）核磁共振技术（NMR）

NMR 在线测量作为一种高效、无损的探测技术，可广泛应用于物理、化学、生物、医学、农业、石油和地质等多种学科领域，对诸如流体、气体、孔隙介质等样品进行在线检测[55]。起初，NMR 技术通常与磁共振（MR）成像硬件相结合，采用一种被称为 MR 流动成像的方法[56]，来实现在一个、两个或三个空间维度上的速度的空间分辨测量。一些学者使用一维（1D）速度测量方法将流体位移作为圆柱管道中径向位置的函数来量化，进而阐明了非牛顿流体的幂律和 Herschel-Bulkley 流变行为，便携式核磁共振流体分析装置如图 2-27 所示。使用这种方法，可以在一次测量中描述剪切速率范围内的流动曲线，之后可以将流变模型回归到实验所得的流动曲线，进而预估流变参数。由于这种方法对获得的压降和位移数据的精度敏感，因此需要足够的空间和速度分辨率。虽然目前快速成像序列较多，但多数仍无法提供为确保实时在线获得准确的流体流变特征所需的空间和/或时间分辨率，因此在 NMR 技术中采用 MR 流动成像仍具有一定难度[57]。

近些年，一些学者提出了一种使用脉冲场梯度（PFG）NMR 的贝叶斯分析方法，该方法中，通过对 $q$ 空间信号的分析，可以估算出管道中 Herschel-Bulkley 流

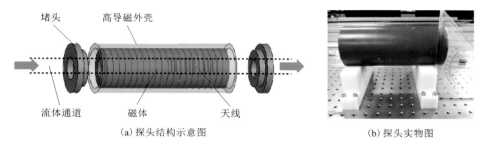

(a) 探头结构示意图　　　　　　　　　　　　　(b) 探头实物图

**图 2-27　便携式核磁共振流体分析装置**[54]

体的流变参数，包括流动行为指数 $n$、屈服应力 $\tau_0$ 和稠度因子 $k$[57]。通过使用 PFG 方法，核磁共振流变测量技术被扩展到单轴梯度硬件，从而避免了空间编码的需求，并大幅减少了数据采集时间，使在线流变测量成为可能。

对于管流单元中的 $H-B$ 流体，流体位移 $\zeta$ 是 $r$ 的函数[57]：

$$\zeta(r, n, r_0) = \begin{cases} \zeta_{max}\beta & 0 \leqslant r \leqslant r_0 \\ \zeta_{max}\left[1 - \left(\dfrac{r - r_0}{R - r_0}\right)^{\frac{n+1}{n}}\right] & r_0 \leqslant r \leqslant R_0 \end{cases} \tag{2-23}$$

式中：$\zeta_{max}$ 为最大流体位移；$r$ 为径向坐标；$r_0$ 为柱塞流区半径；$R$ 为管道外径。

为了完全表征流体的流动行为，引入了位移概率分布 $p(\zeta)$ 的概念，其可以通过在 $q$ 空间中采样的 PFG NMR 信号 $S(q)$ 的傅里叶变换获得：

$$S(q) = \int p(\zeta) \mathrm{e}^{\mathrm{i}2\pi q\zeta} \mathrm{d}\zeta \tag{2-24}$$

式中：$q = (1/2\pi)\gamma g\delta$；$\gamma$ 为核旋磁比；$g$ 和 $\delta$ 分别为流动编码梯度的大小和持续时间。

进一步，根据式（2-25）得到特定 $n$ 和 $r_0/R$ 条件下的预期复信号表达式：

$$f(q_i, n, r_0) = \frac{S(q_i, n, r_0)}{|S(0)|} \tag{2-25}$$

在贝叶斯分析中，系统的状态是从一组实验测量值 $\hat{y}$ 中推导出来的，使用后验概率密度函数表示，即：

$$p(\theta \mid \hat{y}) = \prod_{i=1}^{N} \frac{1}{\sigma\sqrt{2\pi}} \mathrm{e}^{\frac{[|S(q_i) - f(q_i, n, r_0)|]^2}{2\sigma^2}} \tag{2-26}$$

式中：$\theta = \{n, r_0\}$；$N$ 为 $q$ 空间数据点的数量；$\hat{y} = S(q)$。

$p(\theta \mid \hat{y})$ 沿 $r_0$ 和 $n$ 轴的总和可以分别用来描述 $p(n \mid \hat{y})$ 和 $p(r_0 \mid \hat{y})$，由这些分布的平均值和不确定度的标准偏差给出 $n$ 和 $r_0/R$ 的估计值。

根据单位长度压降 $dP/dL$ 的测量值，以及式（2-27）和式（2-28），可以估计 $\tau_0$。

$$\tau_w = \frac{dP}{dL} \frac{R}{2} \tag{2-27}$$

$$\tau = \frac{r}{R} \tau_w \tag{2-28}$$

根据估计的 $n$ 可计算得到中值流体位移为：

$$\langle \zeta \rangle = \zeta_{max} \left[ \frac{n+1}{3n+1} + \frac{2r_0 n(n+1)}{R(2n+1)(3n+1)} + \frac{2n^2 r_0^2}{R^2(2n+1)(3n+1)} \right] \tag{2-29}$$

最后，再根据式（2-30）可以估计 $k$。

$$\frac{dP}{dL} = \frac{2k}{R} \left( \frac{\langle \zeta \rangle}{\Delta R} \right)^n \left( \frac{3n+1}{n} \right)^n \frac{1}{1 - \frac{r_0}{R}} \cdot$$

$$\left[ \frac{1}{1 - \frac{1}{(2n+1)} \frac{r_0}{R} - \frac{2n}{(n+1)(2n+1)} \frac{r_0}{R}^2 - \frac{2n^2}{(n+1)(2n+1)} \frac{r_0}{R}^3} \right]^n \tag{2-30}$$

（3）电阻层析成像技术（ERT）

20 世纪 80 年代，ERT 技术被用于工业检测领域，成为电学过程层析成像技术的一种，但从 2010 年起，ERT 才开始被用于研究水泥基材料输送性能[58]。由于 ERT 作为工程界的定量表征技术越来越受欢迎，以及计算机计算能力不断提升，近些年关于采用 ERT 研究水泥基材料流动/输送性能的出版物稳步增加，基于 ERT 的流变分析也成为流变在线测量技术的主要发展方向之一。

ERT 技术的原理是：不同介质具有不同的电导率，通过判断敏感场内介质的电导率分布，可以获得敏感场内的介质分布信息。图 2-28 为基于电阻层析成像的垂直管膏体自流输送实验系统示意图，该系统由 ERT 传感器单元、ERT 数据采集单元、ERT 图像重建单元、管内压强测试单元组成。ERT 传感器单元采用 16 电极、双平面的阵列排布，如图 2-29 所示。ERT 数据采集单元负责实时获取管道内电导率分布状态的定量数据，从而为图像重建算法反演推算出真实的电导率分布奠定基础。ERT 图像重建单元负责利用恰当的图像重建算法对采集的边界电压值进行处理，所获得的重建图像能够反映管道内介质电导率的分布状态。管内压强测试单元用于实时监测实验过程中垂直管内压强的变化[52]。

基于双平面 ERT 系统对管输流动料浆的流变参数进行在线测量，其基本原理及操作步骤如下：

①根据圆管层流的运动常微分方程以及牛顿内摩擦定律，可得距离管中心轴线距离为 $r$ 的切应力表达式，如式（2-31）所示：

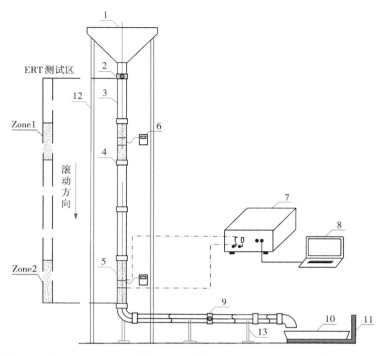

1—装料斗；2—球阀Ⅰ；3—有机玻璃管；4—螺纹活接头；5—ERT 电极传感器；6—数字压力计；
7—ERT 数据采集仪；8—ERT 主控计算机；9—球阀Ⅱ；10—盛料槽；11—电子台秤；12—钢支架；13—支撑架。

**图 2-28  基于电阻层析成像的垂直管膏体自流输送实验系统示意图**[59]

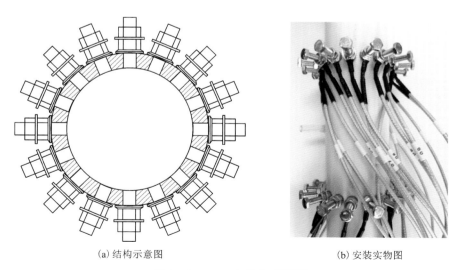

(a)结构示意图                      (b)安装实物图

**图 2-29  ERT 电极传感器**[52]

$$\tau = \frac{\Delta P \cdot r}{2L} \qquad (2-31)$$

②采用 AIMFlow 软件获取电极传感器平面的料浆流速分布曲线,对速度分布曲线进行拟合,得到料浆流速分布表达式 $\mu = f(r)$。

③对料浆流速分布表达式 $u = f(r)$ 进行一阶求导,得到管道横截面上切变率分布表达式,如式(2-32)所示:

$$\dot{\gamma} = \frac{\mathrm{d}u}{\mathrm{d}r} = f'(r) \qquad (2-32)$$

④联立式(2-31)和式(2-32),获得剪切速率与剪切应力之间的函数关系 $\dot{\gamma} = g(\tau)$,即管输流动状态下料浆的流变模型。结合时间、温度等实时传感器数据,可以进一步获得基于时-温效应的管输流变模型 $\dot{\gamma} = h(\tau, T, t)$。

## 2.4.4 膏体流变测量适用性分析

在实验室及工程现场,上述流变测量技术的应用为膏体流变理论研究及膏体充填工程设计提供了重要支撑。各测量技术的应用需综合考虑测试需求、结果准确性、设备条件、操作及数据处理等因素。

旋转流变仪高效直观,数据记录相对准确,可显著降低人为操作误差。但其仪器昂贵,对测试样品的粒度和均质性要求较高,同时易受测试方法、转子选择、测试环境、人员专业度以及数据处理方法差异性影响,形成复合误差。

坍落度测试仪器简单,易操作,适用于不同颗粒尺度的料浆,工程应用范围广。但坍落度测试只能对料浆的流动性进行大概判断,不能获得黏度等流变参数,测试数据也无法用于阻力计算和管道设计,且试验结果易受人为操作因素影响,如坍落筒轻微倾斜、样品内部残余气泡、料浆坍落形态差异、读数误差等。

L管测试是模拟料浆管道流动状态的简易实验装置,成本低,适用范围广。但测试时间短,相对实际工程用料较少,无法对矿山实际充填情况进行综合模拟,满管输送、液柱高度、输送量及输送时间等参数的测控都会影响实验精度,受人为因素干扰大。

倾斜管测试与L管相比,不需要测定液位高度,堵管风险降低,可操作性提高,实验装置简单,成本低。但其属于小型测试系统,不能模拟现场长距离管输,无法反映输送角度对料浆流态的影响。而通过提高测试样本数来提高实验结果准确性的方法,将导致物料用量增加、实验周期延长,降低实验的灵活性。

环管测试是最接近实际生产的有效测试技术,特别是工业级环管测试系统,能反映现场输送的管径、流量等指标,能根据需求模拟多种工况条件,如管道布置形式、管道材质等,试验结果还可直接指导生产实践。环管系统具备精准的监测和控制仪表,能够同时对料浆制备及输送等关键参数进行精准调控,可长时间稳定运行并连续监测。但环管试验通常需耗费较多物料、时间、资金、人力和物力，在大型工程和重点工程中具有重要指导意义。

新兴的基于多普勒超声技术、核磁共振技术和电阻层析成像技术的流变在线测量技术，具有原位无损、实时在线的突出优势，能够帮助现场技术人员及时、直观地了解膏体流动状态、流变参数、颗粒运移规律等，对实际生产具有较强指导意义，发展前景广阔。但对于膏体这一类特殊的流体，上述流变在线测量技术发展尚不成熟，其中，多普勒超声技术只适用于含有示踪粒子的体系，核磁共振技术具有实验室安全问题和成本昂贵的缺点，电阻层析成像技术对膏体流变参数的测试精度相对较低。

## 2.5 膏体流变学发展探讨

现阶段，膏体流变学在基础理论，测量的准确性、规范性、实时性，以及流变学与工程应用结合的紧密性等方面仍有较大发展空间。

(1)完善膏体流变学基础理论

膏体流变学是膏体充填全套工艺流程的重要理论基础，国内外已针对膏体流变学开展了大量的实验研究，并取得了重要进展，但现有的非牛顿流变模型在膏体这类特殊、复杂的流体中的应用具有一定的局限性。本构方程是流变学的理论基础，目前常用的流变本构方程无法对膏体进行精准的描述，导致理论研究与工程实际存在一定的偏差。因此，构建精准并具有工程实用价值的流变本构方程是现阶段膏体流变学研究的重点。此外，围绕膏体宏观流动行为和细观结构，建立反映膏体非牛顿流体特征的流变本构关系，对正确认知和精确描述膏体流变行为也具有重要意义。

(2)构建膏体流变测量标准

由于膏体具有跨尺度、多组分及流变特性复杂等特点，构建流变测量标准对膏体质量控制、膏体流变学研究及膏体充填工艺的发展具有重要意义。上述流变测量方法中，桨式旋转流变仪最早被用于土力学研究，相应的测试标准有"ASTM D2573"。在膏体流变测量中，其操作规范多遵循现有研究成果，包括合理选用测试转子及容器尺寸，避免壁面滑移、端部效应及边界作用等的影响[43]。最新研究表明，转子深度、测试前膏体静置时间、转子转速等操作因素对膏体屈服应力测试结果的可重复性具有重要影响，为了获得满意的膏体流变测试结果，对转子插入位置、预剪切时间、转速设置等应建立相应的实验标准[60]。坍落度测定主要依据"GB/T 50080—2016"及"ASTM C 143/C 143M"标准。鉴于膏体流变特性及工程质量要求的特殊性，针对性地构建膏体制样、流变测量及数据处理等相关标准或规范成为现阶段研究的重点，以期降低测试前对样品的扰动，避免测试中人为因素的干扰并保证测试后所获结果的可重复性,提高测量的准确性。

（3）发展膏体流变在线测量技术

为推动膏体充填技术向高效、精准及智能调控方向发展,膏体流变测量技术应更加注重与各工艺环节的结合,通过实时监测料浆在浓密、搅拌、输送及充填阶段的流变行为,保障浓密机底流浓度稳定、膏体均质流态化制备和稳定连续输送。目前,实时流变监测在浓密阶段已有应用,由

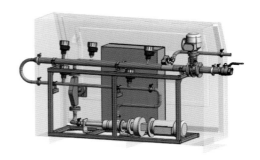

图 2-30　浓密机底流实时在线流变监测

于选矿作业留下了大量复杂的多相超细全尾砂悬浮液,在浓密过程中需要密切监控,以优化浓密效果。通过在线流变测量,可以实时获知固含体积分数、颗粒粒度、絮凝效果等参数的变化,显著提升浓密机性能,测量仪器如图 2-30 所示。在搅拌制备过程中,可通过实时监测各叶片处料浆的流变参数变化,提升料浆的均质流态化制备。应用于管道输送环节的在线流变仪如图 2-31 所示,应用该技术有望实时获取膏体流变参数,及时获悉膏体流态变化,规避膏体堵塞管道风险。

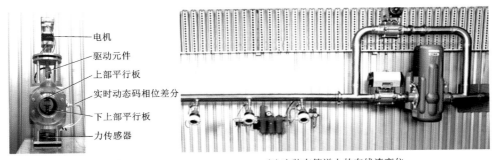

电机
驱动元件
上部平行板
实时动态码相位差分
下上部平行板
力传感器

（a）在线流变仪内部结构　　　　　（b）安装在管道上的在线流变仪

图 2-31　应用于管输环节的在线流变仪[61]

（4）推动膏体流变学与工程应用紧密结合

膏体流变学的应用贯穿于浓密、搅拌、输送、充填整套工艺流程,膏体流变学的研究也应根据各工艺环节的特点及要求开展,应用流变学解决实际问题[62]。例如,浓密过程中如何调控底流浓度、设计耙架扭矩;搅拌过程中如何提高搅拌效率与搅拌质量;输送过程中如何准确预测管输阻力,减小管道内壁磨损;充填过程中如何保证膏体流平接顶和稳定的强度等[63]。

# 参考文献

［1］ SARAMITO P. A new elastoviscoplastic model based on the Herschel-Bulkley viscoplastic model ［J］. Journal of Non-Newtonian Fluid Mechanics, 2009, 158(1-3): 154-161.

［2］ SARAMITO P. A new constitutive equation for elastoviscoplastic fluid flows［J］. Journal of Non-Newtonian Fluid Mechanics, 2007, 145(1): 1-14.

［3］ 翟永刚, 吴爱祥, 王洪江, 等. 全尾砂膏体料浆的流变特性研究［J］. 金属矿山, 2010 (12): 30-32+57.

［4］ 李帅, 王新民, 张钦礼, 等. 超细全尾砂似膏体长距离自流输送的时变特性［J］. 东北大学学报(自然科学版), 2016, 37(7): 1045-1049+1060.

［5］ WANG H, YANG L, LI H, et al. Using coupled rheometer-FBRM to study rheological properties and microstructure of cemented paste backfill［J］. Advances in Materials Science and Engineering, 2019.

［6］ 刘晓辉. 膏体尾矿流变行为的宏细观分析及其测定方法［J］. 金属矿山, 2018(5): 7-11.

［7］ 杨柳华, 王洪江, 吴爱祥, 等. 全尾砂膏体搅拌剪切过程的触变性［J］. 工程科学学报, 2016, 38(10): 1343-1349.

［8］ MEWIS J, WAGNER N J. Thixotropy［J］. Advances in colloid and interface science, 2009, 147: 214-227.

［9］ 程海勇. 时—温效应下膏体流变参数及管阻特性［D］. 北京: 北京科技大学, 2018.

［10］KOLAWOLE J T, COMBRINCK R, BOSHOFF W P. Rheo-viscoelastic behaviour of fresh cement-based materials: Cement paste, mortar and concrete［J］. Construction and Building Materials, 2020, 248: 118667.

［11］LOWKE D. Thixotropy of SCC—A model describing the effect of particle packing and superplasticizer adsorption on thixotropic structural build-up of the mortar phase based on interparticle interactions［J］. Cement and Concrete Research, 2018, 104: 94-104.

［12］CHENG D C, EVANS F. Phenomenological characterization of the rheological behaviour of inelastic reversible thixotropic and antithixotropic fluids［J］. British Journal of Applied Physics, 1965, 16(11): 1599.

［13］ROUSSEL N. Steady and transient flow behaviour of fresh cement pastes［J］. Cement and Concrete Research, 2005, 35(9): 1656-1664.

［14］COUSSOT P, RAYNAUD J S, BERTRAND F, et al. Coexistence of liquid and solid phases in flowing soft-glassy materials［J］. Physical Review Letters, 2002, 88(21): 218-301.

［15］ROUSSEL N. A thixotropy model for fresh fluid concretes: Theory, validation and applications ［J］. Cement and Concrete Research, 2006, 36(10): 1797-1806.

［16］刘晓辉. 膏体流变行为及其管流阻力特性研究［D］. 北京: 北京科技大学, 2015.

［17］ZHANG L, WANG H, WU A, et al. A constitutive model for thixotropic cemented tailings backfill pastes［J］. Journal of Non-Newtonian Fluid Mechanics, 2021, 295: 104-548.

［18］ROUSSEL N, OVARLEZ G, GARRAULT S, et al. The origins of thixotropy of fresh cement pastes［J］. Cement and Concrete Research, 2012, 42(1): 148-157.

［19］ATZENI C, MASSIDDA L, SANNA U. Comparison between rheological models for portland cement pastes［J］. Cement and Concrete Research, 1985, 15(3): 511-519.

［20］BINGHAM E C. Fluidity and Plasticity［M］. McGraw-Hill Book Co. Inc.: New York, NY, USA, 1922.

［21］CASSON N. Flow equation for pigment-oil suspensions of the printing ink-type［J］. Rheology of Disperse Systems, 1959: 84-104.

［22］BUCKINGHAM E. On plastic flow through capillary tubes［C］//Proc. Am. Soc. Testing Materials. 1921: 1154-1156.

［23］NGUYEN Q D, BOGER D V. Measuring the flow properties of yield stress fluids［J］. Annual Review of Fluid Mechanics, 1992, 24(1): 47-88.

［24］CLAYTON S A. The importance of rheology in paste fill operations［D］. University of Melbourne, Department of Chemical Engineering, 2002.

［25］GAWU S K, FOURIE A B. Assessment of the modified slump test as a measure of the yield stress of high-density thickened tailings［J］. Canadian Geotechnical Journal, 2004, 41(1): 39-47.

［26］POTVIN Y, THOMAS E, FOURIE A. Handbook on Mine Fill［M］. Australian Centre for Geomechanics, 2005: 179.

［27］吴爱祥, 王洪江. 金属矿膏体充填理论与技术［M］. 北京: 科学出版社, 2015.

［28］LI C Z, FENG N Q, CHEN R J. Effects of polyethlene oxide chains on the performance of polycarboxylate-type water-reducers［J］. Cement and Concrete Research, 2005, 35(5): 867-873.

［29］LIU Y, LI H, WANG K, et al. Effects of accelerator-water reducer admixture on performance of cemented paste backfill［J］. Construction and Building Materials, 2020, 242: 118187.

［30］吴爱祥. 金属矿膏体流变学［M］. 北京: 冶金工业出版社, 2019.

［31］BELLOTTO M. Cement paste prior to setting: A rheological approach［J］. Cement and Concrete Research, 2013, 52: 161-168.

［32］ZHANG Q Li, LI Y Teng, CHEN Q Song, et al. Effects of temperatures and pH values on rheological properties of cemented paste backfill［J］. Journal of Central South University, 2021, 28(6): 1707-1723.

［33］姜关照. 双工况下半水磷石膏基膏体流变及管阻时间效应［D］. 北京: 北京科技大学, 2022.

［34］PANCHAL S, DEB D, SREENIVAS T. Variability in rheology of cemented paste backfill with hydration age, binder and superplasticizer dosages［J］. Advanced Powder Technology, 2018, 29(9): 2211-2220.

［35］LIU S Gang, FALL M. Fresh and hardened properties of cemented paste backfill: Links to mixing time［J］. Construction and Building Materials, 2022, 324: 126-688.

［36］CHENG H，WU S，LI H，et al. Influence of time and temperature on rheology and flow performance of cemented paste backfill［J］. Construction and Building Materials，2020，231：117.

［37］ROSHANI A，FALL M. Rheological properties of cemented paste backfill with nano-silica：Link to curing temperature［J］. Cement and Concrete Composites，2020，114：103-785.

［38］WANG Y，WU A，RUAN Z，et al. Temperature effects on rheological properties of fresh thickened copper tailings that contain cement［J］. Journal of Chemistry，2018.

［39］ROSHANI A，FALL M. Flow ability of cemented pastefill material that contains nano-silica particles［J］. Powder Technology，2020，373：289-300.

［40］DZUY N Q，BOGER D V. Direct yield stress measurement with the vane method［J］. Journal of Rheology，1985，29(3)：335-347.

［41］LIDDEL P V，BOGER D V. Yield stress measurements with the vane［J］. Journal of Non-Newtonian Fluid Mechanics，1996，63(2-3)：235-261.

［42］VAN DEN TEMPEL M. Mechanical properties of plastic-disperse systems at very small deformations［J］. Journal of Colloid Science，1961，16(3)：284-296.

［43］DZUY N Q，BOGER D V. Yield stress measurement for concentrated suspensions［J］. Journal of Rheology，1983，27(4)：321-349.

［44］SAAK A W，JENNINGS H M，SHAH S P. A generalized approach for the determination of yield stress by slump and slump flow［J］. Cement and Concrete Research，2004，34(3)：363-371.

［45］MURATA J. Flow and deformation of fresh concrete［J］. Materiaux et Construction，1984，17：117-129.

［46］FERRARIS C F，DE LARRARD F. Modified slump test to measure rheological parameters of fresh concrete［J］. Cement，Concrete and Aggregates，1998，20(2)：241-247.

［47］CHANDLER J L. The stacking and solar drying process for disposal of bauxite tailings in Jamaica［C］//Proceedings of the International Conference on Bauxite Tailings，Kingston，Jamaica. Jamaica Bauxite Institute，University of the West Indies，1986：101-105.

［48］PASHIAS N，BOGER D V，SUMMERS J，et al. A fifty cent rheometer for yield stress measurement［J］. Journal of Rheology，1996，40(6)：1179-1189.

［49］兰文涛，吴爱祥，王贻明. 基于工业级 L 管的膏体自流充填倍线研究［J］. 化工矿物与加工，2019，48(3)：9-12+15.

［50］李公成，王洪江，吴爱祥，等. 基于倾斜管实验的膏体自流输送规律［J］. 中国有色金属学报，2014，24(12)：3162-3168.

［51］吴爱祥，杨莹，程海勇，等. 中国膏体技术发展现状与趋势［J］. 工程科学学报，2018，40(5)：517-525.

［52］王建栋. 全尾砂膏体垂直管自流输送流动行为特征研究［D］. 北京：北京科技大学，2022.

［53］WIKLUND J，SHAHRAM I，STADING M. Methodology for in-line rheology by ultrasound doppler velocity profiling and pressure difference techniques［J］. Chemical Engineering Science，

2007，62(16)：4277-4293.

［54］WIKLUND J，JOHANSSON M，SHAIK J，et al. In-line rheological measurements of complex model fluids using an ultrasound UVP-PD based method［J］. Annual Transactions-Nordic Rheology Society，2001，8：128-130.

［55］邓峰，肖立志，陶冶，等. 流动速度对核磁共振在线测量的影响及校正［J］. 波谱学杂志，2017，34(1)：78-86.

［56］GLADDEN L F，SEDERMAN A J. Recent advances in flow MRI［J］. Journal of Magnetic Resonance，2013，229：2-11.

［57］BLYTHE T W，SEDERMAN A J，STITT E H，et al. PFG NMR and Bayesian analysis to characterise non-Newtonian fluids［J］. Journal of Magnetic Resonance，2017，274：103-114.

［58］SMYL D. Electrical tomography for characterizing transport properties in cement-based materials：A review［J］. Construction and Building Materials，2020，244：118-299.

［59］WANG J，WU A，WANG M，et al. Experimental Investigation on Flow Behavior of Paste Slurry Transported by Gravity in Vertical Pipes［J］. Processes，2022，10(9)：16-96.

［60］LI H，WU A，JIANG G，et al. Effect of operational factors on reproducibility of yield stress measurement based on the vane method for cemented paste backfill［J］. Construction and Building Materials，2022，348：128-709.

［61］SOFRÀ F，BHATTACHARJEE P. Online yield stress measurement for real-time process control［C］//Paste 2021：24th International Conference on Paste，Thickened and Filtered Tailings. Australian Centre for Geomechanics，2021：119-130.

［62］GB/T 39489-2020,全尾砂膏体充填技术规范［S］.

［63］GB/T 39988-2021,全尾砂膏体制备与堆存技术规范［S］.

# 第 3 章

# 微观颗粒状态与阻力特性分析

　　膏体是一种富含多尺度颗粒的流体，颗粒的流动状态以及颗粒间的作用力会在一定程度上影响膏体的流变特性和阻力特性。膏体的微细观特征是料浆流变特性变化的基础，本节拟通过宏观切面扫描实验、细观显微实验和微观电镜实验对膏体料浆性态的微细观结构进行分析，进而分析流变参数演化规律。

## 3.1　膏体宏细观结构特征

### 3.1.1　膏体宏观结构特征

　　为直观分析颗粒间的组合结构和力学作用形式，将膏体料浆制模并标准养护28天后纵向切割，得到图像如图3-1所示。为显著表现颗粒分布形态，在膏体料浆中添加了20%的-10 mm的废石颗粒。从图中可以看出，粗细颗粒均匀地分布在膏体试块中。当膏体处于浆体流动状态时，浆体内的颗粒必然受到流体剪切力和颗粒剪切力的相互作用，如图3-2所示。

　　集料表面越粗糙，集料之间的摩擦系数和附着系数越大，反之，集料表面越光滑，摩擦系数和附着力随之减小。屈服应力支配着拌和物的变形能力。当 $\tau > \tau_0$ 时，材料结构破坏，浆体产生流动。因此，骨料级配结构在一定程度上决定了料浆内部的结构强度，其也是影响屈服应力的主要因素。

### 3.1.2　膏体细观结构特征

　　为直观分析颗粒间的结构状态，采用 Macroscopes 便携式显微镜进行细观图像获取。通过 FR-200 型图像采集记录系统进行图像记录，如图3-3所示。显微镜最高放大倍数为80倍。膏体浓度分别设定为66%、68%、70%和72%，灰砂比为1∶12。

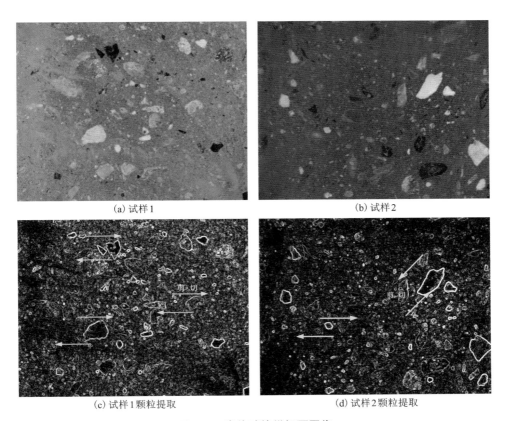

(a) 试样1　　　　　　　　　　　　　　　(b) 试样2

(c) 试样1颗粒提取　　　　　　　　　　(d) 试样2颗粒提取

图 3-1　膏体试块纵切面图像

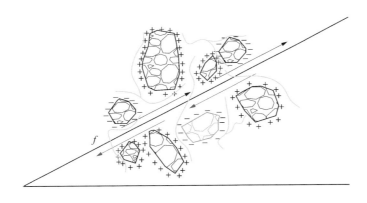

图 3-2　膏体料浆内部受力剪切作用示意

（a）Macroscopes便携式显微镜　　　　　　（b）FR-200型图像采集记录系统

图 3-3　膏体细观图像采集记录系统

从图 3-4 中可以看出，膏体料浆中的固体颗粒主要以絮团形态存在，单颗粒存在形态极少。不同浓度的料浆，其絮团分布形态及孔隙结构存在一定的差异。

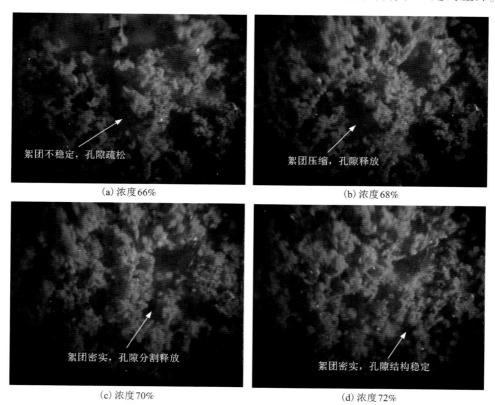

（a）浓度66%　　　　　　　　　　　　（b）浓度68%

（c）浓度70%　　　　　　　　　　　　（d）浓度72%

图 3-4　不同浓度膏体显微细观结构

浓度较低时，料浆中孔隙疏松，絮团以不稳定形态存在，如图 3-4(a)所示。当浓度逐渐增加时，絮团结构不断压缩，孔隙合并，絮团相互镶嵌连接，如图 3-4(b)所示。当浓度进一步增加时，絮团结构均匀分布，孔隙在絮团的压缩作用下不断分割，絮网结构初步形成，如图 3-4(c)所示。当浓度继续增加时，料浆中的孔隙结构和絮网形态趋于稳定，絮团及絮网结构密实，孔隙结构以细小微团为主，整体表现出细观的均匀性，如图 3-4(d)所示。

　　为进一步分析料浆的细观特征，将显微细观图像进行了二值化[1, 2]、提取边界、过滤和降噪等一系列处理[2]，得到了如图 3-5 所示的图像。浓度较低时，料浆中存在大量开放通道，使絮团结构及孔隙结构处于不稳定形态，极易发生絮团和孔隙迁移。部分闭合孔和半闭合孔也以不稳定形态存在，如图 3-5(a)所示。此时料浆内部颗粒与絮团整体处于固-液作用状态，料浆具有较好的流动性。但由于固-固作用力较弱，料浆极易发生离析和沉降，故料浆的稳定性和可塑性较差。

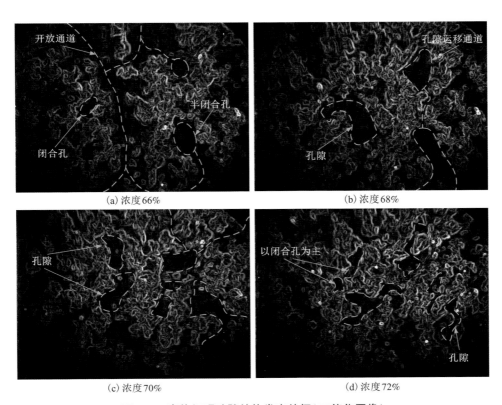

(a) 浓度66%　　　　　　　　　(b) 浓度68%

(c) 浓度70%　　　　　　　　　(d) 浓度72%

图 3-5　膏体细观孔隙结构发育特征(二值化图像)

当浓度提高时，絮团结构压缩，不定型的孔隙结构通过运移通道逐渐迁移合并，出现了一些较大的闭合孔和半闭合孔，孔隙水、絮团结构仍存在较大的迁移空间，料浆处于"假稳定状态"，如图 3-5(b)所示。

当浓度进一步提高时，絮团压力促使较大的闭合孔分割迁移，存留稳定性较强的较小闭合、半闭合孔隙。闭合的微小孔隙促进了絮网结构的形成，如图 3-5(c)所示。此时料浆形成了一定的稳态结构，同时仍具有一定的流动性。

当浓度继续增加时，絮网作用力与孔隙压达到动态平衡，絮网结构趋于稳定，体系中的孔隙结构以微小闭合孔为主，如图 3-5(d)所示。此时料浆具有较好的稳定性和可塑性，不易发生离析、沉降，但也失去了良好的流动性，处于超膏体状态。

通过不同浓度料浆细观结构形态的分析可以看出，浓度的提高改变了料浆内部絮网结构和孔隙结构的分布形态，使料浆的流动性逐渐降低、稳定性和可塑性逐渐增强，促进了料浆形态由低浓度→高浓度→膏体→超膏体的演化。

## 3.2 膏体微观结构特征

众多学者研究认为，添加泵送剂能够改变膏体微观颗粒结构，影响颗粒状态，从而提高膏体流变性能，减小膏体管道输送阻力[3-6]。通过添加 JKJ-NF 型泵送剂，对膏体微观颗粒状态及流变性能进行改变，基于环境电镜扫描实验（ESEM）和流变实验，将微观颗粒状态和宏观膏体流变性能相结合，利用图像处理技术和膏体结构理论，对微观颗粒结构变化进行分析，探究什么样的颗粒状态有利于改善膏体流变特性，降低膏体流动阻力。

### 3.2.1 ESEM 实验膏体物料基本特征

室内环境扫描电镜实验与流变实验所用的膏体主要由尾砂、废石、胶结剂和泵送剂等材料按照一定配比方案制成，具体材料特性如下：

①尾砂取自甘肃某选矿场，采用 Topsizer 型激光粒度仪分析尾砂的粒级分布，可得到如图 3-6 所示的曲线图。该全尾砂不均匀系数 $C_u$ 为 8.94，曲率系数 $C_c$ 为 1.61，说明颗粒粒径分布范围大，密实程度和连续状况较好，整体颗粒级配良好。尾砂平均密度为 2.852 $t/m^3$，平均松散容重为 1.229 $t/m^3$，密实容重平均为 1.545 $t/m^3$；尾砂松散孔隙率为 56.9%，密实孔隙率 45.8%。经化学成分测定，全尾砂的材料化学组成为：$SiO_2$ 占 36.41%，$Al_2O_3$ 占 7.77%，$Fe_2O_3$ 占 9.9%，CaO 占 3.09%，MgO 占 27.79%，S 占 1.63%，Ni 占 0.28%，Cu 占 0.2%，其他占 12.93%。

②粗骨料采用矿山的破碎废石，粒径破碎至 12 mm 以下，平均粒径为 4.12 mm；废石平均密度为 2.809 $t/m^3$，松散容重平均为 1.615 $t/m^3$，密实容重平

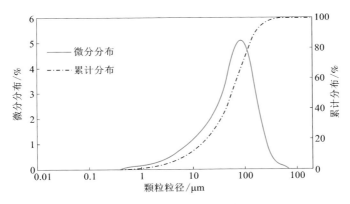

图 3-6　全尾砂粒径分布曲线

均为 1.844 t/m³；粗骨料松散孔隙率为 42.5%，密实孔隙率为 34.4%。

③胶结剂采用复合硅酸盐 P. C32.5R 水泥，水泥的化学组成为：$SiO_2$ 占 21.5%，$Al_2O_3$ 占 4.5%，$Fe_2O_3$ 占 2%，CaO 占 63.5%，MgO 占 4%，S 占 2.5%，其他占 2%。

④泵送剂型号为 JKJ-NF 型号泵送剂。

⑤实验用水采用自来水，pH 为 7.9 左右，满足实验要求。

## 3.2.2　膏体流变特性

以灰砂比 1:6、尾废比 1:1 和质量浓度 79%的方案配制膏体，泵送剂按水泥质量的 0、2%、3%、4%、5%进行添加，进行膏体流变实验。

进行坍落度实验可以测量膏体的坍落和扩展度，对膏体流动性能进行评价；在合理范围内，坍落度和扩展度越大，膏体流动性能越好，管道流动阻力越小。坍落度筒形态尺寸及测量方式如图 3-7 所示。在实验时，从坍落度筒上方进口处将膏体料浆填满，随后匀速将坍落度筒提起，让膏体料浆自由发生坍落和扩展运动，以测量膏体的坍落度和扩展度。

进行旋转流变仪实验可以测量膏体的流变参数[7]。根据坍落度筒实验配比方案制备出标准配比的膏体 480 mL 进行流变实验，实验仪器采用 R/S 型四叶桨式旋转流变仪，其转子直径 20 mm，转子高度 40 mm。根据膏体特性，为了更准确地测量料浆的屈服应力，实验采用 CSR 控制剪切速率法。利用 20 s⁻¹ 的恒定剪切速率预剪切 20 s 后静置 10 s，接着剪切速率由 0 增至 180 s⁻¹，流变实验过程如图 3-8 所示。通过流变实验获取剪切应力-剪切速率曲线，基于 Bingham 模型对数据进行拟合回归分析，得到屈服应力参数。不同泵送剂掺量下膏体流变参数的变化如图 3-9 所示。

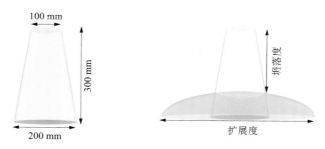

图 3-7　坍落度筒实验示意图

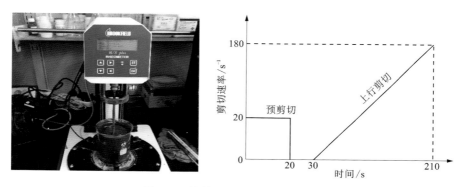

图 3-8　旋转流变仪及测试程序图

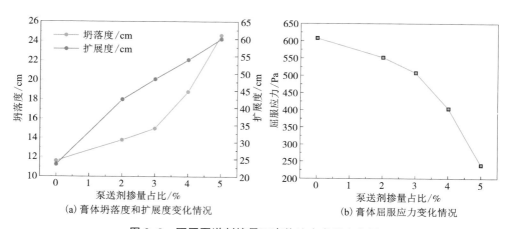

(a) 膏体坍落度和扩展度变化情况　　　　(b) 膏体屈服应力变化情况

图 3-9　不同泵送剂掺量下膏体流变参数变化图

　　由图 3-9 可知，未添加泵送剂前，膏体的坍落度和扩展度处于较低水平，随着泵送剂掺量的提高，坍落度与扩展度逐渐增大。泵送剂掺量增加到 5% 时，膏体的坍落度从最初的 11 cm 左右提高到了 24 cm 左右，扩展度从最初的 25 cm 提高到了 60 cm，泵送剂有效提高了膏体流变特性。

膏体初始屈服应力达到了 600 Pa，膏体已基本不具备流动性。随着泵送剂的增加，膏体的屈服应力逐渐减小，在泵送剂掺量达到 5% 时，屈服应力降低至 200 Pa，仅为原来的 1/3 左右。膏体的屈服应力越小，膏体流变性能越好，在管道输送过程中可避免沿程阻力过大、堵管等一系列问题。

### 3.2.3　基于环境扫描电镜实验的膏体微观颗粒结构

泵送剂能够有效改善膏体流变特性，降低膏体管道输送阻力，究其原因，是泵送剂改变了微观颗粒与水的结构赋存状态，微观颗粒结构状态的差异引起了宏观膏体流变特性的变化。

利用 FEI Quanta 200 型环境扫描电子显微镜分别对未添加泵送剂和泵送剂掺量为 5% 的膏体微观结构进行了观察，如图 3-10 所示，为了取得更好的观察效果，分别进行了 1000 倍、2000 倍和 5000 倍的电镜扫描实验。

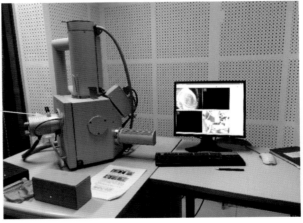

**图 3-10　FEI Quanta 200 型环境扫描电子显微镜实验**

1000 倍环境电镜扫描实验结果如图 3-11 所示。由图 3-11(a)可知，添加泵送剂前，许多膏体颗粒集聚形成了致密絮团结构，颗粒分布不均匀。膏体中存在着水泥颗粒、尾砂颗粒、废石颗粒等多尺度介质，在初期的物理搅拌过程中，由于颗粒间的相互作用力的影响，颗粒间会形成絮团结构，絮团结构往往比颗粒大很多，特别是一些巨大的絮团结构，往往使得膏体团聚力增强，分布均匀性变差。

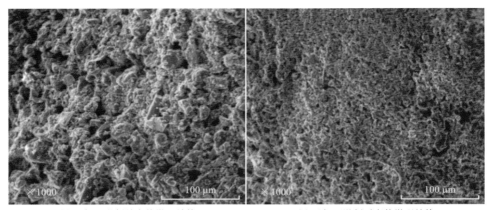

(a) 添加泵送剂前膏体微观结构    (b) 添加泵送剂后膏体微观结构

**图 3-11  FEI Quanta 200 型环境扫描电子显微镜实验 1000 倍膏体微观结构**

　　添加泵送剂后，膏体微观颗粒分布状态发生了变化。由图 3-11(b)可知，添加泵送剂后，絮团结构破坏解体，颗粒变得更加细小，分布更加均匀分散；利用 Image J 对图 3-11 中的典型絮团结构直径和被破坏后的颗粒直径进行了分析，结果如图 3-12 所示，由测量结果可知，典型絮团结构直径为 12.44 μm 左右，而泵送剂发挥作用后，絮团结构破坏变成了 2 μm 左右的颗粒，均匀性得到了提升。结合流变特性实验可知，颗粒分布更加均匀分散的状态下，膏体的坍落度和扩展度越大，屈服应力越小，流变性能越好，流动阻力越小。

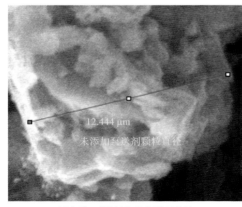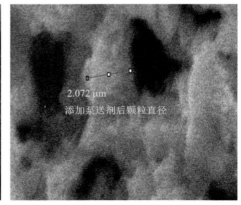

(a) 添加泵送剂前膏体微观结构    (b) 添加泵送剂后膏体微观结构

**图 3-12  基于 Image J 的泵送剂添加前后颗粒变化**

　　颗粒的聚集与分散状态会影响膏体水分的分布状态。众多学者研究发现，絮团结构会包裹一部分自由水使其变成絮凝水[8~10]，如图 3-13 所示，从而导致自由水质量分数减少。自由水的质量分数对于膏体流动性和流变性有极大的影响，自由水能够在颗粒间流动，起到润滑作用，减小颗粒摩擦，降低摩擦阻力损失。同时自由水能够带来膏体流动所需的水动力，推动膏体颗粒向前运动，自由水减少会导致水动力作用减弱，膏体流动性能变差，有些因动力不足不能悬浮运动的颗粒还会在底部沉积，产生沉降离析、堵管等问题。

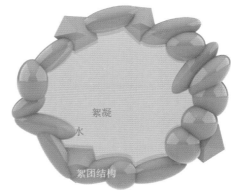

图 3-13　絮团结构内部絮凝水

　　在泵送剂的吸附和分散作用下，膏体絮团结构破坏分离，絮团结构中封闭的絮凝水可以逃逸出来变成自由水，从而使得自由水质量分数增加，膏体的流变性能得到改善；在微观环境下可以观察到絮团结构被破坏，絮凝水逃逸后形成的凹陷结构，如图 3-14 所示。

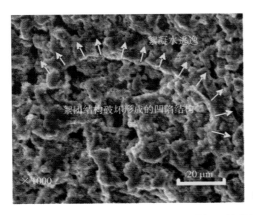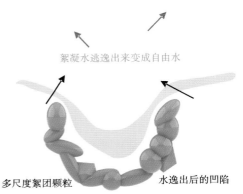

图 3-14　泵送剂对絮团结构的破坏作用使其形成凹陷现象

由上述分析可知，泵送剂能够破坏膏体颗粒聚集形成的絮团结构，让颗粒状态更分散；絮团结构被破坏时能够释放出包裹的絮凝水，使其变为自由水，提高膏体中的自由水含量；微观结构的变化导致了膏体流变性能的提升，使膏体管道流动阻力降低。与颗粒聚集分布的膏体相比，颗粒均匀分散的膏体有更好的流动性能，流动时的阻力更小。

## 3.3 膏体颗粒接触结构对流动阻力特性影响

膏体中相互接触的颗粒之间存在作用力链[11, 12]，由于水、水泥、超细颗粒以及各种添加剂的存在，不直接接触的膏体颗粒之间也存在作用力链。作用力链一方面会阻碍颗粒进一步靠近接触，另一方面会在颗粒发生背离运动时阻碍颗粒进一步远离。众多颗粒接触力链构成了膏体的骨架结构，对颗粒接触力链结构进行分析，将有助于探究颗粒间的作用力变化对膏体流变特性和流动阻力特性的影响。分形理论[13]以分形几何为基础，是研究具有无规则结构复杂系统形态的一种理论，广泛应用于材料微观结构研究。分形维数反映了材料的分形特征，图像的纹理等特征通常可以用分形维数来进行度量，这一点与人的视觉感知十分吻合[14]。目前，计盒维数[15]是应用最为广泛的方法，本章将通过计盒维数来研究膏体细观结构特征。

（1）膏体细观图像

为保证分形理论能准确研究膏体细观结构，需将图像进行二值化处理。二值化又称阈值分割，实质是根据膏体料浆结构中水体和絮团结构的像素灰度值的不同，将其区分开，从而将原图像中模糊和不规则的部分过滤掉[16]。

假设尺寸为 $M \times N$ 的图像，令 $f(x, y)$ 表示为图像中第 $x-1$ 行和第 $y-1$ 列的像素灰度值，其中，$0 \leqslant x \leqslant M$，$0 \leqslant x \leqslant N$，且均为正整数，则二值化处理图像的基本原理见式（3-1）：

$$f(x, y) = \begin{cases} 1 \\ 0 \end{cases}, f(x, y) \geqslant t \tag{3-1}$$

式中：$t$ 为阈值。

利用 Image J 图像分析软件，对膏体环境扫描电镜 5000 倍图像进行二值化处理，图像如图 3-15（b）和图 3-16（b）所示，二值化图像能够清晰观察膏体颗粒和孔隙的分布情况，利于提取分析颗粒接触状态。二值化图像的白色部分为各种尺度的膏体颗粒结构，黑色部分为颗粒的孔隙结构，根据添加泵送剂前后的膏体颗粒接触状态的变化情况，可绘制力链结构变化示意图，如图 3-15（c）和图 3-16（c）所示。

由图 3-15 可知，根据假设，未添加泵送剂前，膏体颗粒接触力链较粗，力链数目较少；添加泵送剂后，膏体颗粒接触力链变细，力链数目明显增加，力链分

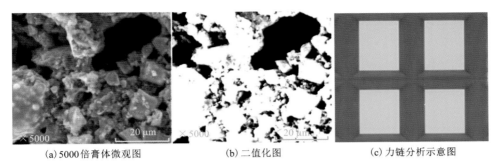

(a) 5000倍膏体微观图　　　(b) 二值化图　　　(c) 力链分析示意图

**图 3-15　添加泵送剂前膏体微观力链结构分析图**

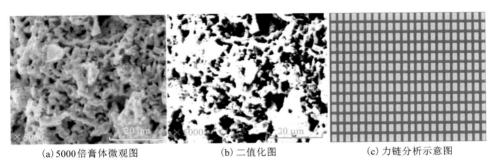

(a) 5000倍膏体微观图　　　(b) 二值化图　　　(c) 力链分析示意图

**图 3-16　添加泵送剂后膏体微观力链结构分析图**

布更加均匀，如图 3-16 所示。

在膏体流动过程中，颗粒接触状态会不断发生变化，颗粒接触力链结构会不断发生旧力链破坏和新力链生成的动态变化；但在膏体流动启动时，需要一定的剪切力破坏现有的膏体颗粒力链结构，之后膏体才能开始流动，这也是膏体存在临界屈服应力的原因。膏体流动时，在流体的作用下会同时对所有力链产生剪切作用，当膏体所受作用力小于屈服应力时，膏体内部颗粒的力链结构不会被破坏，膏体不发生流动；当膏体所受剪切力能够破坏颗粒力链结构时，膏体开始流动，颗粒接触力链结构与膏体屈服应力存在密切的关系。根据上述分析，定义充分分散后的力链为单位力链，可以得出相关性模型：

$$\tau \propto a \cdot n \cdot \tau_0 / f\left(t, \frac{1}{a}\right) \tag{3-2}$$

式中：$\tau$ 是膏体屈服应力；$\tau_0$ 是单位力链屈服应力；$a$ 是链接复合系数，表示该力链是单位力链大小的倍数；$n$ 是链接自由度，表示该力链与其他力链的链接数量；$f\left(t, \frac{1}{a}\right)$ 是力链断裂系数，是与作用时间以及链接复合系数的倒数呈正相关的函数。

综上所述，膏体的颗粒间接触作用力链越强，膏体流动过程中破坏颗粒力链所需的剪切力越大，膏体的屈服应力越大，流动中力链结构破坏与形成的动态过程会带来更多的阻力损失。膏体颗粒力链结构与膏体流动阻力特性存在紧密联系，颗粒之间接触作用力链越弱，膏体流动阻力越小。

## 3.4 膏体颗粒孔隙结构对流动阻力特性影响

膏体颗粒间的孔隙是膏体中水分的主要贮存部位，孔隙相互连接所形成的流通的液体通道，称为液网结构。液网结构分布于颗粒间，起到减小颗粒间摩擦、推动颗粒运动的效果。利用 Image J 图像分析软件，从放大 2000 倍的膏体微观图像中提取孔隙面积，可得到添加泵送剂前后的膏体孔隙分布情况，如图 3-17 和图 3-18 所示。

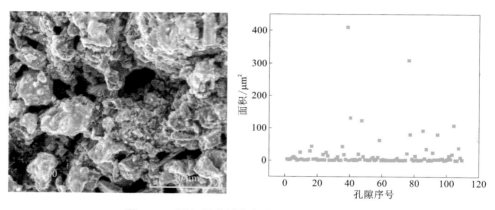

**图 3-17** 添加泵送剂前膏体微观孔隙结构分析

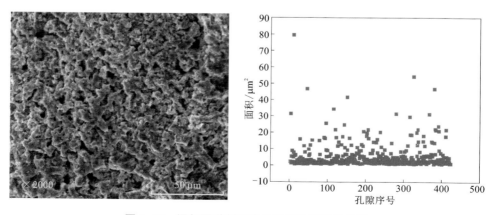

**图 3-18** 添加泵送剂后膏体微观孔隙结构分析

　　由图 3-17 可知，未添加泵送剂时的膏体流变性能一般，研究区域提取出的孔隙数量为 109 个，最大孔隙面积为 411.301 μm²，大于 300 μm² 的孔隙有 2 个，50 μm² 以上的孔隙有 9 个，孔隙面积跨度为 1 μm² 到 400 μm²，孔隙面积占研究区面积的 10.89%。

　　由图 3-18 可知，添加泵送剂后的膏体流变性能更加优异，研究区域可提取的孔隙数量为 422 个，最大孔隙面积仅为 79.887 μm²，50 μm² 以上的孔隙仅有 2 个，孔隙面积跨度为 1 μm² 到 80 μm²，孔隙占比为 12.58%。

　　将二值化预处理后的图像进行分割，分割成 $i \times i$（$i=2,3,4,\cdots$）个正方形的盒子，将有像素的盒子标记为"1"，无像素的盒子标记为"0"，将所有的"1"进行累加求和，得到整个图像所需的盒子数 $N_i$，正方形盒子的边长为 $l_i$，分别对盒子数和格子边长求对数，即 $\lg N_i$ 和 $\lg l_i$，以 $\lg N_i$ 为纵坐标，以 $\lg l_i$ 为横坐标，建立坐标系，对各个数据点采用最小二乘法进行线性拟合，所得直线斜率的负值为该图像的计盒维数 $D$[15]，即：

$$D = \lim\left(\frac{\lg N_i}{\lg l_i}\right) \tag{3-3}$$

　　为了进一步对颗粒孔隙结构的破碎复杂程度进行分析，基于计盒维数分形法对膏体微观结构孔隙图进行了处理，分形维数越大，表明孔隙结构越破碎，复杂程度越高，分形维数分析结果如图 3-19 和图 3-20 所示。

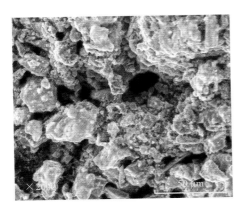
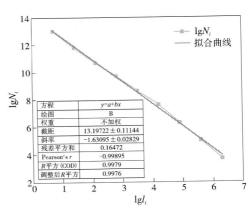

| 方程 | $y=a+bx$ |
|---|---|
| 绘图 | B |
| 权重 | 不加权 |
| 截距 | 13.19722 ± 0.11144 |
| 斜率 | −1.63095 ± 0.02829 |
| 残差平方和 | 0.16472 |
| Pearson's r | −0.99895 |
| $R$ 平方 (COD) | 0.9979 |
| 调整后 $R$ 平方 | 0.9976 |

图 3-19　添加泵送剂前膏体微观孔隙分形维数

　　图 3-19 和图 3-20 的孔隙分形维数分别为 1.6431 和 1.7559，相关系数分别为 0.9979 和 0.99561。

　　根据孔隙面积和分形维数的研究可知，添加泵送剂后，膏体微观孔隙数量增加，孔隙面积分布更均匀，孔隙结构复杂程度更高，这些变化促进了膏体流变性

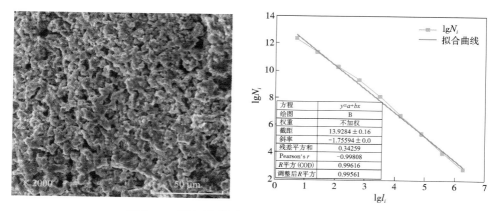

图 3-20　添加泵送剂后膏体微观孔隙分形维数

能的提升和膏体流动阻力的降低。

对孔隙结构变化的影响进一步分析发现，孔隙结构的改变增强了孔隙与颗粒的接触密切程度，增强了连通孔隙形成的液网结构的发达程度，孔隙与颗粒的接触情况能够直接影响液网结构的润滑和推动作用效果。

二维的接触边缘线虽然不能完全描述颗粒与孔隙的接触密切程度，但也能对其进行一定程度的评价。利用 Image J 软件提取孔隙与颗粒的接触边缘线，结果如图 3-21 和图 3-22 所示。

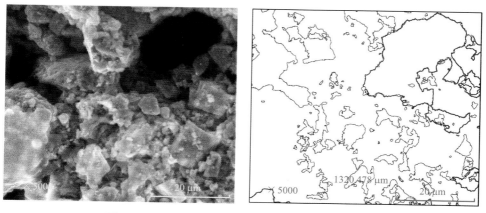

图 3-21　添加泵送剂前后膏体微观孔隙结构边界线

经测量，未添加泵送剂膏体的孔隙与颗粒接触边缘线长为 1320.478 μm；添加泵送剂的孔隙与颗粒接触边缘线长为 2624.443 μm，是未添加泵送剂的两倍。

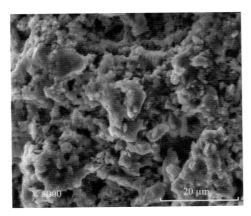 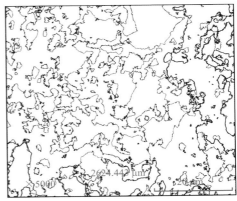

**图 3-22 添加泵送剂前后膏体微观孔隙结构边界线**

接触边缘线越长，孔隙和颗粒接触越充分，有力促进了液网结构的润滑和推动作用，有效降低了颗粒间摩擦带来的屈服应力，从而降低了膏体流动阻力。

综上所述，膏体颗粒分布情况会影响膏体孔隙结构，而膏体孔隙结构能直接体现膏体内部水分状态，从而对膏体流动性能产生影响。孔隙分布越均匀，孔隙率越高，孔隙结构越复杂的膏体，其内部孔隙与颗粒接触越充分，膏体内部水分越能够发挥流体的推动和润滑作用，膏体流变性能更好，流动阻力更小。

膏体颗粒接触状态和水分分布情况均会对膏体流变特性产生较大影响，对膏体水分迁移分布规律和颗粒结构特征进行进一步分析，将有助于提升对膏体流变行为微细观演化机制的深度认识，对膏体流变学研究具有重要意义。

## 参考文献

［1］刘玉红，王志芳，杨佳仪，等. 彩色图像二值化算法及应用［J］. 中国医学物理学杂志，2013，30（1）：3873-3876.

［2］何皇兴，陈爱国，王蛟龙. 背景估计和局部自适应集成的手写图像二值化［J］. 计算机科学，2022，49（11）：163-169.

［3］张连富，吴爱祥，王洪江. 泵送剂对高含泥膏体流变特性影响及机理［J］. 工程科学学报，2018，40（8）：918-924.

［4］刘斯忠，王洪江，吴爱祥，等. 掺入泵送剂全尾砂膏体流变特性研究［J］. 武汉理工大学学报（交通科学与工程版），2014，38（4）：919-922.

［5］吴爱祥，艾纯明，王贻明，等. 泵送剂改善膏体流变性能试验及机理分析［J］. 中南大学学报（自然科学版），2016，47（8）：2752-2758.

［6］ 薛振林，张友志，甘德清，等. 泵送剂掺量对充填料浆流动性能及充填体力学性能的影响［J］. 金属矿山，2020（11）：25-30.

［7］ 王冬，黄玉诚，姚峰，等. 新型似膏体充填料浆流变仪的研制［J］. 煤炭工程，2010（6）：105-107.

［8］ 李翠平，陈格仲，阮竹恩，等. 尾砂浓密全过程的絮团结构动态演化规律［J］. 中国有色金属学报，2023，33（4）：1318-1332.

［9］ 薛振林，闫泽鹏，焦华喆，等. 全尾砂深锥浓密过程中絮团的动态沉降规律［J］. 中国有色金属学报，2020，30（9）：2206-2215.

［10］李翠平，陈格仲，侯贺子，等. 面向膏体充填尾砂浓密的絮团结构研究进展综述［J］. 金属矿山，2021（1）：14-23.

［11］陆敏凤，唐朝晖，柴波，等. 矿渣类颗粒介质结构对力链发展规律的影响［J］. 地质科技通报，2022，41（4）：274-281.

［12］张彬. 线荷载作用下颗粒体系力链演变研究［D］. 青岛：青岛理工大学，2021.

［13］李博宇. 基于分形理论的乡土聚落空间形态韧性解析与保护方法研究［D］. 济南：山东建筑大学，2022.

［14］赵海英，杨光俊，徐正光. 图像分形维数计算方法的比较［J］. 计算机系统应用，2011，20（3）：5.

［15］唐佳佳. 递归分型插值曲线及其计盒维数［D］. 镇江：江苏大学，2018.

［16］高启迪，卢金树，张高纶. 基于阈值分割的气幕围油栏气幕油液边缘识别［J］. 电脑与信息技术，2022，30（4）：18-21.

# 第 4 章

## 膏体水分迁移规律与双骨架结构

　　膏体料浆中水分迁移规律和颗粒结构的变化对膏体流变特性具有较大影响。在膏体料浆中添加一定量的减水剂，可以改变料浆中水的赋存状态，且减水剂本身并不与水泥、尾砂等固体颗粒产生化学反应生成新的水化产物。基于减水剂的作用机理，通过添加不同剂量的减水剂逐渐改变膏体微观水分分布特征，借助一定手段对水分迁移变化情况进行分析，探究膏体料浆中水分赋存状态与膏体流变特性的关系。

## 4.1　减水剂作用下颗粒行为分析

### 4.1.1　减水剂作用原理及选型

（1）减水剂的作用原理

　　实验选用目前生产量和使用率最高的萘系高效减水剂，该减水剂与水泥、尾砂等固体颗粒有较好的适应性，且相互不发生反应生成新的水化产物，只起到表面改性作用。萘系减水剂有分散、润滑的作用，聚亚甲基萘磺酸钠是一种阴离子聚电解质，是此类减水剂的化学统称，其结构式如图 4-1 所示。

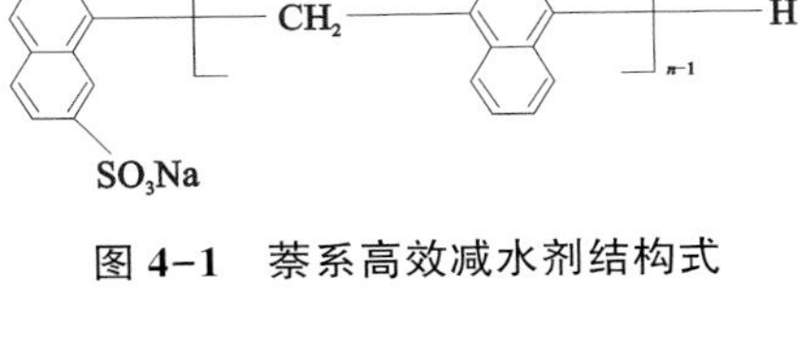

图 4-1　萘系高效减水剂结构式

在减水剂中加入新拌膏体料浆后，由于减水剂分子对水泥颗粒和尾砂颗粒的定向吸附现象，颗粒表面会带有同种电荷，产生静电斥力，使固体颗粒在水中的分布方式发生改变。减水剂分子结构两端分别为亲水端和疏水端，亲水端指向水，疏水端指向固体颗粒表面，能够降低水与固相间的界面能，达到分散效果。萘系减水剂被称为线型离子聚合物减水剂，减水剂分子可以吸附在固体颗粒表面，降低水泥与尾砂颗粒表面的 $\xi$ 电位，带磺酸根的离子型聚合物电解质减水剂，有较强的静电排斥作用，能达到骨料颗粒分散效果[1~3]。

（2）减水剂的润滑作用

减水剂的润滑作用原理：萘系减水剂中含有磺酸基，带有负电荷，是具有较强亲水性的极性基团。当在膏体料浆中加入减水剂时，减水剂分子会黏附在固体颗粒表面，由于其亲水性，能在固体颗粒表面形成一层水膜，提高颗粒表面的湿润程度，增大颗粒与水的接触面积，同时破坏料浆中的絮凝结构，将包裹在多尺度颗粒中的絮凝水释放出来，使颗粒的相对运动更加灵活[4~6]。减水剂作用原理图如图 4-2 所示。

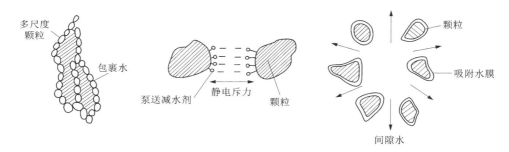

图 4-2　减水剂作用原理

（3）减水剂选型实验

根据全尾砂粒级组成、相关工程经验和前期探索性实验，将某硫化锡矿全尾砂膏体质量浓度选取为 80%，灰砂比为 1：10。在三种高效减水剂 1#—MF505、2#—MF1100、3#—MF501 中选择了效果最优的 MF-1100 型减水剂，三种高效减水剂外观[7]如图 4-3 所示。

图 4-3　三种高效减水剂

## 4.1.2　不同减水剂掺量膏体流变实验

（1）实验配比与过程

实验采用干燥 24 小时后的硫化锡矿全尾砂作为骨料，将全尾砂、水泥与水所需用量称量后，根据每组配比搅拌均匀，将减水剂掺量占固体总质量的百分比分别设置为 0、0.15%、0.3%、0.5%。根据 1 m³ 配料表，计算可得 500 mL 实验配比，如表 4-1 所示，其中减水剂掺量为固体总质量的百分比，实验温度为 20 ℃。

表 4-1　500 mL 物料配比表

| 序号 | 质量分数/% | 灰砂比 | 水灰比 | 全尾砂/g | 水泥量/g | 水量/g | 减水剂/g |
|---|---|---|---|---|---|---|---|
| 1 | 80 | 1：10 | 2.75 | 785.66 | 78.57 | 216.06 | 0.00 |
| 2 | 80 | 1：10 | 2.75 | 785.66 | 78.57 | 216.06 | 1.30 |
| 3 | 80 | 1：10 | 2.75 | 785.66 | 78.57 | 216.06 | 2.59 |
| 4 | 80 | 1：10 | 2.75 | 785.66 | 78.57 | 216.06 | 4.32 |

根据表 4-1 的 500 mL 物料配比表配置不同减水剂掺量的膏体料浆，对膏体料浆进行流变测试。在 RHEO3000 软件界面设置流变参数，流变仪在实验过程中会自动对实验参数进行记录，参数设置如表 4-2 所示，记录频率为每秒一次，单次采集 150 个数据点，以便于实时监控实验数据，输出剪切应力-剪切速率曲线。

表 4-2　流变仪参数设置表

| 模式 | 剪切速率/s⁻¹ | 时间/s |
|---|---|---|
| CSR | 0~150 | 150 |

为保证实验数据的稳定性和可靠性，每组实验分别进行三次测试。实验使用的流变仪与每组膏体料浆表观形貌如图 4-4 所示，随着减水剂的增加，膏体料浆的宏观流动性与均质性逐渐增强。

（2）流变实验结果

各组实验得到的剪切速率与剪切应力关系曲线如图 4-5、图 4-6、图 4-7、图 4-8 所示，四组图中的(a)图均为料浆测试过程中剪切速率-剪切应力曲线图，(b)图均为剪切速率-表观黏度曲线图。

(a) 减水剂掺量0%　　　　　　(b) 减水剂掺量0.15%

(c) 减水剂掺量0.3%　　　　　　(d) 减水剂掺量0.5%

图 4-4　流变仪与不同掺量减水剂料浆表观形貌

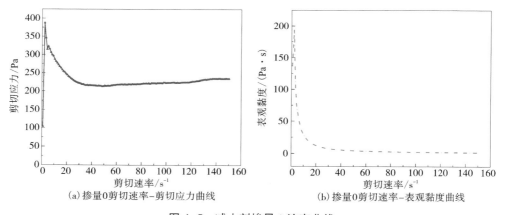

(a) 掺量0剪切速率-剪切应力曲线　　　　(b) 掺量0剪切速率-表观黏度曲线

图 4-5　减水剂掺量 0 流变曲线

由图 4-5 减水剂掺量 0 的剪切应力曲线可知，随着剪切速率的增加，在 $0 \sim 30$ $s^{-1}$ 区间内，料浆首先表现出应力过冲现象，剪切应力在短时间内迅速升高至最大值 387.48 Pa，随后逐渐下降，在 30 $s^{-1}$ 后降低至 212.75 Pa，随后呈线性增长趋势，符合 Bingham 模型。当剪切速率较小时，表观黏度较大，$0 \sim 30$ $s^{-1}$ 内迅速下降，在 20 $s^{-1}$ 后随着剪切速率的增大，表观黏度值逐渐降低并趋于平缓。

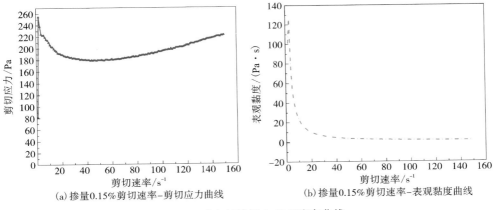

(a) 掺量0.15%剪切速率-剪切应力曲线　　(b) 掺量0.15%剪切速率-表观黏度曲线

**图 4-6　减水剂掺量 0.15%流变曲线**

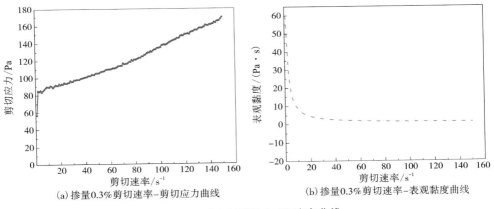

(a) 掺量0.3%剪切速率-剪切应力曲线　　(b) 掺量0.3%剪切速率-表观黏度曲线

**图 4-7　减水剂掺量 0.3%流变曲线**

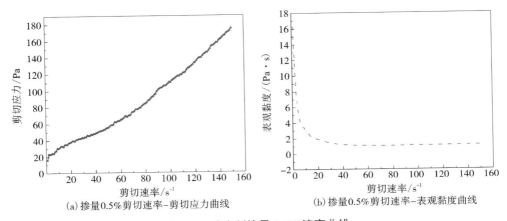

(a) 掺量0.5%剪切速率-剪切应力曲线　　(b) 掺量0.5%剪切速率-表观黏度曲线

**图 4-8　减水剂掺量 0.5%流变曲线**

图4-6减水剂掺量0.15%的剪切应力曲线与图4-5减水剂掺量0的相似，在低剪切速率阶段，剪切应力出现峰值254.53 Pa，应力过冲现象减弱，在30 s⁻¹后剪切应力呈Bingham线性增长。表观黏度在低剪切速率时的最大值降低至126.91 Pa·s。

图4-7减水剂掺量0.3%的剪切应力曲线与前两组相比具有显著不同，在低剪切速率阶段，0~30 s⁻¹区间内符合屈服假塑性体模型，具有一定的剪切稀化特征。随着剪切速率的增加，曲线呈线性增长趋势，符合Bingham非牛顿流体模型。其表观黏度最大为59.92 Pa·s，与前两组相比减小幅度较大，且较早地进入了数值稳定状态。

图4-8减水剂掺量0.5%的剪切应力曲线与图4-7减水剂掺量0.3%的相似，在低剪切速率阶段，剪切稀化特点降低，且随着剪切速率的增加，剪切应力曲线呈明显的Bingham线性增长特点。表观黏度最大值显著降低，曲线很快进入平滑稳定阶段。

当减水剂掺量0和0.15%的料浆在低剪切速率阶段(0~30 s⁻¹)出现应力过冲现象时，应力过冲区如图4-9(b)所示，剪切应力会在很短的时间内达到极限值，称为"极限屈服应力"。而当减水剂掺量达到0.15%时，应力过冲现象减弱，对应图4-10流变特征曲线阶段划分中①区的A→B过程。随着剪切速率的增加，剪切应力逐渐降低，而后呈线性增长趋势，符合Bingham模型增长特点。表观黏度也随着剪切应力的变化而改变，在刚开始剪切时表现出相对较大的黏度值，随着应力过冲现象的消失，表观黏度急剧降低并趋于一稳定值。

减水剂掺量为0.3%和0.5%的膏体料浆在开始剪切时就表现出剪切稀化的特征，接着表现出Bingham线性增长特点。在低剪切速率区间，膏体料浆受到剪切应力扰动，形成如图4-10中所示的D、E曲线段，对应曲线阶段划分中①区的E→D过程，随后料浆随剪切速率的增加进入Bingham线性增长阶段。表观黏度的大小在低剪切速率时较大，但明显小于减水剂掺量为0和0.15%的膏体料浆，而后随着料浆剪切应力的稳定增长趋于稳定值并保持基本不变。

图4-10中的②阶段为Bingham剪切阶段，剪切速率为30~150 s⁻¹，此阶段通过Bingham回归模型得到的流变参数可以有效应用到实际工程中，能为膏体流变行为研究提供支撑。

（3）流变曲线Bingham模型回归分析

剪切历史会对料浆的流变性产生一定影响。流变特征曲线中的应力过冲区与剪切稀化区所表现出的膏体流变特性并不能准确地反映膏体料浆的性质。为消除不稳定低剪切速率阶段应力过冲或剪切稀化等对流变模型相关参数分析的影响，取每组剪切速率30~150 s⁻¹区间的流变曲线进行Bingham模型回归分析，测得剪切应力-剪切速率曲线，回归得到相关参数如图4-11~图4-14所示。

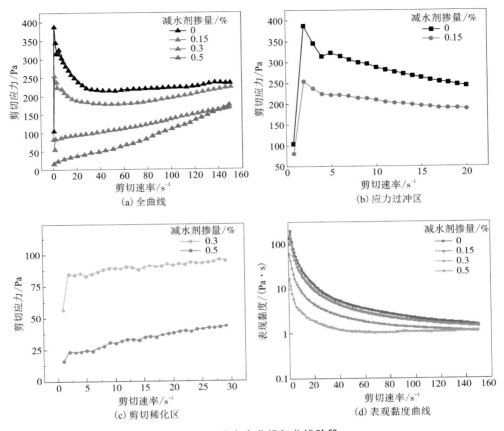

图 4-9　流变全曲线与曲线阶段

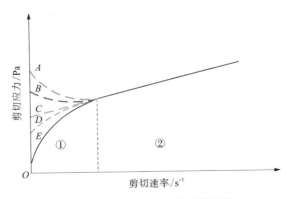

图 4-10　流变特征曲线阶段划分

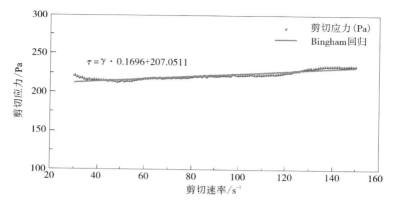

图 4-11 减水剂掺量 0 膏体料浆流变曲线拟合

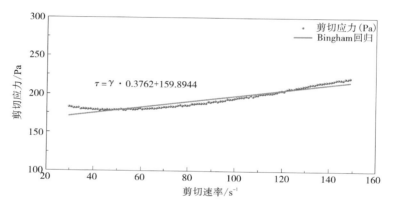

图 4-12 减水剂掺量 0.15％膏体料浆流变曲线拟合

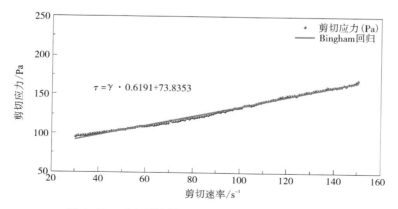

图 4-13 减水剂掺量 0.3％膏体料浆流变曲线拟合

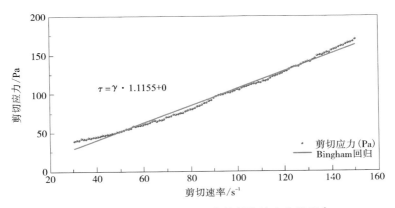

$\tau = \gamma \cdot 1.1155 + 0$

剪切应力 (Pa)
Bingham 回归

**图 4-14　减水剂掺量 0.5% 膏体料浆流变曲线拟合**

**表 4-3　膏体料浆曲线 Bingham 拟合结果**

| 减水剂掺量/% | Bingham 模型回归方程 | $\tau_0$/Pa | $\eta$/(Pa·s) | $R^2$ |
|---|---|---|---|---|
| 0 | $\tau = \gamma \cdot 0.1696 + 207.0511$ | 207.0511 | 0.1696 | 0.8704 |
| 0.15 | $\tau = \gamma \cdot 0.3762 + 159.8944$ | 159.8944 | 0.3762 | 0.9155 |
| 0.3 | $\tau = \gamma \cdot 0.6191 + 73.8353$ | 73.8353 | 0.6191 | 0.9945 |
| 0.5 | $\tau = \gamma \cdot 1.1155 + 0$ | 0 | 1.1155 | 0.9910 |

由表 4-3 可知，随着减水剂掺量的增加，膏体料浆的屈服应力逐渐减小，且当减水剂掺量达到 0.5% 时，料浆的屈服应力接近零。减水剂掺量为 0.15%、0.3%、0.5% 的料浆屈服应力值分别比不添加减水剂的膏体降低了 47.1567 Pa、133.2158 Pa、207.0511 Pa，降低幅度分别为 22.78%、64.34%、100%。

膏体料浆的塑性黏度随减水剂掺量的增加而提高，在未添加减水剂时，塑性黏度最小，减水剂掺量为 0.15%、0.3%、0.5% 时的料浆塑性黏度较未掺减水剂时分别增大了 0.2066 Pa·s、0.4495 Pa·s、0.9459 Pa·s，增大幅度分别为 121.82%、265.04%、557.72%。研究表明，随着减水剂掺量的增加，膏体料浆的塑性黏度逐渐增大，且呈多倍增加趋势，增大幅度越来越大。当减水剂掺量达到 0.5% 时，Bingham 模型回归得到的屈服应力值为零，塑性黏度达到最大值，料浆处于相对稳定的状态。塑性黏度较小时，较大的屈服应力也足以保证膏体料浆的稳定性，因此，料浆的稳定性与屈服应力和塑性黏度均有较大的相关性。当屈服应力极小时，膏体料浆的高塑性黏度能够有效减小骨料下沉的速率，同时也增加了膏体料浆的抗离析能力和稳定性。

添加减水剂改变膏体料浆中的水分分布状态后，膏体的流变行为也发生了明显变化。借助一定研究手段对水分迁移变化情况进行分析，探明膏体料浆中各水相的存在形式对流动行为和流变性的影响，对于膏体流变机理的研究具有重要意义。

# 4.2  基于 LF-NMR 的膏体水分迁移行为分析

膏体料浆中水分的不同赋存状态获取困难，根据低场核磁共振技术原理，可利用低场核磁共振(简称 LF-NMR)技术来获取膏体料浆中水分的不同赋存状态。与传统的 SEM、压汞法和 XRD 等方法相比，LF-NMR 可以进行无损测试，通过测量料浆的 $T_2$ 横向弛豫时间得到膏体料浆中水的状态，并且能快速了解膏体料浆中的水分迁移规律。

## 4.2.1  LF-NMR 基本原理

(1)核磁共振现象

位于磁场里的原子核会发生进动，产生电子能级分裂，再接受电磁波的辐射作用，会进一步产生共振，并吸收一些能量，此过程便是核磁共振[8]。

因原子核本身带正电并且可以产生自旋现象，故其本身会有感应磁场的产生，此时会形成磁矩，当给原子核施加外静磁场时，其会像地上转动的陀螺一样转动，除了在地上转动，它本身也在绕着自己的中心轴转动，也就是自旋，这便是拉莫尔进动[9]，如图 4-15 所示，可以用式(4-1)、式(4-2)表示：

$$f = \gamma B_0 / 2\pi \qquad (4-1)$$
$$\omega_0 = 2\pi f = \gamma B_0 \qquad (4-2)$$

式中：$f$ 为进动频率；$\omega_0$ 为自旋角速度；$\gamma$ 为磁旋比；$B_0$ 为外加静磁场。

当存在外磁场 $B_0$ 时，$^1H$ 核存在两种状态，如图 4-16 所示，分别是低能级与高能级，如果外部施加一个单位时间内完成周期性变化的电磁波辐射，当其频率等同于拉莫尔进动时，位于低能级状态的原子核便会跳到高能级状态，其量子力学体系状态也会发生跳跃式改变，即跃迁，进而产生核磁共振[10]。

$T_2$ 横向弛豫时间是横向磁化矢量逐渐减弱的一个时间常量。大部分含有大量孔隙空间的多相物质组合体(孔隙为没有固体骨架的那部分空间)的物理信息都可以含括在横向弛豫时间的衰减中，这是核磁共振测量的重要对象。$M_{xy}(t)$ 表示的是横向磁化矢量幅度，也就是 $t$ 时间内自旋回波串所展开的宽度，如式(4-3)所示：

$$M_{xy}(t) = M_0 \mathrm{e}^{-t/T2} \qquad (4-3)$$

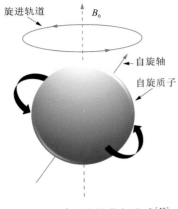

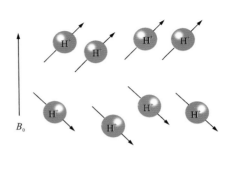

图 4-15　$^1$H 核拉莫尔进动[10]　　　　图 4-16　在外磁场 $B_0$ 作用下 $^1$H 核的取向

（2）核磁共振测量水分与孔隙

在多孔介质中，如混凝土、砂浆、有机和无机凝胶材料、石料等，这些材料中的孔隙及表面流体的 $T_2$ 能够用式（4-4）表征[11, 12]，$T_2$ 弛豫由自由弛豫、表面弛豫和体弛豫组成。

$$\frac{1}{T_2} = \frac{1}{T_{2自由}} + \rho_s \left(\frac{S}{V}\right)_{孔隙} + \frac{D(\gamma G T_E)^2}{12} \tag{4-4}$$

式中：$T_{2自由}$ 为自由弛豫；$\rho_s$ 为表面弛豫强度；$S/V$ 为比表面积；$D$ 为扩散系数；$\gamma$ 为旋磁比；$G$ 为磁场梯度；$T_E$ 为回波时间。

Brownstein-Tarr 理论[13]认为，水泥浆内的水分子活动受到约束，因为分散在固体颗粒表面和颗粒孔隙间的水会由于某些作用影响表面弛豫时间，这些作用指的是孔隙表面对水的束缚程度大小以及颗粒表面存在的顺磁性离子。根据水在水泥浆内的 $T_2$ 松弛时间与 $S/V$ 的关系，式（4-4）可以表达为：

$$\frac{1}{T_2} = \rho_s \frac{S}{V} \tag{4-5}$$

从公式（4-5）可以看出，孔隙越小，$T_2$ 的松弛期就越短，孔隙大小与 $T_2$ 成正比关系。

新拌膏体料浆中存在各种尺度的孔隙，这些孔隙被水填满。根据 M-G Prammer 等[14]的分析研究，低场核磁共振实验（采用 CPMG 序列）不能检测到样品中结合水的存在，因为结合水的 $T_2$ 横向弛豫时间的信号值非常短促。本实验只能够检测出膏体料浆中存在的除结合水以外水相的信号，通过此部分水分 $^1$H 核的核磁共振信号，能够收集不同水相对应的 $T_2$ 图谱，其中所得到的波峰的峰面积与膏体料浆中各水相的含量成正相关[15-17]。

综上所述，采用 LF-NMR 技术，测量膏体料浆中不同束缚状态的水分以及孔隙结构的变化，分析孔隙结构的变化情况，可以从多角度对膏体料浆中水分的赋存状态及迁移规律进行研究，得到吸附水、间隙水与弱自由水间的转化规律以及孔隙变化情况，获得料浆微观水分变化与宏观流动性及流变参数间的响应机制，从而为膏体料浆多尺度分析与研究提供数据支撑与理论依据。

### 4.2.2 实验材料与设备

（1）实验设备

实验原材料为某硫化锡矿全尾砂、水泥、水和减水剂。减水剂采用 MF-1100 高效泵送减水剂。水为昆明本地自来水。制备膏体料浆所用到的实验设备主要有干燥箱、电子天平、烧杯、滴管以及量筒等。实验使用的 MacroMR12-150H-1 低场核磁共振分析系统如图 4-17 所示，此设备系统采用了一个核磁共振测试模块和一个双缸恒压恒流驱替模块，磁场强度为 0.52 T，检测线圈工作频率为 12 MHz，最大采样频率可达 2 MHz。

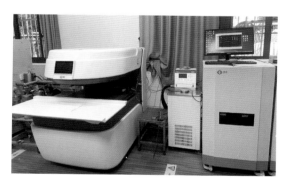

**图 4-17　MacroMR12-150H-1 低场核磁共振分析与成像系统**

（2）实验方案

把干燥后的硫化锡矿全尾砂与水泥混合搅拌，将灰砂比控制在 1∶10，添加自来水使其质量浓度为 80%，减水剂添加量依次为固体含量的 0、0.15%、0.3%、0.5%，每组实验配置 800 mL 膏体料浆，实验物料配比见表 4-4。尾砂、水泥及自来水采用 LQ-LC 电子天平称重。膏体料浆从加水搅拌到装入玻璃容器开始实验，将测试时间控制在 3 min 以内。最后，取新拌膏体料浆迅速装入 $\phi6\times12$ cm 的圆柱体玻璃容器，并用保鲜膜与透明胶带将试样密封包装，尽可能减小沉降离析所带来的实验误差，保证实验的严谨性。实验样品及放置过程如图 4-18 所示。

**图 4-18  实验样品及放置过程**

**表 4-4  LF-NMR 实验物料配比表**

| 序号 | 质量分数/% | 灰砂比 | 水灰比 | 全尾砂/g | 水泥量/g | 水量/g | 减水剂/g |
|---|---|---|---|---|---|---|---|
| 1 | 80 | 1：10 | 2.75 | 1257.05 | 125.71 | 345.69 | 0.00 |
| 2 | 80 | 1：10 | 2.75 | 1257.05 | 125.71 | 345.69 | 2.07 |
| 3 | 80 | 1：10 | 2.75 | 1257.05 | 125.71 | 345.69 | 4.15 |
| 4 | 80 | 1：10 | 2.75 | 1257.05 | 125.71 | 345.69 | 6.91 |

首先进行预实验，以确定最佳 LF-NMR 实验回波时间、等待时间、扫描数等采样参数，提升实验结果的精确性。预实验得到的采样参数取值见表 4-5。

**表 4-5  低场核磁共振分析系统采样参数**

| 回波时间 TE/ms | 回波数 NECH | 等待时间 TW/ms | 扫描次数 NS |
|---|---|---|---|
| 0.25 | 4000 | 6000 | 16 |

实验时，把膏体料浆试样放在核磁管内，并使其处于磁体线圈的中心位置，然后进行 CPMG 脉冲序列实验。CPMG 脉冲可以有效地克服磁场不均匀性对弛豫信号造成的不良影响，减小由于膏体料浆中水分扩散所产生的磁场梯度。CPMG 序列实验参数设置为：主频 SF = 12 MHz，中心频率 O1 = 751.50557 kHz，接收机带宽 SW = 250 kHz，采样时间 DW = TD/SW = 1000.0 μs，模拟增益 RG1 = 20.0 db，

回波时间、回波数、重复采样等待时间、扫描次数见表 4-5，参数设置界面如图 4-19 所示。实验过程中所采集的 $T_2$ 数据可通过 $T_2$ 反演软件进行反演，进而得到膏体料浆中不同状态水分的核磁信号强度和弛豫时间波谱，即膏体料浆的 $T_2$ 图谱。$T_2$ 弛豫时间曲线中包含区域的面积表示膏体料浆中除结合水外其他所有水的体积分数，据此可估计出各水相的相对含量。

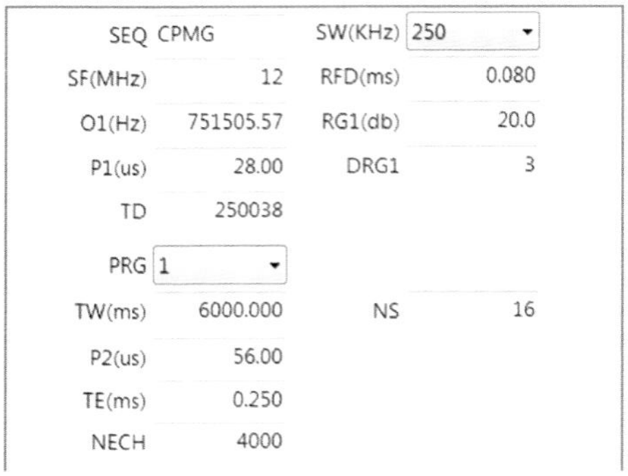

图 4-19　实验采样参数设定界面

（3）$T_2$ 谱分布

对于完全自由的水，其分子处于相同的物化环境中，可以得到单一的 $T_2$ 值，但水分子在膏体料浆中有着不同的局部环境，得到的 $T_2$ 值也会不同，得到的弛豫数据则会变成多指数形式。采样完成后，设备能通过 $T_2$ 反演软件得到膏体料浆的 $T_2$ 分布曲线。进行数据处理后，采用 Origin 进行图形绘制，能得到膏体料浆 $T_2$ 弛豫图谱。每个峰都对应一种束缚状态的水分，不同束缚状态水的 $T_2$ 弛豫时间范围不同[18]，出现三个峰就说明本次实验的膏体料浆中检测到了三种不同束缚状态的水，其中主峰占比最高，说明主峰代表了被检测膏体料浆内部大部分水相的弛豫特性。

水分束缚程度与固体颗粒间作用力、固体颗粒比表面积等有关。膏体料浆从搅拌过程开始，便会有类固相的结合水存在，与此同时，膏体料浆中还存在相对活跃的弱自由水、吸附水及间隙水等。

当固体颗粒堆积时，颗粒之间存在大量多尺度孔隙结构。根据 $T_2$ 图谱信息，孔隙内的水分又可分为间隙水和弱自由水。间隙水的孔隙结构细密，受束缚程度高；弱自由水的孔隙结构粗疏，受束缚程度较低。此外，粒子表面由于吸附作用而形成的水膜称为吸附水。膏体料浆本身质量浓度与体积浓度都较大，细颗粒含量多，比表面积大，吸附水含量高。添加减水剂后改变了固体颗粒间的作用力，使得相邻颗粒分离，间隙水、弱自由水大量释放，并主要以弱吸附状态存在，增强了浆体的流动性。加入减水剂导致吸附水含量改变的示意图如图 4-20 所示。因 I 类颗粒占总颗粒的百分比最高，II 类颗粒含量少，减水剂的加入可能无法改变 II 类颗粒间的作用力，所以 I 类颗粒在减水剂的作用下由颗粒-颗粒接触转变为颗粒-水-颗粒接触模式，水覆盖的颗粒表面积增大。

如图 4-21 所示，$T_2$ 弛豫图谱共包含三个峰[18]，即一个主峰和少量微弱的次峰，从左至右分别定义为 1 号峰、2 号峰、3 号峰。膏体料浆中的结合水作为类固

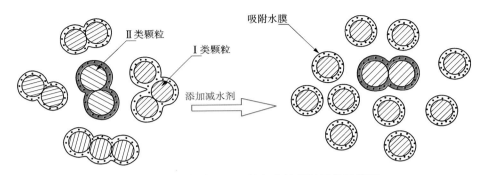

图 4-20　减水剂作用下颗粒与水的接触演化示意图

相的存在不能被检测到，因为结合水中的 $^1$H 的 $T_2$ 值非常短暂，故实验中探测到的水相为吸附水、间隙水、弱自由水。

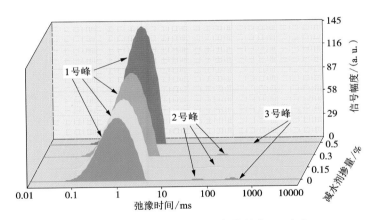

图 4-21　不同减水剂掺量的膏体料浆 $T_2$ 弛豫

实验测量了一组全部装满清水的试样作为对照，如图 4-22 所示，得到了图 4-22(b)自来水的 $T_2$ 弛豫图谱，自来水对应的 $T_2$ 弛豫时间为 0.667 s 以后，峰顶对应的时间为 1000 ms 以后，在 10000 ms 后无监测数据，实验膏体料浆中无自由水弛豫信号。$T_2$ 图谱中三个峰 $^1$H 的核磁共振信号分别对应这三种不同束缚程度的水。吸附水、间隙水、弱自由水分别对应 1 号峰、2 号峰、3 号峰所产生的弛豫信号。$T_2$ 时间越短，束缚程度越大，水的流动性越差。按水体的赋存状态来讲，吸附水的流动性比间隙水小，弱自由水的流动性最强。但研究表明，间隙水和弱自由水被包裹体束缚时，难以为浆体的流动性提供有效动力。当其有效释放并转化为弱吸附水时，浆体的整体流动能力显著增强，水体赋存状态及其赋存环境共同决定了浆体的流动性。

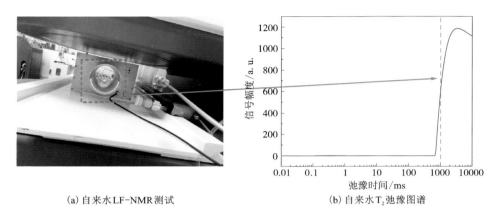

<table>
<tr><td>（a）自来水LF-NMR测试</td><td>（b）自来水T₂弛豫图谱</td></tr>
</table>

图 4-22　自来水核磁共振测试与结果

### 4.2.3　LF-NMR 实验分析

（1）$T_2$ 图谱面积分析——水分迁移转化规律

$T_2$ 图谱中各峰峰面积的变化也反映了膏体中不同束缚程度水分的变化情况。随着减水剂含量的增加，膏体料浆的各个弛豫峰峰面积的变化趋势、各峰峰面积大小以及各峰面积占比如图 4-23 和表 4-6 所示。吸附水、间隙水、弱自由水所对应的三个弛豫峰的峰面积占比中，1 号峰的峰面积占比逐渐增加，对应于短弛豫时间，2、3 号峰的峰面积占比也有一定程度的变化，对应于中长弛豫时间，且这三种不同束缚状态的水的弛豫时间对应了三个数量级，分别位于 1 ms、10 ms 和 100 ms 附近。

表 4-6　各峰峰面积占比统计表

| 减水剂添加量/% | 1 号峰峰面积占比/% | 2 号峰峰面积占比/% | 3 号峰峰面积占比/% |
|---|---|---|---|
| 0 | 99.01 | 0.346 | 0.644 |
| 0.15 | 99.471 | 0.529 | — |
| 0.3 | 99.589 | 0.411 | — |
| 0.5 | 99.947 | — | 0.053 |

由实验所得的 $T_2$ 弛豫图谱峰面积大小和峰面积占比可知，吸附水所对应的 1 号峰峰面积所占比例最大，面积占比都在 99% 以上，所以膏体料浆中的水主要以 1 号峰对应的水体赋存形式存在。随着减水剂含量的增加，1 号峰的峰面积逐

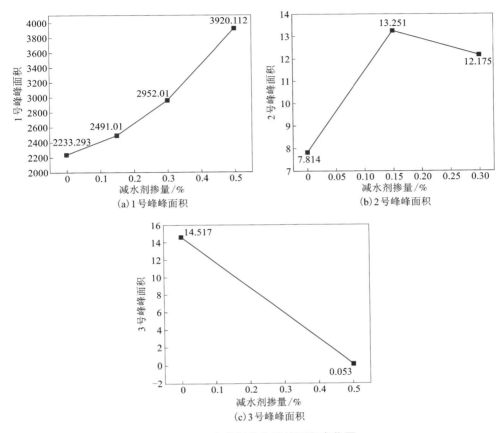

图 4-23　膏体料浆各峰峰面积变化图

渐增加，由 2233.293 增长到了 3920.112，且增长幅度逐渐变大，同时 1 号峰的峰形也更加尖锐，峰顶点位置朝更长的弛豫时间方向移动，表明膏体料浆中水体所处的周围环境已经发生了改变，水被束缚的程度相对减小，此部分水的相对比例也增大。研究表明，膏体料浆中添加减水剂，改变了膏体料浆中不同水相的含量，在添加量由 0 至 0.5% 增加时，料浆中 1 号峰对应的水体含量大幅增长，水体受束缚程度进一步减弱。

　　为探究膏体料浆内不同种类水分的迁移规律，将每组料浆中吸附水、间隙水、弱自由水的 $T_2$ 弛豫时间进行统计，结果如图 4-24 所示。1 号峰对应的短弛豫时间在减水剂掺量小于等于 0.3% 时并未发生改变，在减水剂掺量达到 0.5% 时，弛豫时间区间左端变化仅为 0.001 ms，可以忽略不计，区间右端点向右发生偏移，颗粒吸附水的水膜增厚，同时水体束缚程度有所降低。

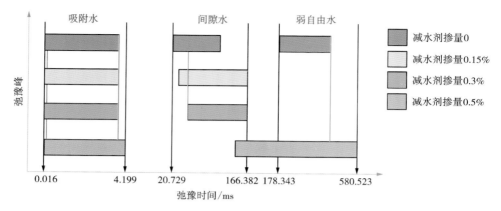

图 4-24　不同减水剂掺量膏体料浆中各水相弛豫时间

　　2 号峰的间隙水处于吸附水和弱自由水之间，且随着减水剂含量的增加，2 号峰弛豫时间显著右移，区间左端点由 20.729 ms 移至 51.114 ms，右端点由 102.341 ms 移至 166.382 ms。3 号峰出现在减水剂掺量为 0 和 0.5% 时，3 号峰右端点从 439.76 ms 增加至 580.523 ms，增大了 100.763 ms，此部分水分的束缚程度更小，弛豫时间更长，自由度更高。减水剂添加量达到 0.5% 时，长弛豫时间区间左端点落在其他组 2 号峰所对应的中弛豫时间区间内，此时 2 号峰和 3 号峰重合，但峰面积占比小于 0.1%，大部分间隙水已转化为弱吸附水。

　　$T_2$ 弛豫谱的峰面积分布表明，膏体料浆中水的主要存在形式是吸附水，随着减水剂含量的增加，吸附水的峰面积极其活跃性持续增加，吸附能力逐渐减弱，间隙水和弱自由水不断减少。LF-NMR 技术具有高效、快速、无损的优点，能检测出膏体料浆内不同束缚程度水的含量及其变化情况，为研究膏体的流变性提供了数据支撑与理论依据。

　　(2)膏体料浆孔隙变化分析

　　膏体料浆中的间隙水和弱自由水赋存在固体颗粒间的孔隙结构内，孔隙结构会对膏体中的水分分布产生影响，采用 LF-NMR 技术来研究膏体料浆中孔隙结构的大小及组成，可知 $T_2$ 横向弛豫时间的长短与膏体料浆中水分所在孔隙的大小呈正相关关系，这就为研究料浆中水分的存在形态及迁移变化提供了理论依据。

　　$T_2$ 值越大，对应的孔隙度越大，$T_2$ 图谱曲线所包围面积越大，对应的孔隙数量越多。对实验所得的 $T_2$ 图谱进行孔隙信号分析，$T_2$ 图谱纵坐标代表膏体料浆孔隙度信号幅度，横坐标是 $T_2$ 弛豫时间。将弛豫时间小于 10 ms 对应的孔隙划分为微孔隙，结合前述分析，微孔隙内主要以吸附水为主；将弛豫时间在 10 ~ 100 ms 内所对应的孔隙划分为小孔隙，小孔隙内主要以间隙水为主；将弛豫时间大于 100 ms 的划分为大孔隙，大孔隙内主要以弱自由水为主，孔隙划分只是在膏体中的相对大小。

孔隙半径不同，检测得到的 $T_2$ 弛豫时间也不同。通过水中 H 质子的 $T_2$ 弛豫时间，可以判断出水分子所处的位置。检测到的弛豫时间愈长，水被束缚的程度就愈小；反之，若弛豫时间愈短，则水分子的束缚愈大，水能进去的孔隙空间就愈小，对应的孔隙孔径愈小。因此，实验后得到的横向弛豫时间值愈大，孔径愈大；且纵坐标(孔隙度分布量)愈大，说明孔隙的数量愈多。

表 4-7 对添加不同掺量减水剂后的膏体料浆 $T_2$ 谱峰弛豫区间分布进行了统计。

**表 4-7　不同减水剂掺量下膏体料浆 $T_2$ 谱谱峰弛豫区间**

| 减水剂掺量/% | 1 号峰弛豫区间 | 2 号峰弛豫区间 | 3 号峰弛豫区间 |
| --- | --- | --- | --- |
| 0 | 0.016~3.917 | 20.729~102.341 | 178.343~439.76 |
| 0.15 | 0.016~3.917 | 36.123~166.382 | — |
| 0.3 | 0.016~3.917 | 51.114~166.382 | — |
| 0.5 | 0.017~4.199 | — | 155.223~580.523 |

通过表 4-7 可以得到，不同减水剂掺量下膏体料浆的 $T_2$ 谱呈现 2~3 个弛豫峰，且 1 号峰所对应的孔隙为微孔隙，2 号峰所对应的孔隙为小孔隙，3 号峰所对应的孔隙是大孔隙。每组料浆 $T_2$ 谱峰区间的左右端点变化情况也各有不同，对比可知，掺减水剂膏体料浆的谱峰值有所增加，这是由于颗粒间的作用力发生了改变，导致颗粒分散，絮团解体程度越来越大，使膏体料浆内微孔隙的数量也变多了。

将三组不同掺量减水剂膏体料浆的低场核磁共振检测结果与未掺减水剂膏体料浆的进行对比，所得谱分布曲线如图 4-25、图 4-26、图 4-27 所示。

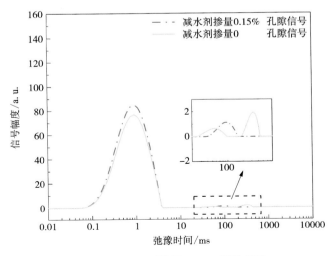

**图 4-25　减水剂掺量 0.15%膏体料浆**

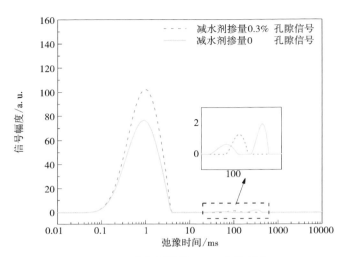

图 4-26　减水剂掺量 0.3%膏体料浆

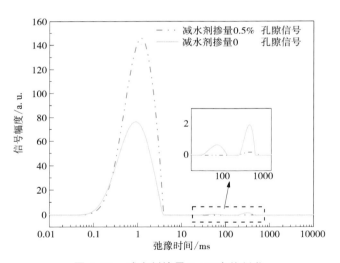

图 4-27　减水剂掺量 0.5%膏体料浆

　　由图 4-25 可知，未添加减水剂的膏体料浆弛豫时间呈 3 个弛豫峰分布，且通过弛豫区间表可知，短弛豫区间为 0.016～3.917 ms，对应的弛豫时间低于 10 ms，当添加 0.15%的减水剂时，微孔隙信号量稍有增加，孔隙数量增多，但微孔隙对应的短弛豫时间的左右区间端点一致，未发生改变；小孔隙对应的中弛豫时间起始与终止时间都增加，起始时间由 20.729 ms 增至 36.123 ms，终止时间由 102.341 ms 增至 166.382 ms，孔隙信号量略微增加，小孔隙数量增多，但大孔隙弛豫信号消失。当减水剂掺量提高到 0.3% 时，如图 4-26 所示，可以看到短弛豫区间的孔隙信号量明显增加，孔隙数量明显增多，短弛豫区间端点则未发生变化；小孔隙对应的中弛豫时间起始与终止时间都增加，孔隙数量略微波动但变化不大，大孔隙弛豫信号依然消失。当减水剂掺量提高到 0.5% 时，如图 4-27 所示，对比未掺减水剂的膏体料浆，微孔隙信号显著增加，且短弛豫时间的右端点（终止时间）右移至 4.199 ms，说明微孔隙数量较多，相较于掺量少于本组的膏体料浆，小孔隙对应的弛豫峰消失，长弛豫时间对应的弛豫峰再次出现，且起始时间落在前几组实验结果得到的中弛豫时间区间内，右端点终止时间也增大至 580.523 ms，但谱峰信号量极其微弱，说明此时大小孔隙贯通，但与此同时，其分布量显著降低。

　　综上所述，膏体料浆内部孔隙的变化规律基本一致，当添加减水剂时，在膏体料浆内原本就存在的孔隙基础上，膏体料浆内部颗粒间的静电斥力作用增强，絮团与颗粒分散程度增加，从而导致微孔隙增加，小孔隙与大孔隙往微孔隙转化，且出现贯通，说明膏体料浆中基本都是微孔隙，代表着大部分水都在微孔隙中流动，而且随着减水剂掺入量的增大，更多的间隙水和弱自由水被释放，膏体料浆内部的微孔隙数量增多，而 3 号峰可能对应于料浆内极少量大孔隙的存在。

### 4.2.4　吸附水对膏体流动性能的影响

(1) 膏体流动性的影响因子

膏体料浆的流动性和 $T_2$ 弛豫图谱主峰（1 号峰）的峰面积具有高度关联性，吸附水含量（$T_2$ 弛豫图谱主峰）对料浆流动性的作用效果可用主峰峰面积的比值进行评价。

$$A^* = \frac{A(P \cdot MF, MP) - A(P, MP)}{A(P, MP)} \tag{4-6}$$

式中：$A(P \cdot MF, MP)$ 代表吸附水含量改变的膏体料浆主峰峰面积；$A(P, MP)$ 代表未改变吸附水含量的膏体料浆主峰峰面积，$A^*$ 表征了膏体料浆中吸附水含量对料浆流动性能综合提高或降低的影响程度，若 $A^* > 0$ 则表示膏体料浆的流动性得到了提高，若 $A^* < 0$ 则表示此种情况下料浆的流动性变差了，$A^*$ 的大小表明了料浆中吸附水含量的变化对流动性的影响效果。

　　膏体料浆主峰（1 号峰）的加权 $T_2$ 值经 $T_2$ 衰减信号反演，并通过式(4-6)计算，可得如表 4-8 所示的结果。

表 4-8　吸附水含量对膏体流动性的影响

| 影响因子 | 吸附水含量/% | | | |
|---|---|---|---|---|
| | 99.01 | 99.471 | 99.589 | 99.947 |
| $A^*$ | 0 | 0.12 | 0.32 | 0.76 |

从表 4-8 中得出，计算数据有效反映了水体的弛豫特征变化规律，$A^*$ 值与吸附水含量占比呈正相关，主体水(吸附水)含量越多，膏体料浆的流动性越强。

（2）吸附水含量对膏体流变特性的影响

为探究膏体料浆中吸附水含量对流变特性的影响，可利用 SPSS 软件非线性回归方法[17]，建立吸附水含量与流变参数的回归模型，进行显著性检验及残差分析，并确定定量表征关系。

将 12 组实验数据进行 Bingham 模型回归分析，可得到吸附水含量与屈服应力、塑性黏度的回归模型，如表 4-9 所示。

表 4-9　不同吸附水含量对应流变回归数据统计

| 吸附水含量/% | Bingham 模型回归方程 | $\tau_0$/Pa | $\eta$/(Pa·s) |
|---|---|---|---|
| 99.01 | $\tau = \gamma \cdot 0.1696 + 207.0511$ | 207.0511 | 0.1696 |
| 99.471 | $\tau = \gamma \cdot 0.3762 + 159.8944$ | 159.8944 | 0.3762 |
| 99.589 | $\tau = \gamma \cdot 0.6191 + 73.8353$ | 73.8353 | 0.6191 |
| 99.947 | $\tau = \gamma \cdot 1.1155 + 0$ | 0 | 1.1155 |
| 99.01 | $\tau = \gamma \cdot 0.2363 + 212.6243$ | 212.6243 | 0.2363 |
| 99.471 | $\tau = \gamma \cdot 0.2813 + 176.1928$ | 176.1928 | 0.2813 |
| 99.589 | $\tau = \gamma \cdot 0.6214 + 71.7233$ | 71.7233 | 0.6214 |
| 99.947 | $\tau = \gamma \cdot 1.0351 + 2.7116$ | 2.7116 | 1.0351 |
| 99.01 | $\tau = \gamma \cdot 0.1630 + 243.9643$ | 243.9643 | 0.1630 |
| 99.471 | $\tau = \gamma \cdot 0.4154 + 163.3058$ | 163.3058 | 0.4154 |
| 99.589 | $\tau = \gamma \cdot 0.6320 + 78.2408$ | 78.2408 | 0.6320 |
| 99.947 | $\tau = \gamma \cdot 1.1012 + 0$ | 0 | 1.1012 |

1)吸附水含量与屈服应力的回归模型

采用合理的回归模型，使回归方程拟合结果符合预期，一元线性回归模型计算公式如下：

$$y = \beta_0 + \beta_1 x + \varepsilon \tag{4-7}$$

$$F = \frac{\hat{\beta}_1^2 l_{xx}}{S_E^2/(n-2)} \qquad (4-8)$$

$$S_R^2 = \sum_{i=1}^{n} (\hat{y}_i - \bar{y})^2 = \sum_{i=1}^{n} \hat{\beta}_1^2 (x_i - \bar{x})^2 = \hat{\beta}_1^2 l_{xx} \qquad (4-9)$$

$$S_E^2 = \sum_{i=1}^{n} (y_i - \hat{y}_i)^2 \qquad (4-10)$$

$$\varepsilon \sim N(0, \delta^2) \qquad (4-11)$$

式中：$x$ 为自变量；$y$ 为因变量；$\hat{\beta}_0$、$\hat{\beta}_1$ 为回归系数，为常数，未知；$\varepsilon$ 为随机变量，为常数，未知。

在得到了自变量与因变量间的回归模型后，对回归方程进行显著性检验，从总体上判定自变量对因变量的显著影响。$F$ 检验法的计算公式为：

$$F = \frac{\hat{\beta}_1^2 l_{xx}}{S_E^2/(n-2)} \qquad (4-12)$$

其中，$S_R^2 = \sum\limits_{i=1}^{n} (\hat{y}_i - \bar{y})^2 = \sum\limits_{i=1}^{n} \hat{\beta}_1^2 (x_i - \bar{x})^2 = \hat{\beta}_1^2 l_{xx}$，$S_E^2 = \sum\limits_{i=1}^{n} (y_i - \hat{y}_i)^2$。

相关系数 $R$ 的计算公式为：

$$R = \frac{\sum\limits_{i=1}^{n} (x_i - \bar{x})(y_i - \bar{y})}{\sqrt{\sum\limits_{i=1}^{n} (x_i - \bar{x})^2 \sum\limits_{i=1}^{n} (y_i - \bar{y})^2}} \qquad (4-13)$$

吸附水含量与屈服应力的线性拟合关系如图 4-28 所示。

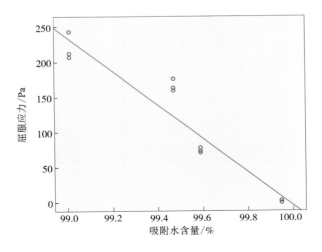

**图 4-28　吸附水含量与屈服应力散点图**

①表4-10为显著性检验结果,即方差分析。$F$检验统计量的观测值为92.197,自变量和因变量之间的线性关系显著,即吸附水含量占比对屈服应力有显著性影响,两者间存在线性关系。

表4-10 显著性检验结果

| 模型 | | 平方和 | df | 平均值平方 | $F$ | 显著性 |
|---|---|---|---|---|---|---|
| 1 | 回归 | 78215.464 | 1 | 78215.464 | 92.197 | 0.000 |
| | 残差 | 8483.490 | 10 | 848.349 | | |
| | 总计 | 86698.955 | 11 | | | |

注:预测值(常量)为吸附水含量占比;因变量为屈服应力。

②表4-11为模型回归系数估值。如表中所示,常量$\hat{\beta}_0 = 24104.030$,显著性$P = 0.000 < 0.05$,具备显著性;自变量回归系数$\hat{\beta}_1 = -24107.749$,显著性$P = 0.000 < 0.05$,具备显著性,所得到的回归方程具有实际意义。

表4-11 模型回归系数估值

| 模型 | | 未标准化系数 | | 标准化系数 | $t$ | 显著性 |
|---|---|---|---|---|---|---|
| | | $\beta$ | 标准误差 | $\beta$ | | |
| 1 | (常量) | 24104.030 | 2498.283 | | 9.648 | 0.000 |
| | 吸附水含量占比 | -24107.749 | 2510.716 | -0.950 | -9.602 | 0.000 |

注:因变量为屈服应力。

③表4-12为残差分析结果统计。

表4-12 残差统计

| | 最小值 | 最大值 | 平均值 | 标准偏差 | $N$ |
|---|---|---|---|---|---|
| 预测值 | 9.0583 | 234.9479 | 115.7953 | 84.32376 | 12 |
| 标准预测值 | -1.266 | 1.413 | 0.000 | 1.000 | 12 |
| 预测值的标准误差 | 8.499 | 14.989 | 11.512 | 3.108 | 12 |
| 调整后预测值 | 10.9432 | 244.9981 | 117.1631 | 85.27887 | 12 |
| 残差 | -27.89676 | 52.38166 | 0.00000 | 27.77096 | 12 |
| 标准残差 | -0.958 | 1.798 | 0.000 | 0.953 | 12 |

续表4-12

|  | 最小值 | 最大值 | 平均值 | 标准偏差 | $N$ |
|---|---|---|---|---|---|
| 学生化残差 | -1.117 | 1.879 | -0.021 | 1.018 | 12 |
| 删除残差 | -37.94697 | 57.19489 | -1.36775 | 31.76772 | 12 |
| 学生化删除残差 | -1.133 | 2.217 | 0.024 | 1.090 | 12 |
| 马氏距离 | 0.009 | 1.997 | 0.917 | 0.934 | 12 |
| 库克距离 | 0.009 | 0.225 | 0.071 | 0.071 | 12 |
| 居中杠杆值 | 0.001 | 0.182 | 0.083 | 0.085 | 12 |

注：因变量为屈服应力。

依据概率 $3-\sigma$ 原则，如果标准残差、学生化残差、学生化删除残差的绝对值大小超过 3，那么相应的观测值为异常值。根据表 4-12 所得数据可知，标准残差、学生化残差、学生化删除残差的绝对值均小于 3，说明观测数据都为正常值。

上述步骤是以吸附水含量为自变量，屈服应力为因变量时的线性回归模型输出和分析过程，吸附水含量占比与屈服应力的回归模型为：

$$W_A = -24108\tau_0 + 24104 \tag{4-14}$$

式中：$W_A$ 为吸附水含量，%；$\tau_0$ 为屈服应力，Pa。

2）吸附水含量与塑性黏度的回归模型

吸附水含量与塑性黏度的非线性拟合关系如图 4-29 所示，二次曲线回归方程为：

$$y = b_0 + (b_1 \cdot t) + (b_2 \cdot t \cdot 2) \tag{4-15}$$

①表 4-13 为显著性检验结果，即方差分析。$F$ 检验统计量的观测值为 129.37458，自变量和因变量之间关系显著，即吸附水含量占比对塑性黏度有显著性影响，二者之间具有一元二次函数关系，可以建立非线性模型。

表 4-13　显著性检验结果

| 模型 | | 平方和 | df | 平均值平方 | $F$ | 显著性 |
|---|---|---|---|---|---|---|
| 1 | 回归 | 1.34003 | 2 | 0.67001 | 129.37458 | 0.000 |
| | 残差 | 0.04661 | 9 | 0.00518 | | |
| | 总计 | 1.38664 | 11 | | | |

注：预测值（常量）为吸附水含量；因变量为塑性黏度。

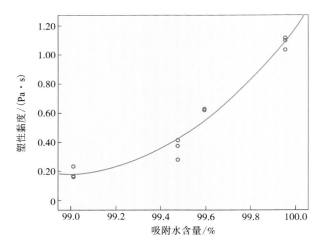

图 4-29　吸附水含量与塑性黏度散点图

②表 4-14 为模型回归系数估值。如表中所示，常量截距 $b_0 = 9181.1081$，自变量回归系数 $b_1 = -18554.98116$，$b_2 = 9375.06885$，显著性 $P$ 分别为 0.001、0.000、0.000，都小于 0.005，具备显著性，得到的回归方程具有实际意义。

表 4-14　模型回归系数估值

| 模型 | | 未标准化系数 | | $t$ | 显著性 |
|---|---|---|---|---|---|
| | | $\beta$ | 标准误差 | | |
| 1 | $b_0$ | 9181.1081 | 1930.0654 | 4.75689 | 0.001 |
| | $b_1$ | -18554.98116 | 3880.84315 | -4.78117 | 0.000 |
| | $b_2$ | 9375.06885 | 1950.81593 | 4.80572 | 0.000 |

注：因变量为塑性黏度。

上述步骤是以吸附水含量为自变量，塑性黏度 $\mu_p$ 为因变量时的非线性回归模型输出和分析过程，吸附水含量占比与塑性黏度间存在明显的一元二次函数关系，得到回归后的模型是：

$$W_A = 9375.1\mu_p^2 - 18555\mu_p + 9181.1$$

式中：$W_A$ 为吸附水含量占比，%；$\mu_p$ 为塑性黏度，Pa·s。

通过回归分析得到吸附水含量与流变参数的回归模型，料浆中的吸附水含量与屈服应力呈一元线性函数关系。随着吸附水含量的增加，膏体料浆的屈服应力逐渐减小，膏体料浆内颗粒间的作用力由强相互作用逐渐演化为弱相互作用，吸附水对膏体料浆的流动性起到了主导作用。

吸附水含量与塑性黏度呈一元二次函数关系，随着吸附水含量的增加，塑性黏度逐渐增大，模型预测趋势符合膏体料浆的实际流变情况。当吸附水含量不断增大时，膏体料浆中的固体颗粒被水膜包裹，浆体从"牙膏状"变成似水溶液流体，流体剪切运动不再需要克服流层间的阻力，屈服应力趋向于零。

通过回归模型分析了吸附水对流变行为的影响，吸附水含量的改变可以影响膏体料浆的流动性与流变性。但对于水体结构是如何对膏体料浆中的固体颗粒起到推动作用，以及固体颗粒结构的改变是如何导致了宏观流变性与流动性的变化等问题，还需从微细观层面入手，进一步分析膏体料浆中水相与颗粒结构的改变对流动性及流变性的影响机制。

## 4.3 膏体细观水体结构及其流变行为研究

### 4.3.1 膏体细观水体结构获取

（1）实验设备

实验采用 Scope. A1 蔡司偏光显微镜以获取细观图像。显微镜由目镜、物镜、上下偏光镜、反光镜、载物台等部分组成，如图 4-30 所示，可通过不同的偏光观察方式对试样的细观结构进行观测[18]。

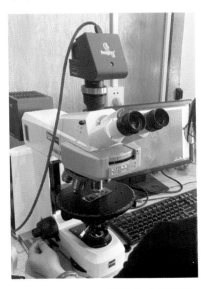

图 4-30　Scope. A1 蔡司偏光显微镜

显微镜放大倍数为 50 倍、100 倍，采用反光模式获取图像。硫化锡矿全尾砂膏体质量分数为 80%，灰砂比为 1：10。四组膏体料浆的减水剂添加量分别为 0、0.15%、0.3%、0.5%，实验方案见表 4-15，对搅拌好的膏体料浆进行快速取样并观察。

表 4-15　显微镜实验方案

| 序号 | 质量分数/% | 减水剂添加量/% | 显微镜放大倍数/倍 |
|---|---|---|---|
| 1 | 80 | 0.00 | 50、100 |
| 2 | 80 | 0.15 | 50、100 |
| 3 | 80 | 0.30 | 50、100 |
| 4 | 80 | 0.50 | 50、100 |

（2）膏体细观结构获取

图像中的明亮反光体为料浆中的水，未反光的黑色部分为料浆中的絮团结构。为强化实验目标和对比分析效果，消除离析性等对实验结果的干扰，仅对掺减水剂和未掺减水剂的两组膏体料浆细观结构进行了分析。实验发现，膏体在细观条件下存在网状结构特征，如图 4-31（a）所示，对细观图像中的局部结构单元进行提取，得图 4-31（b）。从图中可以看出，膏体料浆中的水与絮团以多重镶嵌结构存在，宏观形态是细观结构的映射，这种结构必然影响着膏体料浆整体的流动性和流变性。

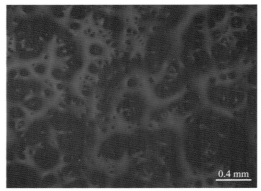 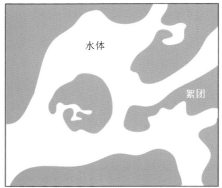

(a) 膏体细观结构　　　　　　　　　(b) 膏体局部细观结构单元

图 4-31　膏体细观结构及结构单元

## 4.3.2　膏体细观结构分析

图 4-32(c)(d)中为放大 50 倍的膏体料浆细观图像,从图中可以看到料浆中的絮团结构,水体和絮团间互相镶嵌连接,形成了不规则网状结构,通过将未添加和添加减水剂的膏体料浆细观图像进行对比,可发现以下特征。

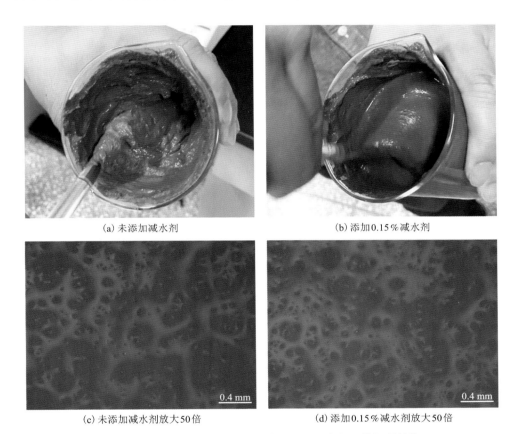

(a) 未添加减水剂　　　　　　　(b) 添加0.15％减水剂

(c) 未添加减水剂放大50倍　　　　(d) 添加0.15％减水剂放大50倍

图 4-32　未添加与添加减水剂膏体宏观图像与显微细观结构

未添加减水剂的膏体料浆搅拌均匀后如图 4-32(a)所示,宏观上料浆呈黏稠状,均质性较差。从细观上来看,絮团直径主要为 0.04~0.36 mm,整体絮团大小呈不规则圆状或椭圆状,如图 4-32(c)所示。网状的水体结构宽度主要为 0.03~0.08 mm。水体结构分布于絮团之间,絮团结构相对稳定。部分水体镶嵌在较大的絮团内,未与其他水体结构连通。液网结构整体粗放,连通性较差,宏观流动性较差,屈服应力较大。

　　添加 0.15% 减水剂的膏体料浆搅拌均匀后如图 4-32(b) 所示，宏观上料浆呈稀稠状，料浆的流动性与均质性较好。从细观上来看，絮团直径主要为 0.03~0.2 mm，局部为 0.3 mm，整体絮团结构呈圆状或椭圆状，分布较均匀，如图 4-32(d) 所示。水体结构的宽度主要为 0.06~0.16 mm，局部可达到 0.27 mm。减水剂改变了膏体料浆中不同束缚程度水分的含量，即料浆内吸附水含量增多，絮团直径变得更小，絮团与颗粒更分散，水体结构的宽度增加，分布更均匀，连通性更好，且各部分水体结构分支相连贯通，形成了较大的网状结构。大的絮团被打散，小絮团多呈蜂窝状分布镶嵌于水体结构内，颗粒、絮团与水体的接触更加充分，相对稳定的絮团包裹空间发生变化，宏观表现为料浆流动性增强，料浆屈服应力变小[19]。

### 4.3.3　基于分形理论的吸附水对膏体细观结构的影响

#### (1)膏体细观二值化处理

　　将图像进行灰度化后进行滤波、降噪、二值化处理，Matlab 处理程序代码界面如图 4-33 所示。然后进行图像的分形处理，并对比其分形结果。彩色的图像采用二值化手段进行处理后如图 4-34 所示，可以转变为仅有黑、白 2 种色彩的位图，其实质是一系列为 0 和 1 的二进制数字的矩阵，其中黑色像素为"1"，白色像素为"0"，分别表示絮团和水体。

```
1 -    clear
2 -    close all
3 -    original_picture=imread('硫化矿50.jpg');
4 -    figure(1);
5 -    imshow(original_picture);
6 -    title('原始RGB图像');
7 -    GrayPic=rgb2gray(original_picture);
8 -    figure(2);
9 -    imshow(GrayPic);
10 -   title('RGB图像转化为灰度图像');
11 -   thresh=graythresh(original_picture);
12 -   Pic2=im2bw(original_picture,thresh);
13 -   figure(3);
14 -   imshow(Pic2);
15 -   title('RGB图像转化为二值化图像');
16 -   thresh=graythresh(GrayPic);
17 -   Pic2_=im2bw(GrayPic,thresh);
18 -   figure(4);
19 -   imshow(Pic2_);
20 -   title('灰度图像转化为二值化图像');
21 -   B=Pic2;
22 -   imshow(B);
23 -   [x,y]=size(B);
24 -   u=1;
25 -   V=nonzeros(B);
26 -   Area=sum(V)/(x*y);
27 -   for side_length=2:120
28 -      Hang=mod(x,side_length);
29 -      Lie=mod(y,side_length);
30 -      C=B(1:x-Hang,1:y-Lie);
31 -      [m,n]=size(C);
32 -      X=reshape(C,side_length,numel(C)/side_length);
33 -      interim1=sum(X);
34 -      Y=reshape(interim1,side_length,numel(interim1)/side_length);
35 -      interim2=sum(Y);
36 -      Number=numel(nonzeros(interim2));
37 -      interim=sum(interim2');
38 -      W(u,1)=Number;
39 -      u=u+1;
40 -   end
41 -   y=log(W);
42 -   x=log(2:120);
43 -   p=plot(x,y,'o');
44 -   title('图像分形');
45 -   R=corrcoef(x,y);
46 -   Dbox=polyfit(x',y,1);
47 -   V=nonzeros(B);
```

**图 4-33　Matlab 二值化处理代码界面**

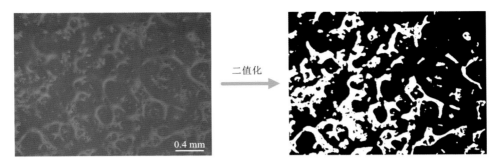

**图 4-34　图像二值化示意图**

（2）吸附水含量对膏体细观结构的影响分析

为探究吸附水含量的改变对膏体细观结构的影响机制，将未添加减水剂与添加 0.15% 减水剂的膏体料浆细观结构进行比较分析，如图 4-35、图 4-36 所示。

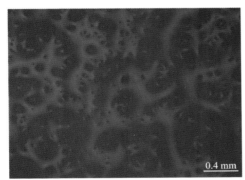

（a）RGB图像转化为灰度图像　　　　　　　（b）RGB图像转化为二值化图像

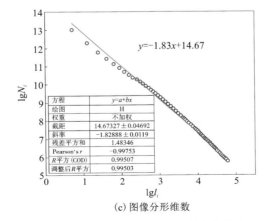

（c）图像分形维数

**图 4-35　吸附水含量为 99.01% 的膏体料浆**

通过计算可得，吸附水含量为 99.01% 的膏体料浆细观结构分形维数为 1.83，吸附水含量为 99.471% 的膏体料浆细观结构分形维数为 1.87。膏体料浆中吸附水含量的增加，使膏体细观结构的分形维数 $D$ 值变大。分形维数 $D$ 值越大，表明水体结构的连续贯通程度越好，膏体料浆的流动性好，对应的屈服应力就变小。因此，膏体料浆中的吸附水含量增大，有效改善了水体结构的连续贯通情况，使大型絮团解体分散，不仅释放了部分包裹水，同时也促进了小絮团和颗粒的流动能力的提高，最终使得膏体料浆的流动性也得到了提高。

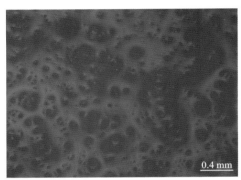

(a) RGB图像转化为灰度图像

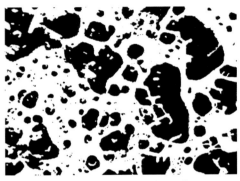

(b) RGB图像转化为二值化图像

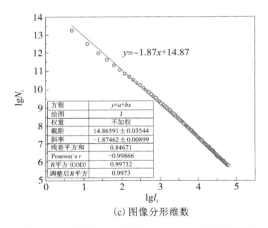

(c) 图像分形维数

**图 4-36　吸附水含量为 99.471% 的膏体料浆**

### 4.3.4　膏体双骨架结构及其演化特征

通过细观实验对膏体料浆结构进行观察与分析，认为膏体的细观结构是由液网和絮网两种结构构成的，并提出了"双骨架结构"的概念。双骨架结构即膏体料浆中的液网结构和絮网结构，是影响料浆稳定性、流动性及流变性能的关键。

（1）液网结构演化分析

膏体宏观流变行为受到微细观结构的影响，膏体流变特性的变化与双骨架结构的改变具有相关性。为进一步分析料浆双骨架结构与流变参数及流变行为间的关系，对图 4-35、图 4-36 膏体细观图像中的信息进行了量化分析，分别对吸附水含量为 99.01%、99.471% 的液网与絮团接触边缘线和絮团面积进行了提取统计，如图 4-37 所示。

通过 MATLAB 对图 4-35、图 4-36 中的液网结构占比进行计算后得到，当吸附水含量为 99.01% 时，膏体料浆细观图像中的液网结构占比为 36.912%，絮网结构占比为 63.088%；当吸附水含量提高到 99.471% 时，膏体料浆细观图像中的液网结构占比增加到 53.181%，絮网结构占比为 46.819%。同流变实验结果和 LF-NMR 实验结果结合分析后可知，随着吸附水含量的增加，屈服应力由 207.0511 Pa 降低到 159.8944 Pa，细观图像中的液网结构占比增加了 41.37%，而屈服应力降低了 22.78%，膏体料浆中的微孔隙增加，大孔隙减少，包裹水被释放成为吸附水，丰富了液网结构。

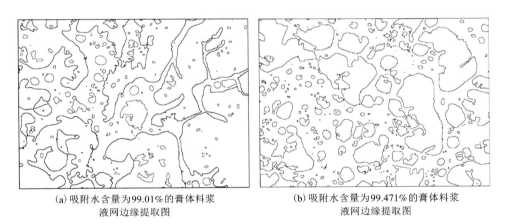

(a) 吸附水含量为99.01%的膏体料浆　　　　(b) 吸附水含量为99.471%的膏体料浆
液网边缘提取图　　　　　　　　　　　　　液网边缘提取图

**图 4-37　液网与絮团接触边缘曲线提取图**

液网结构的发达程度可以用液网与絮网接触边缘线长度来进行量化评价，利用软件对图 4-35(b)、图 4-36(b) 的二值化图像进行液网结构边缘线提取后发现，吸附水含量为 99.01% 的膏体料浆液网与絮团接触边缘线长度为 14.866 mm，吸附水含量为 99.471% 的膏体料浆液网与絮团接触边缘线长度为 20.166 mm，后者比前者长度增加了 5.3 mm，长度提高幅度约为 35.65%。随着吸附水含量的增加，絮团与膏体料浆中主体水的接触更加充分，液网结构更加发达，对絮团及颗粒的润滑和推动效果变好，从而降低了料浆的屈服应力，提高了流动性。

（2）絮网结构演化分析

利用 Image J 软件对细观图像中的絮团面积进行测定，得到絮团分布数据后绘制了絮团面积统计图，如图 4-38 所示。经统计分析，吸附水含量为 99.01% 的膏体料浆絮团共计 199 个，絮团面积总和为 $6.69 \times 10^{-1}$ mm$^2$；吸附水含量为 99.471% 的膏体料浆絮团共计 258 个，絮团面积总和为 $6.38 \times 10^{-1}$ mm$^2$。可以看出，当吸附水含量增加时，膏体料浆中的絮团面积有所降低，但絮团个数却有所增加，且从图 4-38(b) 中可以看出，絮团面积大小基本都集中在图中的下半部分，说明絮团平均直径减小，絮团被打散破碎的结论得到验证。

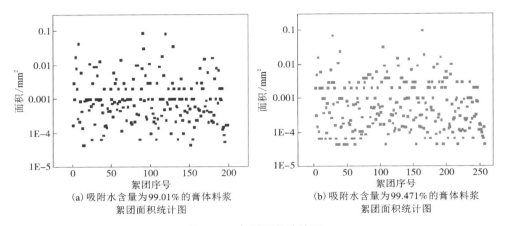

(a) 吸附水含量为99.01%的膏体料浆
絮团面积统计图

(b) 吸附水含量为99.471%的膏体料浆
絮团面积统计图

图 4-38　絮团面积统计图

前文中通过分析计算得到前者絮团分形维数为 1.8，后者为 1.9，根据分形理论可知，絮团的分形维数增加，表明膏体料浆细观层面的自相似程度更高，絮网结构更加破碎分散，絮团分布更为均匀，这些变化表明膏体料浆中液网的发育程度得到了提高，料浆的流动性和流变性能也得到了提升。

图中对应液网和絮网占比可用体积浓度来表示，料浆的体积浓度理论计算为 56.79%，液体体积达到了 43.21%，但由于膏体料浆内部分水被束缚在絮团结构内，料浆的实际浓度效果往往会高于理想浓度效果。当吸附水含量未被改变时，对图中信息进行量化后可知，料浆固体体积浓度达到了 63.088%，而液体体积浓度只有 36.912%，经过计算可知，此时对应的料浆实际质量浓度为 84%，此时絮网结构起主导作用，料浆中水分流通性差，膏体料浆屈服应力较大，流动性较差。而当吸附水含量提高到 99.471% 时，从图 4-37、图 4-38 量化得到的结果可知，膏体料浆固体体积浓度降低为 46.819%，液体体积上升至 53.181%，经过计算可知，此时对应的质量浓度约为 73%，说明吸附水含量的增加相当于降低了膏体料浆的质量浓度，在相同物料质量的情况下，吸附水含量越高，膏体料浆的流动性能越好。

## 参考文献

［1］瞿金东，彭家惠，陈明凤，等. 减水剂在水泥颗粒表面的吸附特性研究进展［J］. 建筑材料学报，2005(4)：410-416.

［2］赵婷婷，王玲，窦琳，等. 聚羧酸盐减水剂与水泥的吸附性能研究［J］. 新型建筑材料，2011，38(1)：57-59.

［3］NAKAJIMA Y，YAMADA K. The effect of the kind of calcium sulfate in cements on the dispersing ability of polyβ-naphthalene sulfonate condensate superplasticizer［J］. Cement & Concrete Research，2004，34(5)：839-844.

［4］宋波，魏金尤. 萘系高效减水剂及其应用［J］. 上海化工，2002，27(11)：21-23.

［5］蔡路，陈太林，陈磊，等. 高效减水剂作用机理研究综述［J］. 上海建材，2005(6)：21-22.

［6］孙红岩，韩洪燕，王晓平，等. 改性木质素高效减水剂作用机理的研究［J］. 应用化工，2013，42(8)：1370-1373.

［7］吴再海，李成江，齐兆军，等. 减水剂在膏体充填管道输送的研究分析［J］. 矿业研究与开发，2020，40(3)：145-149.

［8］乔梁，涂光忠. NMR 核磁共振［M］. 北京：化学工业出版社，2009.

［9］俎栋林. 核磁共振成像学［M］. 北京：高等教育出版社，2004.

［10］何坤娜，刘玉颖，周梅，等. 拉莫尔进动解释抗磁性和磁致旋光效应［J］. 物理与工程，2016，26(4)：86-88.

［11］KENYON W E. Nuclear magnetic resonance as a petrophysical measurement［J］. International Journal of Radiation Applications & Instrumentation. part E. nuclear Geophysics，1992，6(2)：153-171.

［12］BROWNSTEIN K R，TARR C E. Importance of classical diffusion in NMR studies of water in biological cells［J］. Physical Review A，1979，19(6).

［13］西南石油学院测井教研室. 球管模型弛豫机制研究及在评价岩石孔隙结构中的应用［D］. 西安石油学院，2005.

［14］PRAMMER M G，DRACK E D，BOUTON J C，et al. Measurements of clay-bound water and total porosity by magnetic resonance logging［J］. Log Analyst，1996，37(6).

［13］BROWNSTEIN K R，TARR C E. Importance of classical diffusion in NMR studies of water in biological cells［J］. Physical Review A，1979，19(6)：2446.

［14］HALPERIN W P，JEHNG J Y，SONG Y Q. Application of spin-spin relaxation to measurement of surface area and pore size distributions in a hydrating cement paste［J］. Magnetic Resonance Imaging，1994，12(2)：169.

［15］SHE A M，WU Y，YUAN W C. Evolution of distribution and content of water in cement paste by low field nuclear magnetic resonance[J]. 中南大学学报(英文版), 2013, 20(4): 6.

[16] BERTRAM H C, ANDERSEN H J, Karlsson A－H. Comparative study of low－field NMR relaxation measurements and two traditional methods in the determination of water holding capacity of pork[J]. Meat Science, 2001, 57(2): 125-132.

[17] 林彬. 多元线性回归分析及其应用[J]. 中国科技信息, 2010(9): 60-61.

[18] 冯俊环. 偏光显微镜在岩矿鉴定工作中的使用技巧和方法[J]. 甘肃科技, 2019, 35(5): 22-24.

[19] 夏志远, 程海勇, 吴顺川, 等. 脉冲泵压环境膏体水分迁移转化与流变行为数值推演[J]. 工程科学学报, 2024, 46(1): 11-22.

# 第 5 章 /

# 膏体料浆的时-温效应

对于不同矿山，不仅物料特性存在巨大差异，输送条件和外部环境也存在巨大差异。膏体在不同输送温度条件下的触变行为会直接影响其流变特性和管阻特征。开展时-温效应下膏体流变特性方面的研究，将有助于全面了解膏体物化性质与流变特性的内在联系，为膏体管道输送的工程设计及系统维护提供基础理论依据，促进膏体充填技术的发展。

## 5.1 参考时-温点的流变参数影响因素及计算模型

膏体在管道中以结构流的形态存在，颗粒及絮团结构仅存在"微沉降"或"不沉降"，在管道中主体结构以整体推移的形式向前运动。传统两相流经典阻力计算模型多基于扩散理论、重力理论或能量理论建立[1]，很难精确获得颗粒沉降阻力系数，对膏体沿程阻力也很难实现精确计算。基于流变学理论建立的阻力计算模型，理论上能够实现对结构流管道输送阻力的有效计算，但以往研究对多种流变模型的适用性和使用条件未能形成统一体系。不同地区甚至同一地区的不同物料都存在巨大差异性[2]，流变参数的计算、分析大都因物料的差异性而不具备对比参考功能。

优质的膏体料浆在管输特性上应同时具备流动性、可塑性和稳定性三大条件[3]。流动性是膏体能够在管道中正常输送的前提，可塑性和稳定性是保证膏体质量的必要条件，同时也关系到料浆流变学特征的稳定性和计算的可靠性。流变参数是膏体料浆在管道输送性能评价中的重要指标，是膏体物料物理特征、级配特征和料浆浓度特征、化学特征的力学表现[4]。以往研究多根据某矿山特定材料在特定环境下开展，在参数的获取方式上也存在巨大差异[5~8]。理论研究的局限性使料浆流变参数的影响因素分析不全面，预测模型可靠度低。

在进行时-温效应研究时，需要对膏体复杂的材料特性进行分析，首先需在参考时间和参考温度下对膏体料浆流变学特征的稳定性进行分析，参考时间为触变初始时间点，参考温度为30 ℃。其次要以膏体材料特性为研究基础，通过多因素交叉分析，结合膏体料浆宏观、细观和微观三种尺度的特性，建立基于材料特性的流变参数预测基础模型。

### 5.1.1　实验材料及流变学特征

（1）实验材料基本参数

惰性材料主要采用了金川全尾砂、肃北七角井铁矿全尾砂。水泥为 P. O 42.5 普通硅酸盐水泥。

实验所用的全尾砂在矿山选厂进行取样，通过室外晾晒烘干后采用比重瓶法对其密度进行测定，同时利用容重筒测定全尾砂密实容重，实验过程如图 5-1 所示，实验测定结果如表 5-1 所示。实验测定，金川全尾砂平均密度为 2.852 t/m³，密实容重为 1.545 t/m³，堆积密实度为 0.5417；肃北全尾砂平均密度为 2.966 t/m³，密实容重为 1.617 t/m³，堆积密实度为 0.5452；P. O 42.5 水泥平均密度为 3.03 t/m³，密实容重为 1.424 t/m³，堆积密实度为 0.4699。

(a) 比重测定　　　　　　　　　　　　(b) 容重测定

**图 5-1　全尾砂比重、容重测定**

**表 5-1　充填材料基本物理性质测定结果**

| 物料 | 平均密度/(t·m⁻³) | 密实容重/(t·m⁻³) | 堆积密实度 |
|---|---|---|---|
| 金川全尾砂 | 2.852 | 1.545 | 0.5417 |
| 肃北全尾砂 | 2.966 | 1.617 | 0.5452 |
| P. O 42.5 水泥 | 3.03 | 1.424 | 0.4699 |

全尾砂和水泥的粒级组成如图 5-2 所示。从图中可以看出，金川全尾砂中，
-200 目颗粒含量为 60.12%，-20 μm 颗粒含量为 21.67%；肃北全尾砂中，
-200 目颗粒含量为 91.53%，-20 μm 颗粒含量为 57.91%，超细颗粒含量较高；
水泥中，-200 目颗粒含量为 99.9%，-20 μm 颗粒含量为 70.13%。

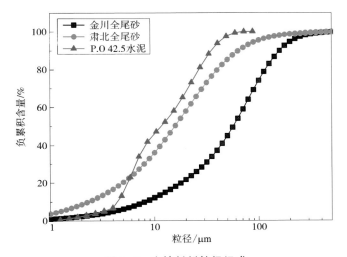

图 5-2　充填材料粒级组成

采用 X 射线衍射和化学元素标定法对全尾砂和水泥的化学成分进行了分析，
结果如表 5-2 所示。从化学成分的测定结果可以计算出，金川全尾砂的碱性系数
为 0.699，属于弱碱性物质；金川全尾砂的活性系数为 0.213，具有一定的胶结活
性，但仍属于惰性材料。肃北全尾砂的碱性系数为 0.277，活性系数为 0.054，属
于惰性材料。全尾砂在膏体制备中作为惰性材料，能满足充填材料的选择条件。

表 5-2　充填材料化学组成(质量分数)

| 化学成分 | $SiO_2$ | $Al_2O_3$ | $Fe_2O_3$ | CaO | MgO | S | Ni | Cu | 其他 |
|---|---|---|---|---|---|---|---|---|---|
| 金川全尾/% | 36.41 | 7.77 | 9.9 | 3.09 | 27.79 | 1.63 | 0.28 | 0.2 | 12.93 |
| 肃北全尾/% | 50.63 | 2.72 | 25.54 | 9.39 | 5.39 | 1.92 | — | — | 4.40 |
| 水泥/% | 21.5 | 4.5 | 2.0 | 63.5 | 4.0 | 2.5 | | | 2.00 |

(2)流变特征曲线与应力过冲

屈服应力和塑性黏度参数的获取需要知道对应膏体材料的流变特征曲线符合
哪种流变模型，进而根据流变模型回归出其对应的流变参数。在对多种材料进行

分析的基础上，发现不同级配特征的材料表现出较大的差异性。

1）单一材料流变特征曲线

在全尾砂膏体中，全尾砂含量一般占到固体物料总重量的 75% 以上，对体系的流变特征有重大影响。实验分析了三种不同类型的尾砂，分别为肃北七角井铁矿全尾砂、谦比希铜矿全尾砂和金川镍矿全尾砂，得出了不同浓度下的流变特征曲线，如图 5-3 所示。肃北全尾砂和谦比希全尾砂流变特征曲线的变化规律相似，随着剪切速率的增加，在 0~30 $s^{-1}$ 范围内首先表现出剪切稀化的特征，随着剪切速率的继续增加，线性增长趋势明显。当剪切速率继续增加至 130~150 $s^{-1}$ 时，肃北全尾砂则表现出典型的剪切稠化现象。金川全尾砂随着剪切速率的增加，表现出应力过冲现象，使剪切应力值迅速升高至一极端水平，随后逐渐降低至某一水平，然后随着剪切速率的增加逐渐线性增长。对比不同浓度下的曲线可发现，浓度越高，应力过冲现象表现越明显。水泥在低浓度时表现出剪切稀化的特征，随着浓度的增高，逐渐出现应力过冲现象。可见，在低剪切速率增长阶段的应力过冲现象不仅与物料类别有关，同时与物料的浓度也存在一定联系。

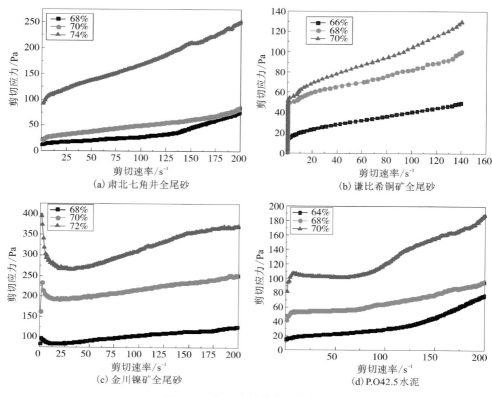

图 5-3　单一物料流变特性曲线

2）全尾膏体流变特征曲线

选取两种典型的全尾砂，分别为肃北全尾砂和金川全尾砂，和水泥按 1∶6 的灰砂比配制成不同浓度的膏体，测定其流变特征曲线，如图 5-4、图 5-5 所示。肃北全尾膏体在低剪切速率下不同的浓度配比均符合屈服假塑性体模型。剪切速率从 30～50 s⁻¹ 增长到 130～150 s⁻¹ 的过程中，剪切应力基本呈线性增长，符合 Bingham 模型。当剪切速率增长至 130～150 s⁻¹ 以上的高剪切速率范围时，剪切应力迅速增长，流变曲线逐渐表现出屈服胀塑性体的特征。金川全尾膏体在低剪切速率区间，首先表现出应力过冲现象，剪切应力瞬间达到一极限峰值，称之为"极限屈服应力"。随着剪切速率的继续增加，剪切应力减小，逐渐回归到"正常"轨道，按照线性 Bingham 模型增长。当剪切速率增至 150～160 s⁻¹ 以上时，流变特征曲线逐渐显现出剪切稠化的特征。

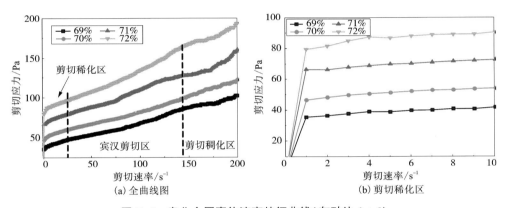

图 5-4　肃北全尾膏体流变特征曲线（灰砂比 1∶6）

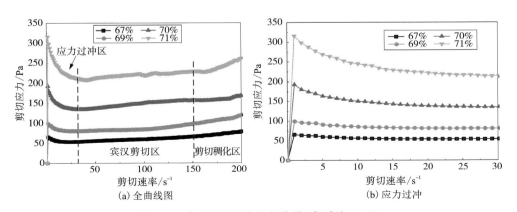

图 5-5　金川膏体流变特征曲线（灰砂比 1∶6）

3）应力过冲

通过前期大量实验发现，应力过冲现象与物料级配结构存在较明显的关系。实验通过控制研磨时间，将同一种全尾砂磨制成了不同粒级组成的全尾砂 a、b、c、d。全尾砂 a、b、c、d 的特征参数如表 5-3 所示。

表 5-3 尾砂粒级特征参数

| 尾砂类别 | $-20\ \mu m/\%$ | $d_{50}/\mu m$ | $d_{90}/\mu m$ | $\overline{d}/\mu m$ |
|---|---|---|---|---|
| a | 21.67 | 57.290 | 158.533 | 74.476 |
| b | 34.35 | 39.138 | 141.706 | 60.899 |
| c | 50.73 | 19.324 | 100.318 | 37.758 |
| d | 56.22 | 14.903 | 87.267 | 31.719 |

将四种全尾砂配制成质量浓度 79%、灰砂比 1∶12 的膏体料浆，然后进行流变特征曲线测试，测试结果如图 5-6 所示。实验发现，膏体料浆的应力过冲与材料级配结构有关。当全尾砂较粗时，在低剪切速率区的应力过冲现象较明显，随着全尾砂粒径的减小，应力过冲现象逐渐降低，Bingham 流变模型的特征逐渐明显。同时，应力过冲现象受材料密度、颗粒形状、制浆浓度等众多因素的影响。应力过冲现象对停泵重启时的阻力分析具有重大意义。

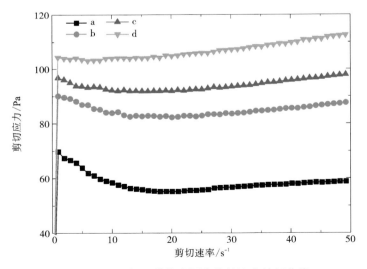

图 5-6 不同级配结构全尾膏体的流变特征曲线

4）流变特征曲线阶段划分

通过上述分析发现，流变特征曲线可划分为三个阶段，分别为低剪切速率阶段Ⅰ、中剪切速率阶段Ⅱ和高剪切速率阶段Ⅲ，如图 5-7 所示。膏体料浆不同物料在阶段Ⅰ的差别较大。膏体料浆由类固态向类液态转变的过程中，需要克服静态极限屈服应力，即蕴藏在膏体料浆内部的弹性性能。当膏体料浆中的颗粒较细时，颗粒间存在大量的公共吸附水膜将颗粒彼此连接，形成包含大量水分子的"卡-房"式网络结构，在外力作用下发生固液相态转变时，网络结构受扰动作用逐渐破坏，形成图 5-7 中 a、b 类型的剪切过程。同时料浆浓度越大，吸附水膜厚度和颗粒间距越小，静电吸附作用越强烈，表现出 a→b→c 的变化过程。

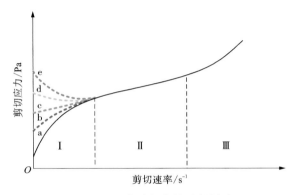

图 5-7　流变特征曲线阶段划分

当体系中细颗粒减少，粗颗粒增多时，颗粒间的堆积、镶嵌作用逐渐明显。在外力作用下发生固液相态转变时，首先需要克服静摩擦作用，破坏颗粒之间的镶嵌结构。但由于颗粒镶嵌结构较为稳固，弹性能较大，需要较大的剪切力才能破坏，这就形成了"应力过冲"现象。应力过冲现象也会随着膏体浓度的增加逐渐明显，形成 c→d→e 的变化过程。

当剪切应力克服掉体系弹性能后，以颗粒镶嵌为主的结构形态就会转变为以颗粒镶嵌与吸附水膜共同作用的结构形态。之后应力过冲现象逐渐减弱，最终进入Ⅱ阶段，即 Bingham 剪切阶段。

在Ⅱ阶段，料浆中的颗粒和絮团逐渐由无序状态趋向于有序状态，结构的破坏和恢复过程呈动态平衡，此时黏度呈稳定状态。剪切应力随剪切速率的增长呈 Bingham 线性增长。随着剪切速率进一步增加，流变特征曲线进入Ⅲ阶段。

在Ⅲ阶段，在高强的剪切作用下，流体曳力影响了系统力学响应。颗粒以"粒子簇"的形式作用于流体，并且剪切作用越剧烈，"粒子簇"影响越明显。对应的流体黏度增强越显著，流体阻力也越大。流变特征曲线表现出剪切稠化特征。

Bingham 切变率方程，如式(5-1)所示。

$$-\left(\frac{\mathrm{d}u}{\mathrm{d}r}\right)_{\mathrm{w}} = \frac{8U}{D} + \frac{1}{3}\frac{\tau_{\mathrm{B}}}{\eta}\left[1 - \left(\frac{\tau_{\mathrm{B}}}{\tau_{\mathrm{W}}}\right)^3\right] \qquad (5-1)$$

式中：$u$ 为剪切应变，m；$r$ 为剪切半径，m；$U$ 为流速，m/s；$D$ 为管道直径，m；$\tau_{\mathrm{B}}$ 为剪切应力，Pa；$\tau_{\mathrm{W}}$ 为壁面切应力，Pa；$\eta$ 为黏度，Pa·s。

在高切应力区，切变率极限值接近 $\frac{8U}{D} + \frac{1}{3}\frac{\tau_{\mathrm{B}}}{\eta}$；在低切变应力区，切变率接近 $\frac{8U}{D}$。膏体料浆在输送过程中，流速一般为 1~2 m/s，管道直径多在 100~250 mm，据此估算，膏体管道输送剪切速率一般大于 32 $\mathrm{s}^{-1}$，一般不会超过 160 $\mathrm{s}^{-1}$。通过阶段 Ⅱ 的数据回归，能够得到在正常输送状态下膏体料浆对应的屈服应力和塑性黏度。此时的流变参数能够反映正常输送时的沿程阻力特征。流变参数的获取均采用此阶段的流变实验数据。

由于应力过冲现象的存在，对部分膏体不适合用"控制剪切应力法"（CSS）进行流变测试。在低剪切应力时，由于设备提供的剪切力未克服料浆屈服应力而未产生剪切速率。随着剪切应力的不断增加，即使已经达到理论屈服应力，但由于应力过冲现象的存在仍然不能产生流动。只有剪切应力继续增加至足以克服过冲应力时才会产生流动。当实际流动时的剪切应力远小于设备输出应力时，剪切速率在很短的时间内便会上升较大幅度，以匹配设备当前输出应力。若剪切速率超出荷载，便会造成设备停机。应力过冲形成的瞬间过载流变曲线如图 5-8 所示。

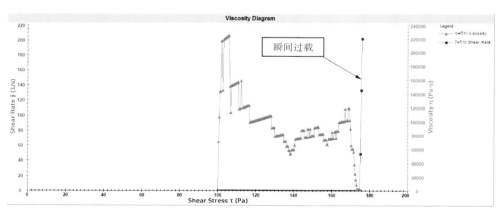

图 5-8 "CSS 法"瞬间过载现象

## 5.1.2　流变参数影响因素实验设计

为考察物料特性、料浆特性对流变参数的影响程度，设计了四个实验，分别为单一材料不同浓度下的流变特性实验、相同密度不同级配的流变特性实验、相似级配不同密度尾砂的流变特性实验、多种浓度和灰砂比的流变特性实验。为独立考察材料因素的影响，避免温度效应的干扰，实验过程中将料浆温度设定为 30 ℃。

（1）单一材料不同浓度下的流变特性实验

1）实验目的

在不同浓度下对不同材料进行流变特性测试，了解膏体材料的流变性能和变化规律。

2）实验材料及方案

实验材料有金川镍矿全尾砂、肃北铁矿全尾砂、P.O 42.5 水泥和实验室用自来水。实验方案见表 5-4。

表 5-4　单因素流变实验方案

| 实验水平 | 质量浓度/% | | |
| --- | --- | --- | --- |
| | 金川全尾 | 肃北全尾 | PO42.5 水泥 |
| 1 | 50 | 50 | 50 |
| 2 | 60 | 60 | 60 |
| 3 | 65 | 65 | 64 |
| 4 | 68 | 68 | 68 |
| 5 | 70 | 70 | 70 |
| 6 | 72 | 74 | 72 |
| 7 | 75 | — | 74 |

3）实验过程

将三种材料在烘箱内烘干 24 小时后分别密封包装备用。实验所用的流变仪为 BROOKFIELD R/S plus 型流变仪，如图 5-9（a）所示。实验温度为 30 ℃。实验时，配制 480 mL 不同浓度的浆体进行测试。当浓度较低时出现了不同程度的沉降现象，虽然不能精准计算低浓度时料浆的真实流变数据，但是通过严格控制测试时间等手段，在尽量保证测试过程中料浆的均质性的基础上，仍能反映在此浓度时的流变特征。实验程序采用控制剪切速率法进行测试，测试时间为 120 s，剪切速率由 0 线性上行增至 120 s$^{-1}$，如图 5-9（b）所示。

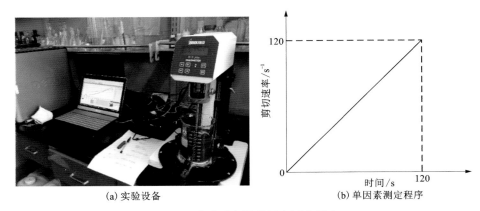

(a)实验设备　　　　　　　(b)单因素测定程序

**图 5-9　实验设备及单因素测定程序**

4)实验结果

根据图 5-7 流变特征曲线阶段的划分,对流变曲线中Ⅱ区数据采用 Bingham 模型回归分析,得到了不同浓度下的屈服应力和黏度参数。实验结果见表 5-5。

**表 5-5　单因素流变实验结果**

| 类别 | 水平 | 质量浓度 /% | 体积浓度 /% | 屈服应力 /Pa | 塑性黏度 /(Pa·s) |
|---|---|---|---|---|---|
| 金川 全尾砂 | 1 | 50 | 25.96 | 1.99 | 0.034 |
| | 2 | 60 | 34.47 | 11.41 | 0.165 |
| | 3 | 65 | 39.44 | 28.09 | 0.166 |
| | 4 | 68 | 42.70 | 77.90 | 0.269 |
| | 5 | 70 | 45.00 | 183.37 | 0.327 |
| | 6 | 72 | 47.41 | 239.67 | 0.699 |
| 肃北 全尾砂 | 7 | 50 | 25.21 | 0.85 | 0.070 |
| | 8 | 60 | 33.59 | 2.00 | 0.058 |
| | 9 | 65 | 38.50 | 4.80 | 0.069 |
| | 10 | 68 | 41.74 | 14.03 | 0.132 |
| | 11 | 70 | 44.03 | 25.85 | 0.237 |
| | 12 | 74 | 48.97 | 105.19 | 0.624 |

续表5-5

| 类别 | 水平 | 质量浓度/% | 体积浓度/% | 屈服应力/Pa | 塑性黏度/(Pa·s) |
|---|---|---|---|---|---|
| P.O 42.5水泥 | 13 | 50 | 24.81 | 1.54 | 0.000 |
| | 14 | 60 | 33.11 | 6.43 | 0.070 |
| | 15 | 64 | 36.98 | 16.05 | 0.131 |
| | 16 | 68 | 41.22 | 52.87 | 0.051 |
| | 17 | 70 | 43.51 | 90.04 | 0.023 |
| | 18 | 72 | 45.91 | 119.32 | 0.568 |

（2）相同密度不同级配材料的流变特性实验

1）实验目的

排除不同物料差别对流变特性的影响，研究同一种材料在不同级配条件下对流变参数的影响作用。

2）实验材料及方案

实验材料采用粒度较粗的金川全尾砂。将全尾砂通过制样机分别研磨 0 s、2 s、5 s、20 s、40 s，制备出不同粒级的尾砂试样。通过前期探索实验，确定本项实验的理想膏体质量浓度为 69%，灰砂比按 1∶12 进行配制。

3）实验过程

实验前将烘干待用的全尾砂通过密封式化验制样机研磨至设定时间，制备出不同粒级组成的试样。制备出的尾砂分别命名为 jctailings-1、jctailings-2、jctailings-3、jctailings-4 和 jctailings-5。将全尾砂和水泥按照 1∶12 的比例混合配制出质量浓度为 69% 的膏体 480 mL，使用 R/S plus 型流变仪进行测试。测试温度设定为 30 ℃。流变仪设定为采用控制剪切速率法进行测试。采用 15 s$^{-1}$ 的恒定剪切速率预剪切 20 s 后静置 10 s。剪切速率由 0 上行增至 180 s$^{-1}$，如图 5-10 所示。

4）实验结果

通过制样机制备出的全尾砂粒级组成如图 5-11 所示。传统意义上能表征级配结构的-20 μm 颗粒含量、中值粒径 $d_{50}$、筛下通过率 90% 时对应的特征粒径 $d_{90}$、平均粒径和通过 Bingham 方程回归得到的不同尾砂膏体的屈服应力和塑性黏度参数如表 5-6 所示。

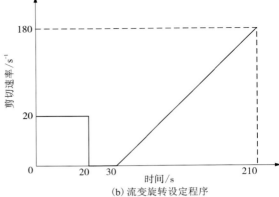

(a) 尾砂制样机　　　　　　　　(b) 流变旋转设定程序

图 5-10　尾砂制样及旋转程序设定

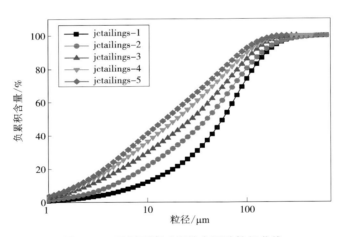

图 5-11　不同研磨时间的全尾砂粒级曲线

表 5-6　不同尾砂级配特征参数及流变参数实验结果

| 尾砂型号 | $-20~\mu m$ /% | $d_{50}$ /$\mu m$ | $d_{90}$ /$\mu m$ | $\bar{d}$ /$\mu m$ | 屈服应力 /Pa | 塑性黏度 /(Pa·s) |
|---|---|---|---|---|---|---|
| jctailings-1 | 21.67 | 57.29 | 158.53 | 74.48 | 89.39 | 0.196 |
| jctailings-2 | 34.35 | 39.14 | 141.71 | 60.90 | 92.67 | 0.209 |
| jctailings-3 | 43.15 | 27.55 | 116.41 | 45.70 | 96.64 | 0.222 |
| jctailings-4 | 50.73 | 19.32 | 100.32 | 37.76 | 107.54 | 0.256 |
| jctailings-5 | 56.22 | 14.90 | 87.27 | 31.72 | 120.43 | 0.322 |

（3）相似级配不同密度尾砂的流变特性实验

1）实验目的

研究在相似粒级组成的情况下尾砂密度对流变特征的影响。

2）实验材料及方案

实验选取了三种全尾砂，分别为金川镍矿全尾砂（tailings−1）、张庄铁矿全尾砂（tailings−2）、西藏甲玛铜多金属矿全尾砂（tailings−3）。为保证粒级组成的相似性，对三种尾砂进行了研磨处理，处理后的尾砂粒级组成如图 5−12 所示。实验中将全尾砂和水泥按照 1∶12 的比例配制成不同浓度的膏体料浆，三种尾砂的主要参数及浓度设置方案如表 5−7 所示。

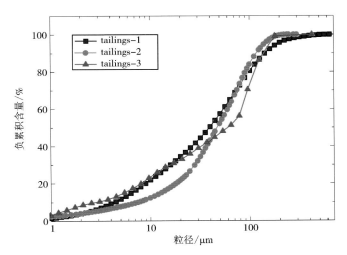

图 5−12　不同密度尾砂相似级配特征曲线

表 5−7　尾砂主要参数及浓度设置

| 特征参数 | −20 μm/% | −37 μm/% | −74 μm/% | 密度 /(t·m$^{-3}$) | 质量浓度/% |
|---|---|---|---|---|---|
| tailings−1 | 34.4 | 48.9 | 70.8 | 2.852 | 67, 68, 69, 70, 71 |
| tailings−2 | 21.7 | 40.3 | 70.3 | 2.988 | 66, 68, 70, 72, 74 |
| tailings−3 | 33.1 | 41.9 | 54.9 | 3.14 | 68, 70, 72, 74, 76 |

3）实验过程及结果

将配制好的膏体料浆采用控制剪切速率法进行流变测试，剪切速率从 0 上山式增长至 180 s$^{-1}$，测试时间为 180 s。采用 Bingham 方程对 Ⅱ 区数据进行回归分析，得到了不同浓度下的屈服应力及塑性黏度参数，如表 5−8 所示。

表 5-8    相似级配不同密度尾砂屈服应力测试结果

| 尾砂类别 | 质量浓度/% | 体积浓度/% | 屈服应力/Pa |
|---|---|---|---|
| tailings-1 | 67 | 41.47 | 29.81 |
|  | 68 | 42.59 | 62.94 |
|  | 69 | 43.72 | 92.67 |
|  | 70 | 44.89 | 116.52 |
|  | 71 | 46.08 | 180.73 |
| tailings-2 | 66 | 39.36 | 3.76 |
|  | 68 | 41.53 | 4.48 |
|  | 70 | 43.82 | 7.79 |
|  | 72 | 46.23 | 78.24 |
|  | 74 | 48.76 | 106.60 |
| tailings-3 | 68 | 40.43 | 6.49 |
|  | 70 | 42.70 | 14.27 |
|  | 72 | 45.09 | 18.70 |
|  | 74 | 47.62 | 42.37 |
|  | 76 | 50.28 | 70.56 |

（4）浓度和灰砂比双因素流变特性实验

1）实验目的

将全尾砂和水泥进行配比实验，研究不同灰砂比条件下浓度特性、级配特性对流变参数的影响。

2）实验材料及方案

实验所用的全尾砂取自金川选矿厂，水泥为 P.O 42.5 水泥，水取自实验室用自来水。根据前期探索实验，实验质量浓度设定有 66%、67%、68%、69%、70%、71% 六个水平，灰砂比设定有 1：2、1：4、1：6、1：12、1：20 五个水平，采用全面实验法进行实验，共 30 组。

3）实验过程

实验以质量浓度和灰砂比为配比条件，分别称取配制 480 mL 膏体所需的物料和水。实验温度为 30 ℃，将配制好的膏体料浆使用 R/S plus 型流变仪进行测试，测试过程及测试程序见图 5-13。采用控制剪切速率法进行测试，测试时首先进行 20 s 预剪切，剪切速率为 20 s⁻¹。静止 10 s 后，剪切速率从 0 上行增长至

180 s$^{-1}$，每 1 s 记录一个数据。最后将数据导出，利用 Bingham 模型对 II 区有效数据进行回归分析，得到屈服应力和黏度数据。

(a) 测试过程

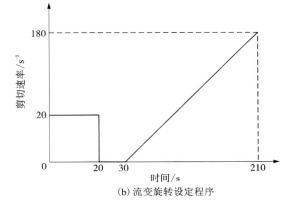

(b) 流变旋转设定程序

图 5-13  流变测试过程及测试程序

4) 实验结果

该部分共进行了 30 组配比实验，实验以质量浓度($C_w$)和灰砂比($C/S$)为基础条件进行了实验配比。在实验中考察了料浆体积浓度($C_V$)、水灰比($W/C$)、骨料堆积密实度($\varphi$)和 $C_V/\varphi$ 函数等对流变参数的影响。实验结果如表 5-9 所示。

表 5-9  全尾膏体流变测试结果

| 序号 | 质量浓度/% | 灰砂比 | 体积浓度/% | 水灰比 | 密实度 | $C_V/\varphi$ | 屈服应力/Pa | 塑性黏度/(Pa·s) |
|---|---|---|---|---|---|---|---|---|
| 1 | 66 | 1∶2 | 40.0 | 1.55 | 0.679 | 0.589 | 32.93 | 0.098 |
| 2 | 66 | 1∶4 | 40.2 | 2.58 | 0.661 | 0.608 | 35.91 | 0.111 |
| 3 | 66 | 1∶6 | 40.3 | 3.61 | 0.638 | 0.631 | 44.62 | 0.116 |
| 4 | 66 | 1∶12 | 40.4 | 6.70 | 0.601 | 0.672 | 54.34 | 0.122 |
| 5 | 66 | 1∶20 | 40.4 | 10.82 | 0.580 | 0.697 | 58.44 | 0.131 |
| 6 | 67 | 1∶2 | 41.1 | 1.48 | 0.679 | 0.605 | 39.90 | 0.107 |
| 7 | 67 | 1∶4 | 41.3 | 2.46 | 0.661 | 0.625 | 45.94 | 0.120 |
| 8 | 67 | 1∶6 | 41.4 | 3.45 | 0.638 | 0.648 | 51.89 | 0.130 |
| 9 | 67 | 1∶12 | 41.5 | 6.40 | 0.601 | 0.691 | 62.37 | 0.136 |

**续表5-9**

| 序号 | 质量浓度/% | 灰砂比 | 体积浓度/% | 水灰比 | 密实度 | $C_V/\varphi$ | 屈服应力/Pa | 塑性黏度/(Pa·s) |
|---|---|---|---|---|---|---|---|---|
| 10 | 67 | 1:20 | 41.5 | 10.34 | 0.580 | 0.716 | 65.12 | 0.139 |
| 11 | 68 | 1:2 | 42.2 | 1.41 | 0.679 | 0.621 | 56.30 | 0.122 |
| 12 | 68 | 1:4 | 42.4 | 2.35 | 0.661 | 0.641 | 61.83 | 0.134 |
| 13 | 68 | 1:6 | 42.5 | 3.29 | 0.638 | 0.665 | 68.14 | 0.141 |
| 14 | 68 | 1:12 | 42.6 | 6.12 | 0.601 | 0.709 | 73.87 | 0.147 |
| 15 | 68 | 1:20 | 42.6 | 9.88 | 0.580 | 0.735 | 76.47 | 0.166 |
| 16 | 69 | 1:2 | 43.3 | 1.35 | 0.679 | 0.638 | 69.04 | 0.148 |
| 17 | 69 | 1:4 | 43.5 | 2.25 | 0.661 | 0.659 | 72.43 | 0.158 |
| 18 | 69 | 1:6 | 43.6 | 3.14 | 0.638 | 0.683 | 79.22 | 0.163 |
| 19 | 69 | 1:12 | 43.7 | 5.84 | 0.601 | 0.728 | 89.39 | 0.173 |
| 20 | 69 | 1:20 | 43.8 | 9.43 | 0.580 | 0.755 | 104.18 | 0.208 |
| 21 | 70 | 1:2 | 44.5 | 1.29 | 0.679 | 0.655 | 96.14 | 0.192 |
| 22 | 70 | 1:4 | 44.7 | 2.14 | 0.661 | 0.676 | 112.34 | 0.209 |
| 23 | 70 | 1:6 | 44.8 | 3.00 | 0.638 | 0.701 | 125.38 | 0.216 |
| 24 | 70 | 1:12 | 44.9 | 5.57 | 0.601 | 0.747 | 151.96 | 0.233 |
| 25 | 70 | 1:20 | 44.9 | 9.00 | 0.580 | 0.775 | 180.62 | 0.255 |
| 26 | 71 | 1:2 | 45.7 | 1.23 | 0.679 | 0.673 | 138.83 | 0.247 |
| 27 | 71 | 1:4 | 45.9 | 2.04 | 0.661 | 0.694 | 180.73 | 0.253 |
| 28 | 71 | 1:6 | 46.0 | 2.86 | 0.638 | 0.720 | 200.08 | 0.265 |
| 29 | 71 | 1:12 | 46.1 | 5.31 | 0.601 | 0.767 | 220.76 | 0.275 |
| 30 | 71 | 1:20 | 46.1 | 8.58 | 0.580 | 0.795 | 225.35 | 0.293 |

## 5.1.3 膏体屈服应力影响因素及计算模型

屈服应力是膏体料浆弹性特征的表现，是颗粒与水系在静电作用下形成的絮凝结构和颗粒间的啮合结构共同作用的结果。若系统提供的动力小于料浆屈服应力，则料浆无法产生剪切流动；当剪切应力大于屈服应力时，膏体料浆才产生塑性流动。但膏体料浆在流动初始多存在应力过冲或剪切稀化等现象，而在稳定输送状态又表现为 Bingham 特征。阻力计算中用到的屈服应力也是根据 Bingham 方程回归得到的"伪屈服应力"[9]。

在实验研究的基础上拟对屈服应力的影响因素进行分析,确定因素变化对屈服应力的敏感程度,最终建立屈服应力计算模型。

(1)浓度对屈服应力的影响

1)单因素条件下浓度的影响

从图 5-14 中可以看出,金川全尾砂体积浓度超过 40% 后,屈服应力迅速呈指数型增加;肃北全尾砂体积浓度超过 42%~45% 后,屈服应力也迅速增长;当水泥体积浓度为 35%~37% 时,屈服应力也开始呈指数增加。两种全尾砂和水泥在浓度较低时屈服应力均增长缓慢,上升至一定限度后,屈服应力则迅速增长,表现出指数型增长的特点。材料这种随浓度变化的特性,使料浆在低浓度时极易分层离析,在高浓度时又容易迅速稠化,失去流动性。只有在一定较窄的浓度范围,才能制备出既具有一定流动性,同时分层离析程度较低的料浆。受各自材料特性的影响,屈服应力增长幅度、快慢有较大差异。

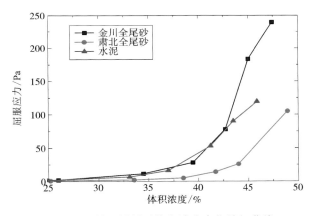

图 5-14　单一材料随体积浓度变化特征曲线

2)浓度对膏体屈服应力的影响

从图 5-15(a)中可以看出,膏体料浆的屈服应力随着浓度的增加呈指数形式增长。体积浓度越高,体系中自由水的含量越少,细颗粒与吸附水间的静电吸附作用越强,同时颗粒间的啮合作用增强,导致屈服应力迅速增长。如图 5-15(b)~(f)所示,实验在不同灰砂比下对屈服应力进行了指数拟合,拟合方程为:

$$y = a \cdot e^{bx} \tag{5-2}$$

拟合方程的相关系数 $R$ 均大于 0.96,说明了膏体料浆的屈服应力随体积浓度的增长符合指数函数变化特征。

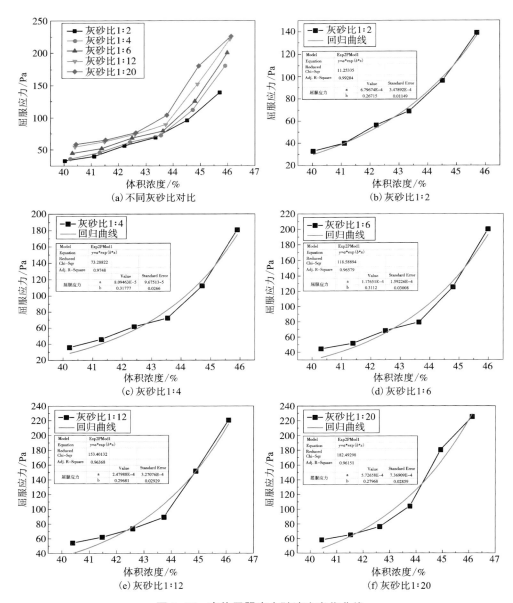

图 5-15　膏体屈服应力随浓度变化曲线

（2）级配对屈服应力的影响

1）级配的表征参数

传统意义上能够反映级配特征的参数主要有平均粒径、中值粒径、不均匀系数和曲率系数等，还可采用特征粒径进行表征[10]。但这些参数仍不能全面描述膏体材料在料浆中的级配特征。

实验发现，堆积密实度与物料级配存在一定的联系，堆积密实度不仅能反映当前骨料的密实情况、孔隙率大小，还与骨料的特征粒径和负累积含量之间存在一定关系，如图 5-16 所示。堆积密实度与特征粒径基本呈线性关系，随着堆积密实度的增加，特征粒径逐渐增大。同时，堆积密实度与负累积含量之间呈负线性增长关系，密实度越大，负累积含量越小。

利用堆积密实度整体评价骨料的级配结构存在合理性。但骨料在浆体状态时，孔隙中的空气介质变成了水介质，骨料可以悬浮在水介质当中，骨料在水介质中的密实结构一方面决定了料浆的流动性，另一方面也对料浆的流变特性产生了影响。

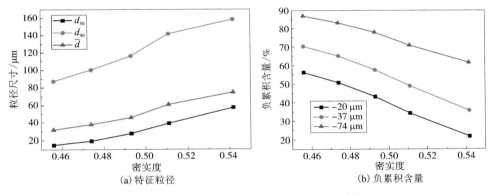

图 5-16　密实度和特征粒径与负累积含量的关系

假设在理想状态下将膏体物料压实进某一体积 $V$ 的容器内，逐渐往容器内添加水，直至水的体积等于容器内孔隙的体积。此时，骨料堆积密实度 $\varphi$ 等于料浆的体积浓度 $C_V$：

$$\varphi = \frac{m_S/V}{m_S/V_S} = \frac{V_S}{V} = C_V \qquad (5-3)$$

式中：$m_S$ 为固体质量，kg；$V_S$ 为固体体积，$m^3$；$V$ 为容器体积，$m^3$。

在固体物料不变的情况下，假设容器体积可以继续增大，水的体积逐渐增加并大于原容器内孔隙的体积，此时的体积浓度便是"松散"在水系当中的"松散密实度"。由此可以理解为体积浓度是密实度在浆体状态下的描述形式。

当 $C_V > \varphi$ 时，认为料浆部分仍处于干硬状态，不具备流动性；

当 $C_V = \varphi$ 时，料浆处于临界饱和状态；

当 $C_v < \varphi$ 时，料浆处于超饱和状态，具有流动性。

构建膏体稳定系数，其函数形式如式（5-4）所示。

$$y = \frac{C_v}{\varphi} \tag{5-4}$$

膏体稳定系数 $C_v/\varphi$ 将级配的概念扩展到了料浆状态，表示在单位料浆体积内固体颗粒的密实度占最大密实度的比例，反映了当前体积浓度达到物料级配固有属性极限状态的程度。

2）同种尾砂不同级配对屈服应力的影响

通过同一种尾砂不同级配条件下的流变实验可以看出，随着研磨时间的不断延长，骨料的密实度逐渐降低，在同一体积浓度下，膏体稳定系数 $C_v/\varphi$ 逐渐增加。实验测得，屈服应力随膏体稳定系数的变化特征如图 5-17 所示。从图中可以看出，在其他条件不变的情况下，屈服应力随膏体稳定系数的增加呈幂指数函数增长。

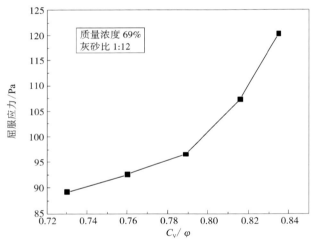

图 5-17　尾砂级配变化时屈服应力随 $C_v/\varphi$ 变化曲线

3）不同配合比条件下级配对屈服应力的影响

从图 5-18（a）中可以看出，当灰砂比一定时，屈服应力随膏体稳定系数的增加呈指数形式增长。同时，不同灰砂比所能达到的膏体稳定系数程度也不一样，当灰砂比为 1:2 时，膏体稳定系数在 0.675 左右就已经达到极限流动条件，而灰砂比为 1:20 时，膏体稳定系数在 0.8 左右才达到极限流动条件。随着灰砂比的减小，相当于将曲线整体向右移动了一定距离，这主要是由骨料间的密度差异引起的，将在下节内容进行讨论。由图 5-18（b）可以看出，当膏体浓度一定时，屈服应力与膏体稳定系数基本呈线性关系，且浓度越高，增长幅度越大。

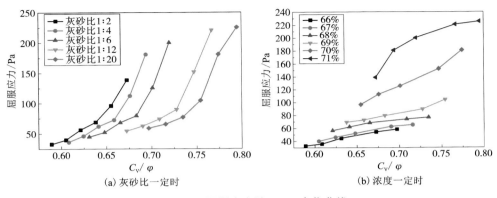

图 5-18　屈服应力随 $C_v/\varphi$ 变化曲线

将 30 组配比进行整体统计分析，发现屈服应力与膏体稳定系数的函数特征基本呈幂指数关系，见图 5-19。

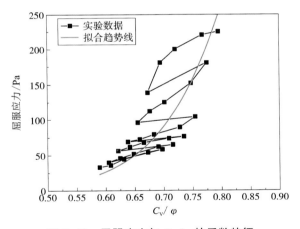

图 5-19　屈服应力与 $C_v/\varphi$ 的函数特征

（3）骨料比重对屈服应力的影响

生产实践中发现，使用不同矿山的全尾砂配制膏体时，其屈服应力的变化范围差别很大，其所达到的理想浓度差别也较大。除了上节所研究的骨料级配的影响外，尾砂颗粒比重、颗粒形状、比表面积等基于材料特性的影响因素众多，不同比重的材料对屈服应力的影响存在一定的特点。

1）相似级配不同比重全尾膏体屈服应力

相似级配不同比重的全尾砂配制成的膏体，其屈服应力随体积浓度的增加均表现出典型的指数型增长,如图5-20(a)所示。当浓度较低时,不同密度膏体的屈服应力并未表现出明显的差异性特征,均在低屈服应力范围浮动。随着体积浓度的增加,尾砂密度较小(tailings-1)的膏体,屈服应力在相对较低的浓度条件下也迅速增长,其"临界浓度"较低。随着密度的逐渐增大,其"临界浓度"逐渐向曲线右侧移动,其理想模型如图5-20(b)所示。根据前述研究可知,屈服应力随体积浓度的变化规律符合 $y=e^x$ 模型特征,考虑到密度对屈服应力的影响,理想化模型修正为 $y=e^{x-\rho}$。从图中还可以看出,当体积浓度一定时,密度越大,屈服应力越小,即当体积浓度为 $C_{V1}$ 时,有 $\tau_3<\tau_2<\tau_1$。

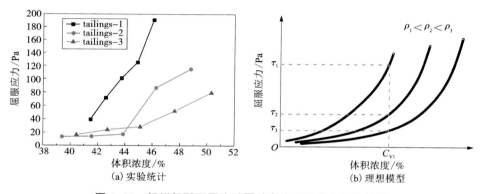

图5-20 相似级配不同比重尾砂膏体屈服应力变化特征

2)配合比条件下比重对屈服应力的影响

水泥遇水后产生水化反应,水化作用对膏体的强度特性有较大影响,在输送扰动状态下,主要表现为细颗粒特性对流变特性的影响。本节在研究比重对屈服应力的影响时,未考虑水化作用对颗粒密度的影响。综合计算全尾砂和水泥两种材料的平均比重,最终得到屈服应力随比重变化曲线,如图5-21所示。从图中可看出,在不同浓度条件下,屈服应力随骨料比重的增加逐渐减小。

(4)膏体屈服应力计算模型

1)屈服应力计算模型提出

通过对屈服应力影响因素的分析,可以确定影响屈服应力的因素主要有膏体料浆浓度、骨料级配以及骨料密度。屈服应力随膏体料浆浓度的增加基本呈指数形式增长,同时密度因素使指数曲线产生了不同程度的平移。通过架构膏体稳定系数 $C_V/\varphi$ 函数,将骨料的级配特征推广到了料浆状态,并分析出了膏体稳定系数与屈服应力之间存在幂函数关系。为表现不同因素与屈服应力的关系,同时实现对屈服应力的简明预测,提出了全尾砂膏体屈服应力预测模型,可用式(5-5)表示:

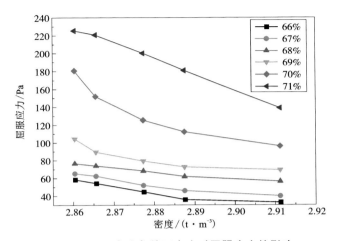

图 5-21　配合比条件下密度对屈服应力的影响

$$\tau_{00} = a \cdot \left(\frac{C_V}{\varphi}\right)^b \cdot \exp(c \cdot C_V - \rho) \qquad (5-5)$$

式中：$\tau_{00}$ 为屈服应力，Pa；$C_V$ 为体积浓度；$\varphi$ 为骨料堆积密实度；$\rho$ 为骨料密度；$a$、$b$、$c$ 为实验常数。

2）实验常数确定

在回归分析软件中，创建自定义函数，采用三因素回归分析法对实验 4 中的 30 组实验数据进行回归分析，得到的回归参数如表 5-10 所示。回归方程的复相关系数 $R^2 = 0.9707$，将参数代入式(5-5)，可得到全尾砂膏体屈服应力预测模型，如式(5-6)所示。

表 5-10　回归参数及标准差

| 回归参数 | 值 | 标准差 |
|---|---|---|
| $a$ | 0.05526 | 0.03566 |
| $b$ | 1.84608 | 0.27952 |
| $c$ | 25.22424 | 1.2807 |

$$\tau_{00} = 0.05526 \times \left(\frac{C_V}{\varphi}\right)^{1.84608} \cdot \exp(25.22424 \times C_V - \rho), \quad R^2 = 0.9707 \qquad (5-6)$$

屈服应力预测模型方差分析结果如表 5-11 所示。方差分析显示：（$F = 1301.3894$）$>[F_{0.995}(3, 27) = 5.36] > [F_{0.99}(3, 27) = 4.6]$，属高度显著。

表 5-11    全尾膏体屈服应力拟合结果方差分析

|  | df | Sum of Squares | Mean Square | F | Prob>F |
|---|---|---|---|---|---|
| Regression | 3 | 365584.0095 | 121861.34 | 1301.3894 | 0 |
| Residual | 27 | 2528.26405 | 93.63941 | — | — |
| Uncorrected Total | 30 | 368112.2736 | — | — | — |
| Corrected Total | 29 | 92689.2774 | — | — | — |

3) 模型验证

将肃北全尾砂与 P.O 42.5 水泥按照 1:4 至 1:12 的灰砂比制备成 9 组不同浓度的膏体。通过实验 4 中的实验方法和步骤进行屈服应力测试，相关配比参数及测试结果如表 5-12 所示。同时根据表中的基本参数利用式(5-6)进行屈服应力预测。数据分析发现，屈服应力预测的残值(观测值-预测值)除以观测值乘 100%，结果在 10% 范围以内，基本满足生产应用中的精度要求。

表 5-12    肃北全尾膏体屈服应力实验值及预测值

| 质量浓度 /% | 灰砂比 | 体积浓度 /% | $\varphi$ | $C_V/\varphi$ | 密度 /(t·m$^{-3}$) | 屈服应力观测值 /Pa | 屈服应力预测值 /Pa | 观测值-预测值/观测值 /% |
|---|---|---|---|---|---|---|---|---|
| 68 | 1:4 | 41.64 | 0.67 | 0.63 | 2.979 | 43.28 | 43.01 | 0.61 |
| 68 | 1:6 | 41.67 | 0.64 | 0.65 | 2.975 | 48.03 | 46.33 | 3.53 |
| 68 | 1:12 | 41.70 | 0.61 | 0.69 | 2.971 | 56.46 | 52.59 | 6.87 |
| 69 | 1:4 | 42.77 | 0.67 | 0.64 | 2.979 | 59.76 | 60.10 | -0.57 |
| 69 | 1:6 | 42.80 | 0.64 | 0.66 | 2.975 | 68.60 | 64.74 | 5.62 |
| 69 | 1:12 | 42.83 | 0.61 | 0.71 | 2.971 | 76.87 | 73.49 | 4.40 |
| 70 | 1:4 | 43.93 | 0.67 | 0.66 | 2.979 | 83.71 | 84.57 | -1.04 |
| 70 | 1:6 | 43.96 | 0.64 | 0.68 | 2.975 | 88.99 | 91.11 | -2.38 |
| 70 | 1:12 | 43.99 | 0.61 | 0.73 | 2.971 | 94.13 | 103.41 | -9.87 |

## 5.1.4    膏体塑性黏度影响因素及计算模型

(1) 浓度对塑性黏度的影响

1) 单一物料黏度随浓度变化特征

实验 1 对两种差异性明显的全尾砂和水泥进行了黏度特征分析，实验结果如

图 5-22 所示。随着质量浓度或体积浓度的增加，不同物料的黏度均表现出幂指数型增长的特征。浓度不仅能使屈服应力产生较大改变，同时对黏度的变化也起到了主导性作用。

同时，不同物料的黏度随浓度变化的敏感程度也存在较大差异。金川镍矿全尾砂随浓度的增长幅度最大，相同浓度下肃北铁矿全尾砂的塑性黏度要低于金川全尾砂。同浓度下，水泥的塑性黏度相对最低。水泥在低浓度时，塑性黏度增长不明显。当质量浓度在 70% 以下的，塑性黏度维持在较低水平，小于 0.078 Pa·s；当质量浓度大于 70% 时，塑性黏度表现出迅速增长的特征。

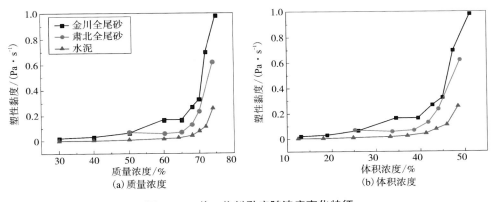

图 5-22　单一物料黏度随浓度变化特征

2）膏体料浆黏度随浓度变化特征

实验 4 分析了塑性黏度随浓度的变化规律，如图 5-23 所示，实验预设浓度接近或已达到膏体形态。从图中可以看出，灰砂比在 1∶2 至 1∶20 范围内，塑性黏度均随浓度的增加而迅速增长。从图 5-23（b）中可以看出，相同浓度下灰砂比对黏度的影响不明显，仅引起塑性黏度的小幅波动，塑性黏度对浓度因素具有更高的敏感性。

（2）颗粒级配对塑性黏度的影响

塑性黏度随浓度的变化特征已被大量实验证实，但浓度特征无法表征不同材料配制成的膏体塑性黏度之间的差异。有学者认为，黏度的变化与细颗粒之间的双电层及吸附水膜结构有关，尤其是对粒径在 0.01～0.03 mm 以下的超细颗粒，能引起颗粒的絮凝、密实作用。本节从颗粒级配特征角度对黏度影响因素进行了分析。

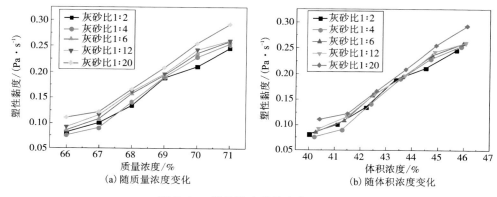

图5-23 塑性黏度随浓度变化规律

1）黏度随颗粒特征参数变化规律

实验2通过控制磨矿时间制备出了不同粒级的全尾砂。将不同粒级的全尾砂同水泥按照1∶12的灰砂比制备成了质量浓度69%的膏体料浆，进而考察了其黏度特性。主要考察了表征细颗粒含量的−20 μm累计含量、−37 μm累计含量、−74 μm累计含量以及膏体稳定系数$C_V/\varphi$对黏度的影响，分析结果如表5-13所示。

表5-13 尾砂粒级参数与对应的膏体塑性黏度

| 尾砂型号 | −20 μm/% | −37 μm/% | −74 μm/% | $C_V/\varphi$ | 塑性黏度/(Pa·s) |
|---|---|---|---|---|---|
| jcws−1 | 21.67 | 35.77 | 61.52 | 0.728 | 0.196 |
| jcws−2 | 34.35 | 48.93 | 70.89 | 0.764 | 0.209 |
| jcws−3 | 43.15 | 57.6 | 77.97 | 0.789 | 0.222 |
| jcws−4 | 50.73 | 65.22 | 83.13 | 0.815 | 0.256 |
| jcws−5 | 56.22 | 70.33 | 86.92 | 0.835 | 0.322 |

相同密度尾砂、相同浓度的情况下，塑性黏度随−20 μm累计含量、−37 μm累计含量、−74 μm累计含量以及膏体稳定系数的增长均表现出相似的变化特征，如图5-24所示。塑性黏度随着特征指标的增加表现出幂指数增长的特征。但由于同一种尾砂材料，其细颗粒含量的增加降低了密实度，膏体稳定系数随着细颗粒的增加逐渐增大。该实验无法判断黏度的增加与细颗粒的负累积含量有关还是与膏体稳定系数的增长有关。

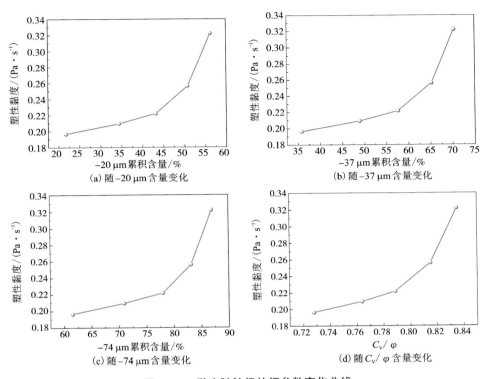

图 5-24　黏度随粒级特征参数变化曲线

2）配比条件下黏度随粒级特征参数变化规律

灰砂比与粒级特征参数见表 5-14。通过分析发现，在不同灰砂比条件下，表征细颗粒含量的特征参数的 -20 μm 细颗粒含量、-37 μm 细颗粒含量和 -74 μm 细颗粒含量与尾砂占比基本呈线性关系，如图 5-25(a)所示，其影响规律具有相似性。这里仅对 -20 μm 细颗粒含量参数进行分析。

表 5-14　灰砂比与粒级特征参数对应表

| 灰砂比 | 尾砂占比/% | -20 μm/% | -37 μm/% | -74 μm/% | $\varphi$ |
|---|---|---|---|---|---|
| 1 : 2 | 66.67 | 37.49 | 54.41 | 74.67 | 0.679 |
| 1 : 4 | 80.00 | 31.16 | 47.03 | 69.61 | 0.661 |
| 1 : 6 | 85.71 | 28.45 | 43.87 | 67.44 | 0.638 |
| 1 : 12 | 92.31 | 25.32 | 40.23 | 64.94 | 0.601 |
| 1 : 20 | 95.24 | 23.93 | 38.60 | 63.83 | 0.580 |

全尾砂与水泥按不同比例混合时的堆积密实度如图5-25(b)所示。从图中可以看出,堆积密实度随着砂灰比的增加逐渐降低。

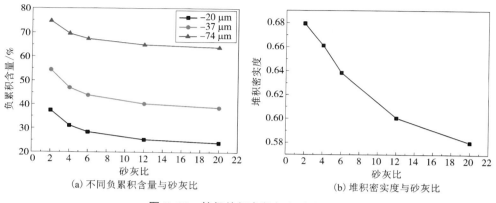

(a) 不同负累积含量与砂灰比 　　　　(b) 堆积密实度与砂灰比

**图5-25　粒级特征参数与灰砂比关系**

从图5-26可以看出,不同配合比的膏体料浆,其塑性黏度随−20 μm细颗粒含量的增加而小幅降低,不同浓度下均表现出此规律,这与图5-28(a)~(c)中所表现出的规律相矛盾。由此可以得出,膏体料浆中的细颗粒含量不能作为塑性黏度变化的评价指标。粒级的变化引起了某种参量的变化,导致塑性黏度产生变化。

图5-27展示了塑性黏度随膏体稳定系数的变化规律。从图中可以看出,随着膏体稳定系数的增加,塑性黏度均出现小幅增加。在质量浓度66%~71%范围内均表现出这种规律。这与图5-28(d)中所表现出的规律一致。

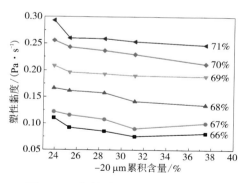

**图5-26　塑性黏度随−20 μm的变化**

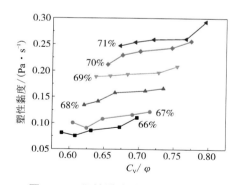

**图5-27　塑性黏度随$C_V/\varphi$的变化**

3)膏体稳定系数对塑性黏度的影响机理

如图5-28所示,在物料体积不变的情况下,若堆积密实度由$\varphi_1$降低至$\varphi_2$,则在密实体积为$V_1$的容器中将有$V_2$体积量的固体颗粒溢出。在超饱和浆体状态下，将使得体积浓度为 $C_{V_1}$ 的浆体提高至 $C_{V_1}+C_{V_2}$，$C_{V_2}$ 则由溢出的固体颗粒体积 $V_2$ 决定。这就意味着在物料体积不变的情况下，降低固体颗粒的密实度相当于提高料浆的体积浓度。体积浓度的升高促进了塑性黏度的提高。由此可见，颗粒级配通过密实度特征最终影响了有效体积浓度，进而使塑性黏度产生变化。

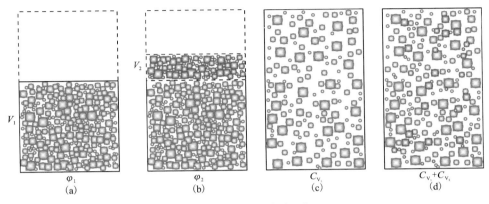

图 5-28　堆积密实度作用机理

（3）膏体塑性黏度计算模型

1）塑性黏度计算模型提出

通过对塑性黏度影响因素的分析，发现影响塑性黏度的主要因素为膏体浓度和膏体稳定系数，虽然黏度特性受级配特征的影响，但细颗粒含量参数并不能直接描述塑性黏度增长的特征。

塑性黏度随膏体料浆浓度基本呈幂函数形式增长，同时在体积浓度一定的情况下，堆积密实度的减小意味着料浆的有效浓度的提高，进一步促进了黏度的增长。为表现不同因素与塑性黏度的关系，同时实现对塑性黏度的简明预测，提出了全尾砂膏体塑性黏度预测模型，可用式（5-7）表示：

$$\eta_{00}=a \cdot C_V^b \cdot \left(\frac{C_V}{\varphi}\right)^c \tag{5-7}$$

式中：$\eta_{00}$ 为塑性黏度，Pa·s；$C_V$ 为体积浓度，%；$\varphi$ 为骨料堆积密实度；$a$、$b$、$c$ 为实验常数。

2）实验常数确定

在回归分析软件中，创建自定义函数，采用双因素回归分析法对实验 4 中的 30 组黏度数据进行回归分析，得到的回归参数如表 5-15 所示。回归方程的复相关系数 $R^2=0.95929$，将参数代入式（5-7）中，可得到全尾砂膏体塑性黏度预测模型，如式（5-8）所示。

表 5-15 回归参数及标准差

| 回归参数 | 值 | 标准差 |
|---|---|---|
| $a$ | 95.65105 | 29.32077 |
| $b$ | 7.28583 | 0.43126 |
| $c$ | 0.59746 | 0.22324 |

$$\eta_{00} = 95.65105 \cdot C_V^{7.28583} \cdot \left(\frac{C_V}{\varphi}\right)^{0.59746}, \; R^2 = 0.95929 \qquad (5-8)$$

塑性黏度预测模型方差分析结果如表 5-16 所示。方差分析显示：（$F = 1940.50699$）>$[F_{0.995}(3, 27) = 5.36]$>$[F_{0.99}(3, 27) = 4.6]$，属高度显著。由此可知，所建立的塑性黏度预测模型可靠度较高。

表 5-16 全尾膏体屈服应力拟合结果方差分析

| | df | Sum of Squares | Mean Square | $F$ | Prob>$F$ |
|---|---|---|---|---|---|
| Regression | 3 | 1.02352 | 0.34117 | 1940.50699 | 0 |
| Residual | 27 | 0.00475 | 1.75816E-4 | — | — |
| Uncorrected Total | 30 | 1.02827 | — | — | — |
| Corrected Total | 29 | 0.12523 | — | — | — |

3）模型验证

将肃北全尾砂与 P.O 42.5 水泥按照（1:4）～（1:12）的灰砂比制备成 9 组不同浓度的膏体。通过实验 4 中的实验方法和步骤进行塑性黏度测试，相关配比参数及测试结果如表 5-17 所示。同时根据表中的基本参数利用式（5-8）进行塑性黏度预测。数据分析发现，塑性黏度预测的残值（观测值-预测值）除以观测值乘 100%，结果基本在 15% 范围以内，基本满足生产应用中的精度要求。

表 5-17 肃北全尾膏体塑性黏度实验值及预测值

| 质量浓度 /% | 灰砂比 /% | 体积浓度 /% | $\varphi$ | $C_V/\varphi$ | 塑性黏度 观测值 /(Pa·s) | 塑性黏度 预测值 /(Pa·s) | $\dfrac{观测值-预测值}{观测值}$ /% |
|---|---|---|---|---|---|---|---|
| 68 | 1:4 | 41.64 | 0.67 | 0.63 | 0.113 | 0.124 | -9.93 |
| 68 | 1:6 | 41.67 | 0.64 | 0.65 | 0.142 | 0.127 | 10.97 |

**续表5-17**

| 质量浓度 /% | 灰砂比 /% | 体积浓度 /% | $\varphi$ | $C_V/\varphi$ | 塑性黏度 观测值 /(Pa·s) | 塑性黏度 预测值 /(Pa·s) | 观测值-预测值 观测值 /% |
|---|---|---|---|---|---|---|---|
| 68 | 1:12 | 41.70 | 0.61 | 0.69 | 0.155 | 0.131 | 15.08 |
| 69 | 1:4 | 42.77 | 0.67 | 0.64 | 0.150 | 0.153 | -1.90 |
| 69 | 1:6 | 42.80 | 0.64 | 0.66 | 0.178 | 0.156 | 12.16 |
| 69 | 1:12 | 42.83 | 0.61 | 0.71 | 0.190 | 0.162 | 14.69 |
| 70 | 1:4 | 43.93 | 0.67 | 0.66 | 0.200 | 0.189 | 5.58 |
| 70 | 1:6 | 43.96 | 0.64 | 0.68 | 0.212 | 0.193 | 8.98 |
| 70 | 1:12 | 43.99 | 0.61 | 0.73 | 0.231 | 0.200 | 13.43 |

## 5.2　膏体流变参数的时-温效应

膏体的流变学特征除了受自身物料特性的影响外,与浆体本身无关的外界因素(温度、时间等)的变化,也会引起流变参数的响应[11]。膏体应用地域范围广,同时输送深度及输送距离差异性大,导致膏体料浆的输送时间及输送时料浆温度的差异性也较大[12]。时-温效应下膏体料浆流变参数变化机理的研究,使流变参数预测模型具有更高的普适性。

### 5.2.1　膏体料浆的触变性

膏体的触变性是指当膏体受到剪切作用时,屈服应力和黏度会随着时间而减小,当去掉剪切作用时,屈服应力和黏度会随着时间而增大的行为。膏体的触变行为反映了内部结构对剪切作用和时间的响应[13-15]。

(1)触变性分析方法

膏体的触变特性受剪切速率和剪切时间的影响,要想准确评价膏体的触变特性,需同时考虑这两个因素。触变性测定目前并没有标准方法[16]。文献[17]通过建立 6 参数触变模型进行了触变特性分析,如式(5-9)所示。采用该方法进行触变参数分析至少需进行 6 组实验,并引入拟合误差两次,同时不能有效表征时间参量。

$$\begin{cases} \tau_{eq} = \tau_\infty + \lambda_{eq} \cdot \tau_s + (\mu_\infty + \mu_s \cdot \lambda_{eq}) \cdot \dot{\gamma} \\ \lambda_{eq} = 1/(1+\beta\dot{\gamma}) \end{cases} \tag{5-9}$$

有学者认为,通过剪切速率的上行和下行循环,即触变环实验,能够分析料浆的触变性，如图 5-29 所示。他们认为，剪切应力随剪切速率上升的曲线和随剪切速率下降的曲线之间的面积反映了触变性的大小。

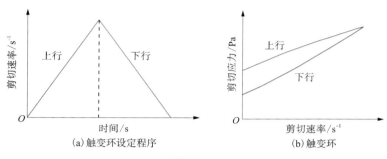

图 5-29　触变环实验示意图

通过分析发现，触变环不能反映时间对触变性的影响作用。剪切速率的峰值不同，触变环的形态尤其是下行曲线有较大差别，如图 5-30 所示。若采用下行曲线对流变参数进行回归，则触变后的塑性黏度往往大于触变前的塑性黏度，这与实际情况不符。触变环仅能定性说明料浆是否具有触变性，无法定量描述触变性的大小，更不能通过触变环得到真实的触变参数。

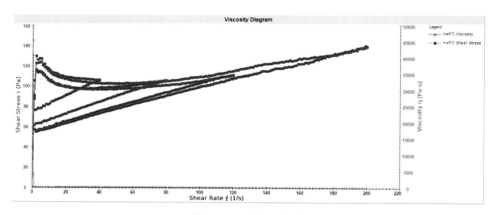

图 5-30　触变环实验

大量前期探索实验发现，固定剪切速率时，应力松弛特征曲线表现出了一定的规律性，采用合适的数学模型对数据进行回归分析，可以得到触变前后的屈服应力和塑性黏度参数，如图 5-31 所示。由图 5-31(a)应力松弛曲线能够得到剪切应力随时间的变化行为，还能得到松弛平衡时的剪切应力和应力松弛时间。通过

图 5-31(b)分别将应力松弛前后不同剪切速率下的剪切应力值进行拟合,能得到剪切应力随剪切速率的变化特征,并可以回归出触变后的屈服应力和塑性黏度。

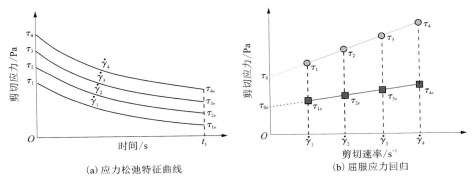

(a) 应力松弛特征曲线　　　　　(b) 屈服应力回归

**图 5-31　通过应力松弛曲线求触变特征参数**

该方法既能表现触变的时间响应,又能表现剪切速率对触变性的影响。同时,该方法只需要两组或两组以上的应力松弛测试即能获得触变前后的屈服应力和塑性黏度。后续采用该方法进行了膏体触变性实验设计。

(2)触变性实验设计

为考察稳定输送状态下膏体的流变学特征和在不同停泵时间后重启时膏体的流变学特征,设计了在不同剪切速率和不同静置时间下的触变实验。

1)实验 1:不同配比的膏体应力松弛实验

①实验目的。

建立膏体触变性研究方法,分析不同配比对膏体触变性的影响规律。

②实验材料及方案。

实验材料为金川镍矿全尾砂、P. O 42.5 水泥和实验室自来水。实验设计膏体质量浓度为 68%、69%、70% 和 71% 四个水平,灰砂比设计为 1:2、1:4、1:12 和 1:20 四个水平,共进行 16 组全面实验。采用控制剪切速率法进行测试,剪切速率设定为 30 s⁻¹、60 s⁻¹、90 s⁻¹ 和 120 s⁻¹ 四个测定点。根据前期探索实验,每组实验每个测定点测试时间设定为 1200 s。实验结束后获取起始的剪切应力数据和稳定时的剪切应力数据以及对应的应力松弛时间。

③实验过程。

实验所用的流变仪为 BROOKFIELD R/S plus 型流变仪,实验温度为 30 ℃,流变仪设定为恒定剪切速率模式。实验时,配制 480 mL 不同配比的浆体进行测试,为消除水化作用对膏体流变特性的影响,每次恒定剪切速率测试都需要重新配料。每次测定之前进行 10 s 预剪切,预剪切速率控制在 20 s⁻¹,之后静止 10 s,

随后按照设定的恒定剪切速率 30 s⁻¹、60 s⁻¹、90 s⁻¹ 和 120 s⁻¹ 依次进行实验, 恒定剪切时间根据实时曲线数据稳定性判定, 最大为 1200 s。实验设定程序如图 5-32 所示。

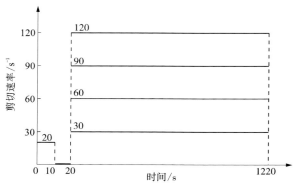

图 5-32　应力松弛流变设定程序

④实验结果。

实验结果如图 5-33~图 5-48 所示。根据不同剪切速率下的应力松弛曲线, 分别确定其初始值及稳定值, 发现初始剪切应力及触变后的剪切应力均表现出线性增长特征, 通过 Bingham 模型可得到触变前后的屈服应力和塑性黏度。

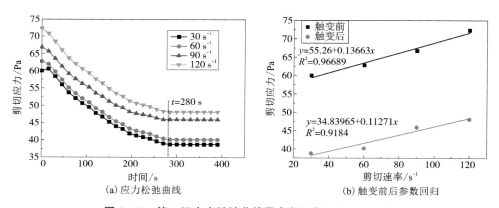

图 5-33　第 1 组应力松弛曲线及参数回归(68%, 1∶2)

根据图 5-33~图 5-48 中恒定剪切速率下的屈服应力随时间变化曲线可确定应力松弛时间, 同时由回归方程得出的流变参数如表 5-18 所示。

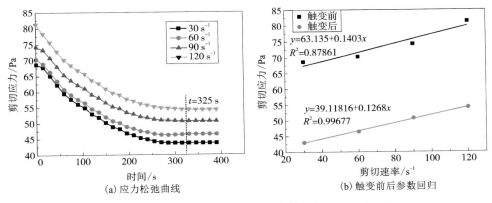

图 5-34　第 2 组应力松弛曲线及参数回归(68%,1:4)

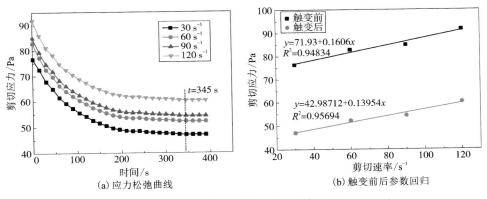

图 5-35　第 3 组应力松弛曲线及参数回归(68%,1:12)

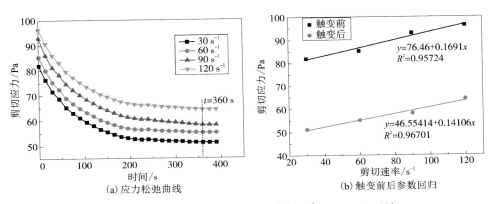

图 5-36　第 4 组应力松弛曲线及参数回归(68%,1:20)

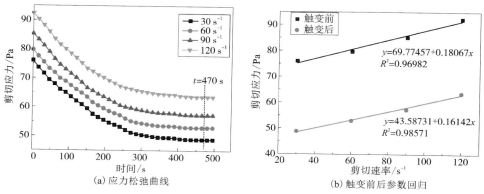

图 5-37　第 5 组应力松弛曲线及参数回归（69%，1∶2）

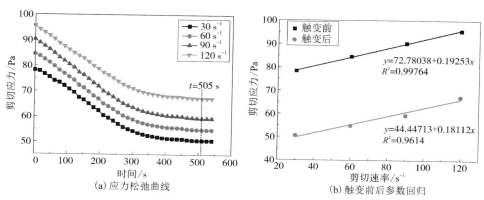

图 5-38　第 6 组应力松弛曲线及参数回归（69%，1∶4）

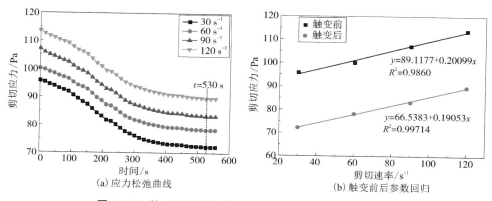

图 5-39　第 7 组应力松弛曲线及参数回归（69%，1∶12）

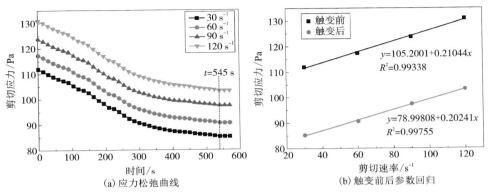

图 5-40　第 8 组应力松弛曲线及参数回归（69%，1∶20）

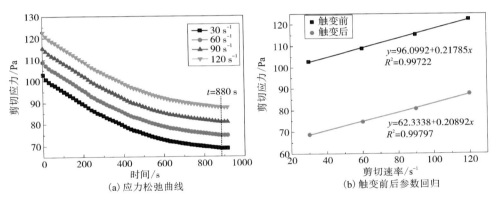

图 5-41　第 9 组应力松弛曲线及参数回归（70%，1∶2）

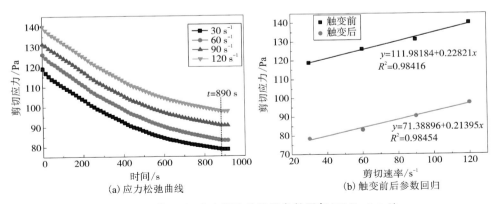

图 5-42　第 10 组应力松弛曲线及参数回归（70%，1∶4）

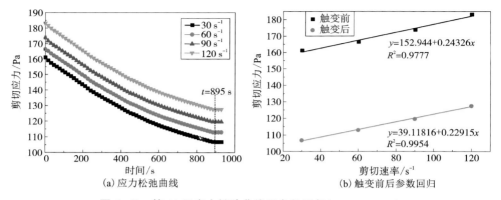

图 5-43　第 11 组应力松弛曲线及参数回归(70%, 1∶12)

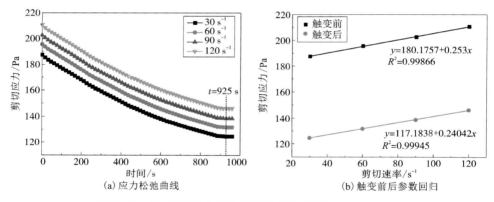

图 5-44　第 12 组应力松弛曲线及参数回归(70%, 1∶20)

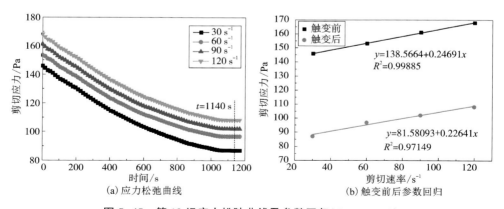

图 5-45　第 13 组应力松弛曲线及参数回归(71%, 1∶2)

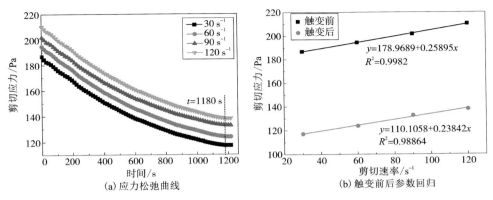

图 5-46　第 14 组应力松弛曲线及参数回归(71%，1∶4)

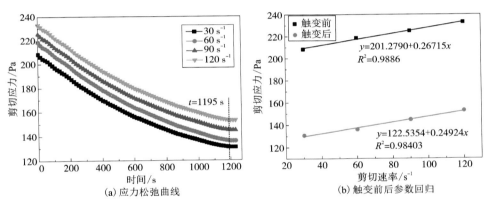

图 5-47　第 15 组应力松弛曲线及参数回归(71%，1∶12)

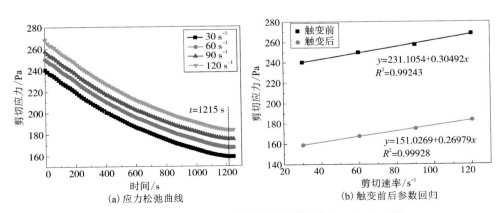

图 5-48　第 16 组应力松弛曲线及参数回归(71%，1∶20)

表 5-18 不同配比应力松弛实验结果

| 序号 | 质量浓度/% | 灰砂比 | 平衡时间/s | 触变前屈服应力/Pa | 触变后屈服应力/Pa | 触变前塑性黏度/(Pa·s) | 触变后塑性黏度/(Pa·s) |
|---|---|---|---|---|---|---|---|
| 1 | 68 | 1:2 | 280 | 55.26 | 34.84 | 0.137 | 0.113 |
| 2 | 68 | 1:4 | 325 | 63.14 | 39.12 | 0.140 | 0.127 |
| 3 | 68 | 1:12 | 345 | 71.93 | 42.99 | 0.161 | 0.140 |
| 4 | 68 | 1:20 | 360 | 76.46 | 46.55 | 0.169 | 0.141 |
| 5 | 69 | 1:2 | 470 | 69.77 | 43.09 | 0.181 | 0.161 |
| 6 | 69 | 1:4 | 505 | 72.78 | 44.45 | 0.193 | 0.181 |
| 7 | 69 | 1:12 | 530 | 89.12 | 56.54 | 0.201 | 0.191 |
| 8 | 69 | 1:20 | 545 | 105.20 | 64.00 | 0.210 | 0.202 |
| 9 | 70 | 1:2 | 880 | 96.10 | 62.33 | 0.218 | 0.209 |
| 10 | 70 | 1:4 | 890 | 111.98 | 71.39 | 0.228 | 0.214 |
| 11 | 70 | 1:12 | 895 | 152.94 | 99.58 | 0.243 | 0.229 |
| 12 | 70 | 1:20 | 925 | 180.18 | 117.18 | 0.253 | 0.240 |
| 13 | 71 | 1:2 | 1140 | 138.57 | 81.58 | 0.247 | 0.226 |
| 14 | 71 | 1:4 | 1180 | 178.97 | 110.11 | 0.259 | 0.238 |
| 15 | 71 | 1:12 | 1195 | 201.28 | 122.54 | 0.267 | 0.249 |
| 16 | 71 | 1:20 | 1215 | 231.11 | 151.03 | 0.305 | 0.270 |

2）实验 2：静置时间对膏体流变参数的影响实验

①实验目的。

通过对膏体随静置时间的流变特征分析，研究膏体在静止条件下的流变行为，为停泵重启时膏体管道输送的阻力计算提供依据。

②实验材料及方案。

实验材料为金川镍矿全尾砂、P.O 42.5 水泥和实验室自来水。实验所用的膏体浓度为 70%，灰砂比为 1:4。膏体静止时间分别为 0 min、15 min、30 min、60 min 和 120 min。

③实验过程。

实验所用的流变仪为 BROOKFIELD R/S plus 型流变仪，实验温度为 30 ℃，流变仪设定为恒定剪切速率模式。实验时，配制 480 mL 不同配比的浆体进行测试，为消除外界扰动对膏体流变特性的影响，每次测试都需要单独配料。实验程序采用控制剪切速率法进行测试，测试时间为 120 s，剪切速率由 0 线性上行至 120 s$^{-1}$。

④实验结果。

实验结果如图 5-49 所示。根据流变特征曲线，采用 Bingham 模型对实验结果进行回归分析，得到的流变特征参数如表 5-19 所示。

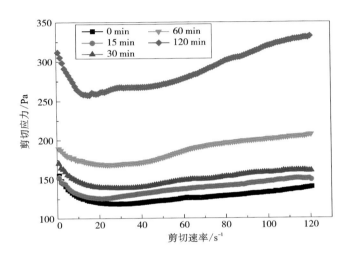

图 5-49　不同静置时间下流变特征曲线

表 5-19　不同静置时间下流变参数回归分析结果

| 静置时间/min | 屈服应力/Pa | 塑性黏度/(Pa·s) | 相关系数 |
| --- | --- | --- | --- |
| 0 | 111.56 | 0.222 | 0.99026 |
| 15 | 122.35 | 0.253 | 0.99088 |
| 30 | 131.05 | 0.279 | 0.97612 |
| 60 | 158.05 | 0.442 | 0.94786 |
| 120 | 231.95 | 0.850 | 0.97791 |

（3）膏体料浆的触变性特征

1）膏体料浆触变过程

从图 5-33~图 5-48 可以看出，在恒定剪切速率下，剪切应力随剪切时间表现出应力松弛特性。触变初始阶段，膏体料浆存在弹性特征，剪切应力出现一段随时间逐渐上升的曲线，当弹性能逐渐消除后，就进入了应力松弛阶段。随着剪切时间的延长,剪切应力呈负指数形式逐渐减小,经过一定的应力松弛时间,在固定的剪切速率下剪切应力逐渐趋于稳定,不再随时间变化。

实验表明,不同的剪切速率下,剪切应力均表现出类似规律。高剪切速率下应力松弛前后的剪切应力均高于低剪切速率下的剪切应力。图 5-33~图 5-48 中触变前后参数回归曲线表明,料浆的触变行为受剪切速率影响,剪切速率越大,触变能越大。不同剪切速率下的应力松弛曲线表明,松弛时间在不同剪切速率下未表现出明显差异。虽然不同剪切速率下的应力松弛速率不尽相同,但初始应力状态及松弛后的应力状态抵消了松弛速率的差异性,使不同剪切速率下的应力松弛时间"巧合"接近。该实验表明了膏体的触变性受剪切速率的影响,但触变时间与剪切速率无明显关联。图 5-33~图 5-48 中触变前后参数回归曲线也表明,膏体料浆在触变过程中仍保持了 Bingham 变化特征。屈服应力和塑性黏度也是与剪切速率无关的参数。

2)屈服应力触变规律

根据剪切速率为 30 s$^{-1}$、60 s$^{-1}$、90 s$^{-1}$ 和 120 s$^{-1}$ 下的应力松弛曲线,可以对每一时刻的屈服应力值进行回归分析。为优化分析数据量,每 15 s 取一点进行回归分析。以浓度为 68%、灰砂比为 1:2 时的应力曲线为例进行描述。每 15 s 进行一次回归分析,共进行 26 次回归分析,得到 400 s 内屈服应力值的变化曲线,如图 5-50(a)所示。屈服应力在 280 s 左右已经达到稳定状态。考虑到模型的稳定性,需要对全部数据进行分段处理,即划分为数据稳定前和数据稳定后两个阶段。对稳定前 280 s 内的数据进行处理后可以看出,屈服应力随时间的变化符合负指数函数增长特征,如图 5-50(b)所示。

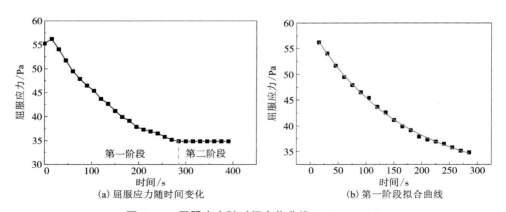

(a)屈服应力随时间变化                (b)第一阶段拟合曲线

图 5-50　屈服应力随时间变化曲线(68%,1:2)

构建形如式(5-10)的函数,表征触变条件下屈服应力的变化过程。

$$\tau_0(t) = \tau_{00} \cdot \exp(-kt) \qquad (5-10)$$

式中：$\tau_0(t)$ 为屈服应力随时间变化值，Pa；$\tau_{00}$ 为触变前屈服应力，Pa；$k$ 为触变时间参数；$t$ 为触变平衡时间，s。

对比图 5-33~图 5-48，不同配比条件下触变时间不同，触变时间参数 $k$ 与物料特性间是否也存在函数关系需要进一步分析。将不同配比条件下屈服应力随时间的变化数据利用式(5-10)进行回归分析，得到了触变时间参数 $k$ 的值，如表 5-20 所示。

表 5-20　触变时间参数 $k$ 随物料配比变化值

| 序号 | 质量分数 /% | 灰砂比 | 体积分数 /% | 触变前屈服应力 /Pa | 触变平衡时间 /s | 触变时间参数 $k$ /$10^{-3}$ |
|---|---|---|---|---|---|---|
| 1 | 68 | 1:2 | 42.21 | 55.35 | 280 | 1.71 |
| 2 | 68 | 1:4 | 42.41 | 63.14 | 325 | 1.65 |
| 3 | 68 | 1:12 | 42.59 | 71.93 | 345 | 1.5 |
| 4 | 68 | 1:20 | 42.63 | 76.46 | 360 | 1.47 |
| 5 | 69 | 1:2 | 43.35 | 69.77 | 470 | 1.03 |
| 6 | 69 | 1:4 | 43.54 | 72.78 | 505 | 0.98 |
| 7 | 69 | 1:12 | 43.72 | 89.12 | 530 | 0.87 |
| 8 | 69 | 1:20 | 43.77 | 105.20 | 545 | 0.84 |
| 9 | 70 | 1:2 | 44.51 | 96.10 | 880 | 0.55 |
| 10 | 70 | 1:4 | 44.71 | 111.98 | 890 | 0.53 |
| 11 | 70 | 1:12 | 44.89 | 152.94 | 895 | 0.51 |
| 12 | 70 | 1:20 | 44.93 | 180.18 | 925 | 0.49 |
| 13 | 71 | 1:2 | 45.70 | 138.57 | 1140 | 0.4 |
| 14 | 71 | 1:4 | 45.90 | 178.97 | 1180 | 0.38 |
| 15 | 71 | 1:12 | 46.08 | 201.28 | 1195 | 0.36 |
| 16 | 71 | 1:20 | 46.12 | 231.11 | 1215 | 0.34 |

将触变时间参数 $k$ 与物料特性进行关联，可以看出触变时间参数 $k$ 与体积浓度之间存在较强的关联性，如图 5-51 所示。在不同灰砂比下，触变时间参数 $k$ 随体积浓度的变化曲线高度重合，并呈负幂指数形式变化，即体积浓度越大，触变时间参数 $k$ 越小。当体积浓度为 42.21% 时，触变时间参数 $k$ 可以达到 $1.71 \times 10^{-3}$ 的水平。当体积浓度为 46.12% 时，触变时间参数 $k$ 降低至 $0.34 \times 10^{-3}$。体积浓度从 42.21% 增长至 45.7% 时，触变时间参数增加量最大达到了 327.5%。

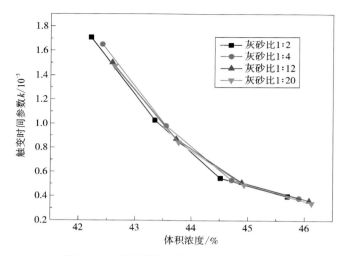

**图 5-51　触变时间参数 $k$ 与体积浓度关系**

除体积浓度对触变时间参数 $k$ 有影响外，骨料堆积密实度的变化对触变时间参数 $k$ 也产生了影响，如图 5-52 所示。在不同质量浓度下，触变时间参数 $k$ 均随堆积密实度的增长而小幅增长，基本可以用线性关系描述。堆积密实度从 0.577 增长到 0.651 的过程中，当质量浓度为 68% 时，触变时间参数随堆积密实度增长幅度为 16.33%；当质量浓度为 69% 时，触变时间参数随堆积密实度增长幅度为 22.62%；当质量浓度为 70% 时，触变时间参数随堆积密实度增长幅度为 12.24%；当质量浓度为 71% 时，触变时间参数随堆积密实度增长幅度为 17.65%。

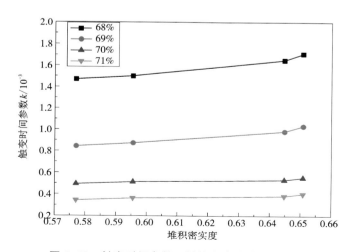

**图 5-52　触变时间参数 $k$ 随堆积密实度变化曲线**

触变时间参数 $k$ 的变化主要受体积浓度的影响, 其次堆积密实度也在一定程度上引起了参数的小幅变化, 可以用如下模型进行描述:

$$k = \frac{\varphi}{(a \cdot C_V)^b} \qquad (5-11)$$

式中: $a$、$b$ 为回归系数。

在回归分析软件中, 创建自定义函数, 采用两因素回归分析法对 16 组数据进行回归分析, 得到的回归参数如表 5-21 所示。回归方程的复相关系数 $R^2 = 0.98046$, 将参数代入式(5-11), 可得到触变时间参数 $k$ 的预测模型, 如式(5-12)所示。

表 5-21　回归参数及标准差

| 回归参数 | Value | Standard Error |
|---|---|---|
| $a$ | 2.24578 | 0.00425 |
| $b$ | 19.28748 | 0.84149 |

$$k = \frac{\varphi}{(2.24578 \cdot C_V)^{19.28748}}, \quad R^2 = 0.98046 \qquad (5-12)$$

式中: $k$ 的单位为 $10^{-3}$。

触变时间参数 $k$ 的预测模型方差分析结果如表 5-22 所示。方差分析显示: $(F = 1612.237) > [F_{0.995}(2, 14) = 7.92] > [F_{0.99}(2, 14) = 6.51]$, 属高度显著。

表 5-22　全尾膏体屈服应力拟合结果方差分析

|  | df | Sum of Squares | Mean Square | $F$ | Prob>$F$ |
|---|---|---|---|---|---|
| Regression | 2 | 15.1089 | 7.55445 | 1612.237 | $7.77156 \times 10^{-16}$ |
| Residual | 14 | 0.0656 | 0.00469 | — | — |
| Uncorrected Total | 16 | 15.1745 | — | — | — |
| Corrected Total | 15 | 3.59749 | — | — | — |

3) 塑性黏度触变规律

根据剪切速率为 $30\ \text{s}^{-1}$、$60\ \text{s}^{-1}$、$90\ \text{s}^{-1}$ 和 $120\ \text{s}^{-1}$ 下的应力松弛曲线, 按照屈服应力分析方法可以得到每一时刻的塑性黏度。以浓度为 68%, 灰砂比为 1:2 时的应力曲线为例进行描述。塑性黏度在 $280\ \text{Pa} \cdot \text{s}$ 左右已经达到稳定状态。考虑到模型的稳定性, 需要对全部数据进行分段处理, 即划分为数据稳定前和数据稳定后两个阶段, 如图 5-53 所示。对稳定前 280 s 内的数据进行处理后可以看出，塑性黏度随时间的变化幅度不是很大，从 20 s 时的最大值到 280 s 左右时的稳定值，塑性黏度降低率为 23.59%，单位时间降低 0.9‰。塑性黏度的变化可用线性函数进行描述，如图 5-53(b)所示。

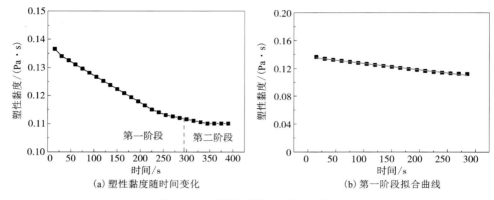

(a) 塑性黏度随时间变化                    (b) 第一阶段拟合曲线

图 5-53　塑性黏度随时间变化曲线

构建形如式(5-13)的线性函数，表征触变条件下塑性黏度的变化过程。

$$\eta_0(t) = \eta_{00} - mt \tag{5-13}$$

式中：$\eta_0(t)$ 为塑性黏度随时间变化值，Pa·s；$\eta_{00}$ 为触变前塑性黏度，Pa·s；$m$ 为触变时间参数；$t$ 为触变平衡时间，s。

触变时间参数 $m$ 与物料特征之间也存在一定函数关系。将不同配比条件下的屈服应力随时间的变化数据利用式(5-13)进行回归分析，可得到触变时间参数 $m$ 的值，如表 5-23 所示。

表 5-23　触变时间参数 $m$ 随物料配比变化值

| 序号 | 质量浓度 /% | 灰砂比 | 体积浓度 /% | 触变前塑性黏度 /(Pa·s) | 触变平衡时间 /s | 触变时间参数 $m$ /$10^{-5}$ |
|---|---|---|---|---|---|---|
| 1 | 68 | 1:2 | 42.21 | 0.137 | 280 | 8.03 |
| 2 | 68 | 1:4 | 42.41 | 0.140 | 325 | 7.06 |
| 3 | 68 | 1:12 | 42.59 | 0.161 | 345 | 6.12 |
| 4 | 68 | 1:20 | 42.63 | 0.169 | 360 | 5.93 |
| 5 | 69 | 1:2 | 43.35 | 0.181 | 470 | 3.95 |
| 6 | 69 | 1:4 | 43.54 | 0.193 | 505 | 2.72 |
| 7 | 69 | 1:12 | 43.72 | 0.201 | 530 | 1.97 |

续表5-23

| 序号 | 质量浓度/% | 灰砂比 | 体积浓度/% | 触变前塑性黏度/(Pa·s) | 触变平衡时间/s | 触变时间参数 $m$/$10^{-5}$ |
|---|---|---|---|---|---|---|
| 8 | 69 | 1:20 | 43.77 | 0.210 | 545 | 1.04 |
| 9 | 70 | 1:2 | 44.51 | 0.218 | 880 | 1.81 |
| 10 | 70 | 1:4 | 44.71 | 0.228 | 890 | 1.12 |
| 11 | 70 | 1:12 | 44.89 | 0.243 | 895 | 0.92 |
| 12 | 70 | 1:20 | 44.93 | 0.253 | 925 | 0.82 |
| 13 | 71 | 1:2 | 45.70 | 0.247 | 1140 | 1.56 |
| 14 | 71 | 1:4 | 45.90 | 0.259 | 1180 | 0.84 |
| 15 | 71 | 1:12 | 46.08 | 0.267 | 1195 | 0.81 |
| 16 | 71 | 1:20 | 46.12 | 0.305 | 1215 | 0.80 |

　　将触变时间参数 $m$ 与物料特性进行关联，可以看出触变时间参数 $m$ 与体积浓度之间存在较强的关联性，如图 5-54 所示。在不同灰砂比下，触变时间参数 $m$ 与体积浓度呈负幂指数形式变化，即体积浓度越大，触变时间参数 $m$ 越小。当体积浓度为 42.21% 时，触变时间参数 $m$ 可以达到 $8.03 \times 10^{-5}$ 的水平。当体积浓度为 46.12% 时，触变时间参数 $m$ 降低至 $0.8 \times 10^{-5}$。但不同灰砂比条件下仍存在一定差异。

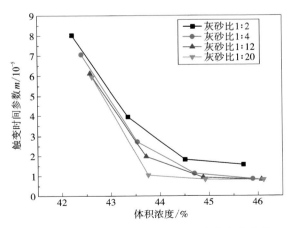

图 5-54　触变时间参数 $m$ 随体积浓度变化曲线

与触变时间参数 $k$ 的变化特征相似，触变时间参数 $m$ 与骨料堆积密实度之间也存在一定函数关系，如图 5-55 所示。在不同质量浓度下，触变时间参数 $k$ 均随堆积密实度的增长而小幅增长，基本可以用线性关系描述。

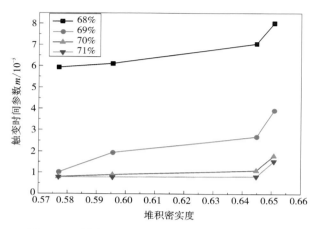

图 5-55　触变时间参数 $m$ 随堆积密实度变化曲线

触变时间参数 $m$ 的变化主要受体积浓度的影响，其次堆积密实度也在一定程度上引起了参数的小幅变化，也可以用式（5-11）进行描述。

在回归分析软件中，创建自定义函数，采用两因素回归分析法对 16 组数据进行回归分析，得到的回归参数如表 5-24 所示。回归方程的复相关系数 $R^2 = 0.95549$，将参数代入式（5-11），可得到触变时间参数 $m$ 的预测模型，如式（5-14）所示。

表 5-24　回归参数及标准差

| 回归参数 | 值 | 标准差 |
|---|---|---|
| $a$ | 2.19009 | 0.01324 |
| $b$ | 32.47921 | 2.57714 |

$$m = \frac{\varphi}{(2.19009 \cdot C_{\mathrm{V}})^{32.47921}}, \quad R^2 = 0.95549 \qquad (5-14)$$

式中：$m$ 的单位为 $10^{-5}$。

触变时间参数 $m$ 的预测模型方差分析结果如表 5-25 所示。方差分析显示：$(F = 388.15253) > [F_{0.995}(2, 14) = 7.92] > [F_{0.99}(2, 14) = 6.51]$，属高度显著。

表 5-25　全尾膏体屈服应力拟合结果方差分析

|  | df | Sum of Squares | Mean Square | F | Prob>F |
|---|---|---|---|---|---|
| Regression | 2 | 221.21023 | 110.60512 | 388.15253 | 1.31828E-11 |
| Residual | 14 | 3.98934 | 0.28495 |  |  |
| Uncorrected Total | 16 | 225.19957 |  |  |  |
| Corrected Total | 15 | 96.0193 |  |  |  |

（4）触变平衡时间的影响因素

触变平衡时间反映了料浆在剪切作用下的触变快慢程度。在此时间范围内，认为料浆持续发生着触变作用，当超出触变平衡时间后，料浆的流变特性趋于稳定，触变性不再持续发生，料浆输送状态趋于稳定。

根据实验1的实验结果及图5-33~图5-48中恒定剪切速率下剪切应力的变化曲线可以看出，触变平衡时间是与剪切速率无关的函数。在相同的实验温度下，触变平衡时间与材料特性之间存在一定的函数关系。

由图5-56可知，触变平衡时间与料浆体积浓度之间存在较强的关联性。随着体积浓度的增加，触变平衡时间逐渐增加。当体积浓度为42.21%时，触变平衡时间为280 s。当体积浓度增长至46.12%时，触变平衡时间达到了1215 s。可见体积浓度对触变平衡时间的影响较为显著。

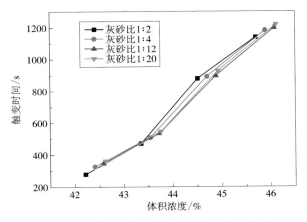

图 5-56　触变平衡时间随体积浓度变化曲线

在不同的灰砂比下，触变平衡时间表现出了相似的规律性，但也存在一定的差异性。这种差异性特征可用 $C_v/\varphi$ 指标进行描述，如图5-57所示，触变平衡时

间随 $C_V/\varphi$ 增长的幅度较小。在质量浓度 68% 时，$C_V/\varphi$ 由 0.65 增长至 0.74，触变时间仅增长 28.6%；在质量浓度 69% 时，$C_V/\varphi$ 由 0.67 增长至 0.76，触变平衡时间仅增长 16.0%；在质量浓度 70% 时，$C_V/\varphi$ 由 0.68 增长至 0.78，触变平衡时间仅增长 5.1%；在质量浓度 71% 时，$C_V/\varphi$ 由 0.7 增长至 0.8，触变平衡时间仅增长 6.6%。触变平衡时间随 $C_V/\varphi$ 的变化特征可用线性函数进行描述。

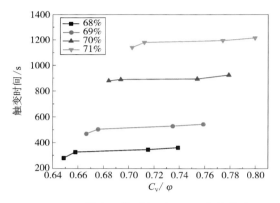

图 5-57　触变平衡时间随 $C_V/\varphi$ 变化曲线

通过上述分析，建立了触变平衡时间与料浆特征参数之间的函数关系，如式 (5-15) 所示。

$$t_{总} = a \cdot \left(\frac{C_V}{\varphi}\right)\ln(b \cdot C_V) \tag{5-15}$$

式中：$a$，$b$ 为回归系数。

通过 16 组实验数据，对触变平衡时间的方程系数进行拟合，得到的回归参数如表 5-26 所示。回归方程的复相关系数 $R^2 = 0.95424$，将参数代入式 (5-15)，可得到触变平衡时间关于材料特性的预测模型，如式 (5-16) 所示。

表 5-26　回归参数及标准差

| 回归参数 | 值 | 标准差 |
|---|---|---|
| $a$ | 14255.40846 | 863.64095 |
| $b$ | 2.42801 | 0.01149 |

$$t_{总} = 14255.40846 \cdot \left(\frac{C_V}{\varphi}\right)\ln(2.42801 \cdot C_V),\ R^2 = 0.95424 \tag{5-16}$$

触变平衡时间参数 $m$ 的预测模型方差分析结果如表 5-27 所示。方差分析显示：$(F=942.29461)>[F_{0.995}(2, 14)=57.92]>[F_{0.99}(2, 14)=6.51]$，属高度显著。

表 5-27　全尾膏体屈服应力拟合结果方差分析

| | df | Sum of Squares | Mean Square | F | Prob>F |
|---|---|---|---|---|---|
| Regression | 2 | $1.02299\times10^{7}$ | $5.11495\times10^{6}$ | 942.29461 | $3.04201\times10^{-14}$ |
| Residual | 14 | 75994.63746 | 5428.18839 | — | — |
| Uncorrected Total | 16 | $1.03059\times10^{7}$ | — | — | — |
| Corrected Total | 15 | $1.7795\times10^{6}$ | — | — | — |

（5）静置时间对流变参数的影响

根据实验 2 的实验结果及表 5-19 所绘制的流变参数随静置时间的变化曲线如图 5-58 所示。当料浆在静止状态时，在前两个小时内，屈服应力及塑性黏度随静置时间的增加逐渐增大。当料浆静止时，水泥的水化硬化作用逐渐增强。絮网结构逐渐发育，水化产物将惰性尾砂颗粒紧密连接，体系抵抗外界扰动的能力逐渐增强，对应的流变特征参数也逐渐提高。

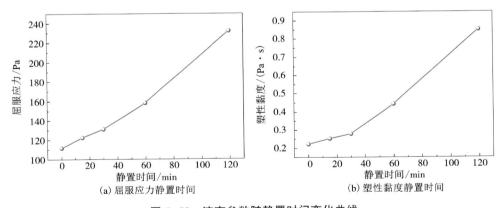

(a) 屈服应力静置时间　　(b) 塑性黏度静置时间

图 5-58　流变参数随静置时间变化曲线

流变参数随静置时间的变化特征可用式（5-17）表示。在静止状态下，屈服应力和塑性黏度随时间线性增长。

$$\begin{cases} \tau_{s0}(t)=\tau_{00}+at \\ \eta_{s0}(t)=\eta_{00}+bt \end{cases} \tag{5-17}$$

式中：$a$、$b$ 为回归系数。

对图 5-58 中的流变数据进行线性拟合，得到回归系数 $a$ 和 $b$ 的值见表 5-28。

表 5-28　回归参数及标准差

| 回归参数 | 值 | 标准差 |
|---|---|---|
| $a$ | 0.94024 | 0.05631 |
| $b$ | 0.00475 | 4.65662E-4 |

（6）膏体料浆触变机理

具有触变性的水泥基浆体形成触变结构的方式有以下几种假说：

①材料微粒之间电荷的相互作用。微粒不同部位的相反电荷相互作用，形成一定的结构，此结构受到外力作用后被破坏，外力停止后重新形成，触变结构强度取决于电荷相互作用形成的吸引键的数量。

②分子间的作用力。微粒在静止状态下通过分子间的作用力发生聚集，形成一定的胶凝结构，在外力作用下该结构被破坏，表现出触变性能。

③氢键。材料的某些基团通过氢键形成一定的空间结构，受到外力时该结构被破坏，产生一定的流动性。

④疏水缔合。主要是由于大分子的缔合作用形成了交联网络结构，在外力作用下，该结构发生变化，形成新的平衡状态。

⑤材料自身的结构。某些交联的聚合物与具有特殊层状或网状结构的物质或通过反应生成的此类物质在水泥浆中形成立体网络结构，受到剪切力时网络结构被破坏，表现出剪切变稀特征，静止后网络结构可很快恢复。

有学者认为，触变性可能是微细观结构聚合和破坏动态平衡的结果。Schumann 发现，当絮网结构在恒定剪切力作用下经历一定时间后，其形状并不随时间的变化而变化。Swift、Friedlander 等将此现象称为粒径的自相似现象，并给出如下表达式：

$$n_i(t) = \frac{N_t^2}{\varphi} \psi\left(\frac{N_t V_i}{\varphi}\right) \tag{5-18}$$

式中：$n_i(t)$ 为时刻 $i$ 级絮网结构的颗粒数量浓度；$N_t$ 为 $t$ 时刻所有级别絮网结构的颗粒数量浓度总和；$V_i$ 为 $i$ 级絮网结构的体积；$\varphi$ 为初始时刻颗粒的数量浓度；$\psi$ 为自相似粒径分布函数，随着絮凝时间的增长并不发生变化。Koh、Spicer 在试验中证实了自相似现象的存在；Coufort 发现形成的絮网结构粒径分布可用对数正态分布函数来表示。

在一定强度的剪切力作用下，絮凝增大了絮网结构粒径，但降低了絮网结构的密实度；而破裂减小了絮网结构粒径，但增加了絮网结构的密实度。Spicer 发现，絮网结构的分形维数 $D_{pf}$（以周长为基准的分形维）在管道流过程中会有一个先增加，再逐渐下降到稳定值的过程。

在恒定剪切条件下，絮网结构未产生明显破坏，但却产生了强烈变形。长时间后絮团结构发生重构，并产生新的平衡结构。Selomulya 依此提出了絮网结构随时间变化的模型：

$$\frac{d(D_f)}{d_t} = \left[ c_1 \left( \frac{d_f}{d_0} \right)^{c_2} + c_3 AB \right] \times (D_{f,\,max} - D_f) \qquad (5-19)$$

式中：$c_1$、$c_2$、$c_3$ 为系数；$AB$ 为动力学方程中絮凝项总和与破裂项总和的乘积；$D_{f,\,max}$ 为能形成的最大絮网结构分维。

本书通过分析认为，膏体料浆的触变性主要受絮网秩序的影响。在初始状态下，料浆在摩擦力、静电作用力和絮凝力作用下形成大量无序且力学稳定的絮网结构。在恒定剪切扰动作用下，絮网结构秩序逐渐发生变化，由无序化向有序化转变，并在新的力学平衡条件下趋于某一稳定形态，如图 5-59 所示。

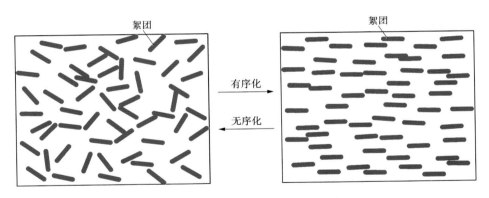

**图 5-59　剪切作用下絮网秩序转变**

描述流体触变性的触变方程汗牛充栋，但由于流体材料具有较大的差异性，目前还没有描述不同材料的通用模型。常见的流变模型主要有以下几种：

1）Moore 模型

Moore 认为，浆体内部结构的变化可由破坏和修复两个可逆过程组成，即当结构完全发育时，只要对浆体施加某一外力作用，絮网结构就会被拉断、破坏。同时结构又可实现自动搭接、修复，达到动态平衡。剪切作用下，膏体结构的剪切演化特征可用下式描述：

状态方程：

$$\tau = (\mu_\infty + c\lambda)\dot{\gamma} \qquad (5-20)$$

速率方程：

$$\frac{d\lambda}{dt}=a(\lambda_{max}-\lambda)-b(\lambda-\lambda_{min}) \tag{5-21}$$

式中：$\lambda$ 为描述流体内部结构的参数；$\lambda_{max}$ 和 $\lambda_{min}$ 分别为结构完全发育和结构完全破坏时的结构系数，分别为 1 和 0，$\lambda$ 介于 0 和 1 之间；$\mu_\infty$ 为结构完全破坏后的液体黏度；$a$，$b$ 分别为结构恢复和破坏时的速率系数；$c$ 为比例系数。但需注意，Moore 提出的触变模型对具有高屈服值的结构流体不适用。

2）Cross 模型

Cross 模型认为，结构破坏速度是剪切速率的幂函数。

状态方程：

$$\tau=(\mu_\infty+c\lambda)\dot{\gamma} \tag{5-22}$$

速率方程：

$$\frac{d\lambda}{dt}=a(1-\lambda)-b\lambda\dot{\gamma}^m \tag{5-23}$$

3）Worrall-Tuliani 模型

该模型在状态方程中引入了屈服应力项，适用于具有屈服应力的流体。

状态方程：

$$\tau=\tau_0+(\mu_\infty+c\lambda)\dot{\gamma} \tag{5-24}$$

速率方程：

$$\frac{d\lambda}{dt}=a(1-\lambda)-b\lambda\dot{\gamma} \tag{5-25}$$

4）Worrall-Tuliani-Cross 模型

该模型为 Worrall-Tuliani 模型与 Cross 模型的结合，集合了两个模型的优点。

状态方程：

$$\tau=\tau_0+(\mu_\infty+c\lambda)\dot{\gamma} \tag{5-26}$$

速率方程：

$$\frac{d\lambda}{dt}=a(1-\lambda)-b\lambda\dot{\gamma}^m \tag{5-27}$$

5）Cheng 模型

该模型引入了结构发育和结构完全破坏时的屈服应力状态。

状态方程：

$$\tau=\tau_0+c\dot{\gamma}^n \tag{5-28}$$

$$\tau_0=\tau_{00}+\lambda\tau_{01} \tag{5-29}$$

速率方程：

$$\frac{d\lambda}{dt}=a(1-\lambda)-b\lambda\dot{\gamma} \tag{5-30}$$

式中：$\tau_{00}$ 为结构完全破坏时的屈服应力；$\tau_{01}$ 为结构完全恢复时屈服应力的增量。

从上述经典模型可以看出，触变模型多基于体系中的结构系数 $\lambda$ 而建立。结构系数随流变特性的变化特征以及触变特性的影响因素研究较少，这使得流变参数预测研究较为局限。

### 5.2.2　膏体流变参数的温度效应

充填料浆在输送过程中与外界存在大量的能量交换与转换[18]。首先外界温度通过管壁与料浆存在能量交换，其次料浆在流动中与管道内壁的摩擦作用也将使料浆温度发生改变，最后水泥的水化反应也能释放一定热量改变料浆温度[19, 20]，此外料浆在制备、搅拌过程中也存在能量的转化。不同矿山的充填系统在不同输送阶段时刻存在着能量转化和温度的改变。

实验表明，料浆温度不仅对流变参数(屈服应力和塑性黏度)有较大影响，同时对料浆的时变效应也存在一定的影响。

(1)温度效应实验设计

1)实验目的

研究膏体料浆在不同温度条件下流变参数的变化规律。

2)实验材料及方案

实验材料为金川镍矿全尾砂、P.O 42.5 水泥和实验室自来水。实验所用的膏体浓度为 70%，灰砂比为 1∶4，温度控制水平分别为 5 ℃、20 ℃、35 ℃ 和50 ℃。在不同温度下分别进行流变特征曲线测试和应力松弛测试。

3)实验过程

实验所用的流变仪为 BROOKFIELD R/S plus 型流变仪及 TC-550 制冷/加热型循环浴槽，如图 5-60 所示。该设备温度控制范围为-20 ℃至 200 ℃，满足实验

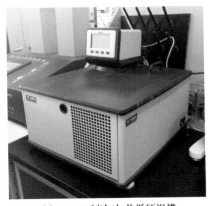
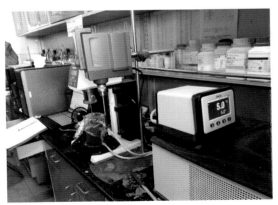

(a)TC-550制冷/加热循环浴槽　　　　　　　(b)温控5 ℃

**图 5-60　实验设备及温度控制**

条件。实验时,将预制温度的水和物料配制成 400 mL 膏体料浆置于温控杯内。上覆保鲜膜,防止料浆内水分的挥发或空气冷凝进入。首先通过上山法进行流变特征曲线测试。控制剪切速率由 0 线性上行至 120 s⁻¹,剪切时间为 120 s,得到剪切应力随剪切速率变化的流变特征曲线。然后进行应力松弛测试,将剪切速率设定为恒定模式,剪切速率设定为 60 s⁻¹,测试时间根据数据的稳定状态确定。为消除干扰因素对膏体流变特性的影响,每次测试都需单独配料。

    4)实验结果

    实验结果如图 5-61 所示。根据流变特征曲线,采用 Bingham 模型对实验结果进行回归分析,得到的流变特征参数如表 5-29 所示。

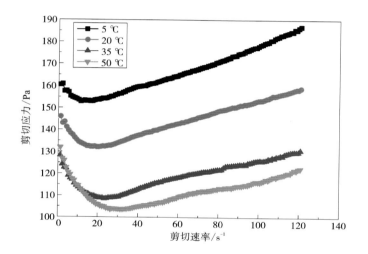

图 5-61    不同温度下的流变特征曲线

    不同温度下的膏体料浆应力松弛曲线如图 5-62 所示。根据应力松弛曲线得到了不同温度下膏体料浆的应力松弛时间,如表 5-29 所示。

表 5-29    不同温度下的流变特征参数

| 温度/℃ | 屈服应力/Pa | 塑性黏度/(Pa·s) | 相关系数 | 应力松弛时间/s |
|---|---|---|---|---|
| 5 | 145.63 | 0.328 | 0.99262 | 990 |
| 20 | 126.73 | 0.267 | 0.99856 | 920 |
| 35 | 104.39 | 0.215 | 0.98899 | 870 |
| 50 | 96.80 | 0.200 | 0.99045 | 830 |

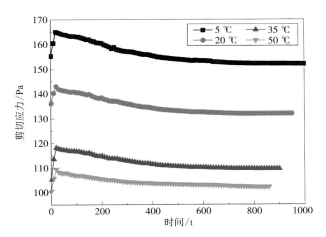

图 5-62　不同温度下的膏体料浆应力松弛曲线

（2）温度效应规律分析

根据表 5-29 中不同温度下的流变数据对流变参数随温度的变化规律进行分析。从图 5-63（a）中可以看出，料浆的屈服应力随温度的增加逐渐减小。当温度为 5 ℃时，屈服应力为 145.63 Pa；当温度升高至 50 ℃时，屈服应力值降低至 96.8 Pa，平均每升高 1 ℃屈服应力降低 1.085 Pa。但屈服应力不是按线性降低，而是随着温度的升高，降低速率逐渐减小。屈服应力随温度的变化特征可用负指数函数进行描述。

从图 5-63（b）中可以看出，塑性黏度随着温度的升高逐渐降低。当温度为 5 ℃时，塑性黏度为 0.328 Pa·s；当温度升高至 50 ℃时，塑性黏度降低至 0.2 Pa·s，平均每升高 1 ℃塑性黏度降低 0.0028 Pa·s。塑性黏度的变化幅度较小，基本符合线性变化特征。

（3）流变参数温度效应机理

料浆中的颗粒在输送状态会受到多种力的影响，包括液桥力、流体力、惯性力、范德华力、静电力等。流体力一般情况下总是存在，并且是影响细颗粒运动的主要因素之一[21]。范德华力使得细颗粒流与传统粗大颗粒流在颗粒的接触力学、碰撞力学、动力学行为以及宏观运动规律和现象等方面都存在显著差异。范德华力是影响颗粒与其他颗粒絮团黏附强度的主要因素，对颗粒的接触后行为起主导作用。但范德华力属于近程力，在颗粒距离较远的情况下，其促进颗粒絮团间相互吸引的效果微弱。当温度升高时，料浆内部的布朗运动加剧，颗粒及絮网结构将逐渐摆脱范德华引力和静电力的束缚。

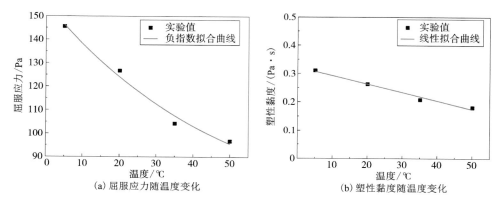

图 5-63　流变参数随温度变化曲线

　　膏体料浆浓度高，内部存在大量絮网结构，具有一定的结构稳定性，如图 5-64(a) 所示。随着温度的升高，絮团或絮网间的稳定结构被破坏，释放出一定量的自由水。自由水作为膏体料浆内部的运移通道，促进了闭合孔向半闭合孔和开放通道的转化，使料浆的流动性增强，屈服应力和塑性黏度则随之降低。当温度进一步升高，自由通道逐渐扩展，形成自由运移网络，如图 5-64(b) 所示，料浆的流动性大大增强。温度的升高促进了浆体内部结构由絮网结构向液网结构的转化。当浆体中的液网结构逐渐丰富时，在流体力作用下颗粒及絮团结构的运移形态更加规则有序，使屈服应力和塑性黏度逐渐降低。

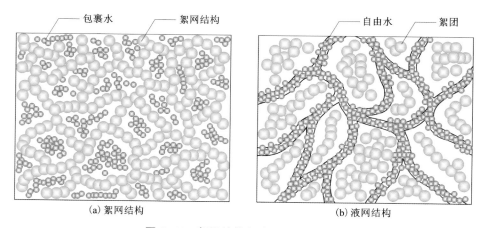

图 5-64　絮网结构向液网结构转化图

### 5.2.3　膏体流变参数的时–温效应

膏体料浆的时–温效应对理解和掌握充填料浆的流变行为至关重要。若能有效利用料浆的时–温效应，可以促进输送性能的研究，优化输送模型，降低输送风险。

（1）屈服应力的时–温效应

从图 5–50 中可知，当处于固定温度时，屈服应力随时间呈负指数函数形式变化。结合图 5–63 得到了初始时间时屈服应力随温度的变化规律。屈服应力随时间和温度的变化规律可用如图 5–65 所示的理想模型进行描述。

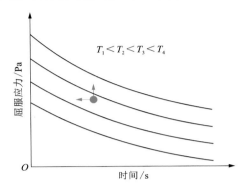

图 5–65　屈服应力时–温效应理想模型

式（5–6）及式（5–10）是在温度为 30 ℃ 的条件下得到的。根据时–温等效原理，同一温度线上某一时刻的屈服应力可以通过平移或竖移其他温度线上的点得到。根据屈服应力随温度呈负指数形式的变化特征，温度 $T_n$、时间 $t_n$ 时刻的屈服应力可用参考温度 $T_0$、时间 $t_0$ 时刻的应力值表示，如式（5–31）所示。

$$t_n = t_0 + c_1 \cdot (T_n - T_0) \tag{5–31}$$

将式（5–31）代入（5–10）式中，可得到时–温效应下的屈服应力计算模型，如式（5–32）所示。

$$\tau_0(t, T) = \tau_{00}(t_0, T_0) \cdot \exp\{-k[t + c_1 \cdot (T - 30)]\} \tag{5–32}$$

式中：$\tau_{00}(t_0, T_0)$ 为触变初始时刻，参考温度 $T_0$ 下的屈服应力，Pa；$\tau_0(t, T)$ 为触变 $t$ 时刻，温度 $T$ 时的屈服应力，Pa；$c_1$ 为回归系数。

将表 5–29 中触变初始时的屈服应力值代入到式（5–32）中，能拟合出回归系数 $c_1$ 的值，如表 5–30 所示。

（2）塑性黏度的时–温效应

从图 5–63 中可知，当处于固定温度时，塑性黏度随时间呈线性函数形式变化。结合图 5–63 得到了初始时间时塑性黏度随温度的变化规律。塑性黏度随时间和温度的变化规律可用如图 5–66 所示

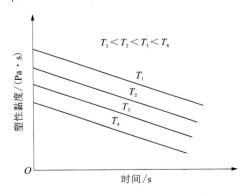

图 5–66　塑性黏度时–温效应理想模型

的理想模型进行描述。

根据塑性黏度随温度线性变化的特征，温度 $T_n$、时间 $t_n$ 时刻的塑性黏度可用参考温度 $T_0$、时间 $t_0$ 时刻的塑性黏度值表示，如式（5-33）所示。

$$\eta_0(t,\ T) = \eta_{00}(t_0,\ T_0) - m[t + c_2 \cdot (T-30)] \tag{5-33}$$

式中：$\eta_{00}(t_0,\ T_0)$ 为触变初始时刻，参考温度 $T_0$ 下的塑性黏度，Pa·s；$\eta_0(t,\ T)$ 为触变 $t$ 时刻，温度 $T$ 时的塑性黏度，Pa·s；$c_2$ 为回归系数。

将表 5-29 中触变初始时的屈服应力值代入式（5-33）中，可拟合出回归系数 $c_2$ 的值，如表 5-30 所示。

（3）触变平衡时间

根据图 5-62 及表 5-29 中的分析可以看出，当温度变化时，不仅流变参数发生了变化，触变平衡时间也在发生着变化。触变平衡时间随温度的变化规律如图 5-67 所示。随着温度的增加，触变平衡时间逐渐减小，这一变化过程可用负指数函数进行描述。

$$t = b \cdot \exp\left(\frac{30-T}{a}\right) \tag{5-34}$$

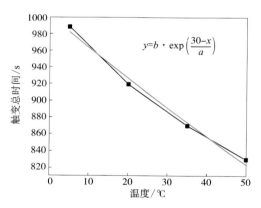

图 5-67　触变平衡时间随温度变化曲线

将触变时间随温度的变化方程式（5-34）与反映材料特性的式（5-15）耦合分析，可得到触变平衡时间的耦合方程，如式（5-35）所示。

$$t_{总} = a \cdot \left(\frac{C_V}{\varphi}\right) \ln(b \cdot C_V) \cdot \exp\left(-\frac{T-30}{c_3}\right) \tag{5-35}$$

将表 5-29 中的数据代入式（5-35）中，可以拟合出回归系数 $c_3$ 的值，如表 5-30 所示。将回归系数 $c_3$ 代入（5-35）中，可得到触变平衡时间的计算模型，如式（5-36）所示。

$$t_{总} = 14255.40846 \cdot \left(\frac{C_V}{\varphi}\right) \ln\left(2.42801 \cdot C_V\right) \cdot \exp\left(-\frac{T-30}{251.90178}\right) \quad (5-36)$$

表 5-30　回归系数及标准差

| 回归参数 | 值 | 标准差 | $R^2$ |
|---|---|---|---|
| $c_1$ | 19.08693 | 1.66904 | 0.97105 |
| $c_2$ | 269.99689 | 25.43397 | 0.97245 |
| $c_3$ | 251.90178 | 14.73125 | 0.98903 |

# 参考文献

[1] 高洁. 浓密膏体管道输送阻力计算方法研究[D]. 北京：中国矿业大学(北京)，2013.

[2] 王洪武. 多相复合膏体充填料配比与输送参数优化[D]. 长沙：中南大学，2010.

[3] 郭晓彦. 充填膏体性能影响因素试验研究[D]. 太原：太原理工大学，2013.

[4] 吴爱祥，焦华喆，王洪江，等. 膏体尾矿屈服应力检测及其优化[J]. 中南大学学报(自然科学版)，2013，44(8)：3370-3376.

[5] YAHIA A，TANIMURA M，SHIMOYAMA Y. Rheological properties of highly flowable mortar containing limestone filler-effect of powder content and W/C ratio[J]. Cement & Concrete Research，2005，35(3)：532-539.

[6] TIKOV BELEM，BENZAAZOUA MOSTAFA. Design and application of underground mine paste backfill technology[J]. Geotechnical and Geological Engineering，2008，26(2)：147-174.

[7] WANG X. Proportioning and performance evaluation of self-consolidating concrete[J]. Iowa State University.，2014.

[8] YAHIA A，Mantellato S，Flatt R-J. Concrete rheology：A basis for understanding chemical admixtures[M]. Science and Technology of Concrete Admixtures，2016.

[9] 张修香. 矿山废石—尾砂高浓度充填料浆的流变特性及多因素影响规律研究[D]. 昆明：昆明理工大学，2016.

[10] KAUSHAL D R，SATO K，TOYOTA T，et al. Effect of particle size distribution on pressure drop and concentration profile in pipeline flow of highly concentrated slurry[J]. International Journal of Multiphase Flow，2005，31(7)：809-823.

[11] 李帅，王新民，张钦礼，等. 超细全尾砂似膏体长距离自流输送的时变特性[J]. 东北大学学报(自然科学版)，2016，37(7)：1045-1049.

[12] 易小开. 输送管道中频感应加热双场耦合及优化设计[D]. 天津：天津工业大学，2015.

[13] XIANGMING ZHOU. Rheological behaviors of the fresh SFRCC extrudate：Experimental，theoretical and numerical investigations[M]. 2004.

[14] Raissa-Patricia-Douglas Ferron. Formwork pressure of self-consolidating concrete: Influence of flocculation mechanisms, structural rebuilding, thixotropy and rheology[J]. Dissertations & Theses-Gradworks, 2008.

[15] ZHUOJUN QUANJI. Thixotropic behavior of cement-based materials: Effect of clay and cement types[J]. Dissertations & Theses Gradworks, 2010.

[16] SANT, GAURAV, NEITHALATH, et al. The rheology of cementitious suspensions: A closer look at experimental parameters and property determination using common rheological models [J]. Cement & Concrete Composites, 2015.

[17] 刘晓辉. 膏体流变行为及其管流阻力特性研究[D]. 北京：北京科技大学, 2015.

[18] 王建栋. 全尾砂膏体垂直管自流输送流动行为特征研究[D]. 北京：北京科技大学, 2022.

[19] 孙海宽, 甘德清, 张雅洁, 等. 超细尾砂料浆流变参数预测及管输温度分布特征[J]. 中国有色金属学报, 2023, 33(4)：1333-1348.

[20] 刘志双. 充填料浆流变特性及其输送管道磨损研究[D]. 北京：中国矿业大学(北京), 2018.

[21] WU A. Rheology of Paste in Metal Mines[M]. 北京：冶金工业出版社, 2022.

# 第 6 章

# 考虑时–温效应的膏体管道输送阻力

膏体管道输送的阻力特性是膏体充填的重要内容, 管道输送的顺利进行是优良膏体在井下实现目标功能的重要保障。不同的温度条件下膏体会表现出不同的流变特性, 导致不同的流动阻力特征。开展时–温效应下膏体流变参数及管阻分布特征方面的研究, 通过理论分析, 结合多场耦合数值模拟技术, 分析时–温效应下膏体管道输送的阻力特征, 建立时–温效应下的阻力预测模型, 对于建立管道系统调控技术, 确保膏体输送的安全稳定运行具有现实意义。

两相流阻力分析时多以颗粒为研究基础[1]。支持颗粒运动的主要是重力, 升力, 颗粒与流体间的作用力以及由细小颗粒产生的静电力、范德华力、库仑力、偶极力等。均质浆体中的细颗粒受力分为三种: 第一种是与流体和颗粒间的相对运动无关的力, 主要是指重力; 第二种是流场对颗粒的作用力, 主要是指升力和颗粒与流体间的作用力; 第三种是颗粒间的作用力, 主要是指范德华力和静电力, 也包括库仑力、偶极力等。尤其是颗粒间的作用力, 对于细颗粒而言, 颗粒越小, 这种力的作用越强, 浓度越高, 颗粒间的作用力越强, 这也是均质浆体产生屈服应力的原因所在[2]。

膏体是一种特殊的均质浆体, 膏体结构的形成不仅基于固液两相流的流动特性, 而且源于膏体料浆内的颗粒间形成了稳定的骨架结构, 超细颗粒间在多种力场作用下形成了自絮凝结构, 将相连颗粒相互包裹、镶嵌。同时膏体内部水分多以半稳定形态的吸附水存在, 自由水量仅保证了膏体一定程度的流动性。在一定输送压力条件下膏体以柱塞流的形态运动, 在沿管径方向表现为无沉降无交换型均质体, 具有一定的可塑性[3]。

由于膏体物料组成的复杂性和料浆流态的特殊性, 传统两相流经验计算公式已不能满足膏体输送阻力计算的精度要求。根据流变学理论对结构流态的膏体管阻进行分析, 能够得到结构流管阻计算模型。在具体应用中, 由于对膏体流变行为的认识不足和膏体输送工况的复杂性, 计算值往往与实际值存在较大偏差。膏体流变特性不仅受材料性质的影响，同时还具有一定的时变性，另外温度的变化对料浆的流变特性也会产生较大影响。在复杂的多因素耦合作用下，膏体料浆的流变特性变得异常复杂。本章拟在考虑料浆时-温效应的基础上对膏体管阻模型进行探讨，同时对不同管网布置形式下的阻力分布特征和停泵再启等工况下的阻力特征进行分析。

## 6.1 膏体管阻计算模型

前述研究认为，膏体料浆中具有一定含量的超细颗粒，这些颗粒具有较强的表面物理化学作用，由此导致颗粒间产生了絮凝作用，并在一定浓度条件下，在料浆内部形成了具有一定抗剪强度的网状结构。内部结构的存在，导致膏体在管道内呈整体性结构状流动，即所谓的"结构流"[4]。

### 6.1.1 管内流速分布

设水平圆管的半径为 $R$，膏体在管内流体的体积流量为 $Q$，长为 $L$ 管段上产生的压降 $\Delta P$，$\tau_w$ 为管壁四周的剪切应力，如图 6-1 所示。

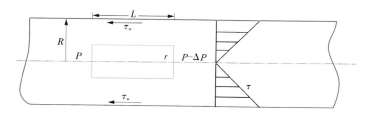

图 6-1 膏体管内流动的受力分析

由静力平衡分析可得到式(6-1)：

$$\Delta P \cdot \pi R^2 - 2\pi RL \cdot \tau_w = 0 \qquad (6-1)$$

由式(6-1)可得到式(6-2)：

$$\tau_w = \frac{R\Delta P}{2L} \qquad (6-2)$$

在管内取一半径为 $r$，长为 $L$ 的圆柱体，压力损失仍为 $\tau$，在圆柱面上所受的剪切应力为 $\tau$，则可建立式(6-3)：

$$\Delta P \cdot \pi r^2 - 2\pi rL\tau = 0 \qquad (6-3)$$

化简后，得式(6-4)：

$$\tau = \frac{r\Delta P}{2L} \qquad (6-4)$$

则由式(6-2)及式(6-4)，可得式(6-5)：

$$\frac{\tau}{\tau_w}=\frac{r}{R}\tag{6-5}$$

根据前述对膏体流变性质的影响，当系统处于触变及平衡状态时，其流变性质满足宾汉流体模型，得式(6-6)：

$$\tau=\tau_0+\left(-\frac{dv}{dr}\right)\cdot\eta\tag{6-6}$$

联立式(6-6)及式(6-4)，可得式(6-7)：

$$\frac{dv}{dr}=\frac{\tau_0}{\eta}-\frac{\tau}{\eta}=\frac{\tau_0}{\eta}-\frac{\Delta P\cdot r}{2L\cdot\eta}\tag{6-7}$$

对式(6-7)进行积分，可得式(6-8)：

$$v=\frac{1}{\eta}\left[\frac{\Delta P}{4L}(R^2-r^2)-\tau_0(R-r)\right]\tag{6-8}$$

则式(6-8)即为膏体管道流动过程中流速沿径向分布公式。由式(6-4)可知，剪切应力 $\tau$ 在管道径向上呈线性分布，当 $\tau$ 等于屈服应力 $\tau_0$ 时，即式(6-9)成立：

$$r_0=\frac{2\tau_0 L}{\Delta P}\tag{6-9}$$

则当 $r\leqslant r_0$ 时，剪切力大于屈服应力，流体开始产生切变率，膏体开始流动[5]。当 $r\leqslant r_0$ 时，流体不产生切变率，此范围的膏体呈柱塞状运动，如图6-2所示。

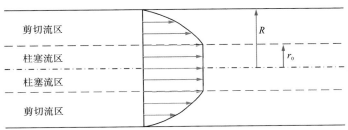

**图6-2　Bingham 流体流速分布特征**

## 6.1.2　管流阻力计算

假设通过管道流量 $Q$ 在接近管壁的流体呈不滑动流，其边界条件 $r=R$，$v=0$，则式(6-10)成立[6]：

$$Q = \int_0^R 2\pi r \mathrm{d}rv = \pi \int_0^R v \mathrm{d}(r^2) = \pi \int \left[ vr^2 \right]_0^R - \int_0^R r^2 \mathrm{d}v = -\pi \int_0^R r^2 \mathrm{d}v \quad (6\text{-}10)$$

由式(6-6)可推出式(6-11):

$$-\frac{\mathrm{d}v}{\mathrm{d}r} = f(\tau) = (\tau - \tau_0)/\eta \quad (6\text{-}11)$$

将式(6-5)及式(6-11)代入式(6-10)中,则得式(6-12):

$$Q = \pi \left( \frac{R}{\tau_\mathrm{w}} \right)^3 \int_0^{\tau_\mathrm{w}} \tau^2 f(\tau) \mathrm{d}\tau \quad (6\text{-}12)$$

式(6-12)积分后,可得式(6-13):

$$Q = \frac{1}{4\eta} \cdot \frac{\pi D^3}{8} \cdot \frac{\Delta P \cdot D}{4L} \cdot \left[ 1 - \frac{4\tau_0}{3} \cdot \frac{4L}{\Delta P \cdot D} + \frac{\tau_0^4}{3} \left( \frac{4L}{\Delta P \cdot D} \right)^4 \right] \quad (6\text{-}13)$$

将式(6-4)代入式(6-13)中,则得式(6-14):

$$Q = \frac{\pi R^3}{4\eta} \cdot \tau_\mathrm{w} \cdot \left[ 1 - \frac{4}{3} \cdot \left( \frac{\tau_0}{\tau_\mathrm{w}} \right) + \frac{1}{3} \left( \frac{\tau_0}{\tau_\mathrm{w}} \right)^4 \right] \quad (6\text{-}14)$$

将式(6-14)中的流量换算为平均流速 $v$,则推导出式(6-15):

$$\frac{4v}{R} = \frac{\tau_\mathrm{w}}{\eta} \cdot \left[ 1 - \frac{4}{3} \cdot \left( \frac{\tau_0}{\tau_\mathrm{w}} \right) + \frac{1}{3} \left( \frac{\tau_0}{\tau_\mathrm{w}} \right)^4 \right] \quad (6\text{-}15)$$

高次项省略,则得式(6-16):

$$\frac{4v}{R} = \frac{\tau_\mathrm{w}}{\eta} - \frac{4}{3} \cdot \frac{\tau_0}{\eta} \quad (6\text{-}16)$$

将式(6-4)代入式(6-16)中并进行变换,则得式(6-17):

$$i = \frac{\Delta P}{L} = \frac{2\tau_\mathrm{w}}{R} = \frac{16}{3D}\tau_0 + \frac{32v}{D^2} \cdot \eta \quad (6\text{-}17)$$

在已知膏体屈服应力 $\tau_0$ 及塑性黏度 $\eta$ 的前提下,可采用式(6-17)求得其在相应管径及流速条件下的流动阻力。

## 6.1.3  时-温效应阻力模型

式(6-17)中的沿程阻力计算公式没有考虑结构流体的触变效应及温度效应。实际上,屈服应力和塑性黏度并不是一成不变的。

将式(5-32)中考虑时-温效应的屈服应力计算模型及式(5-33)中考虑时-温效应的塑性黏度计算模型代入式(6-17)中,可得到考虑时-温效应的沿程阻力计算公式,如式(6-18)所示。

$$\begin{cases} i(t,\ T)=\dfrac{16}{3D}\tau_{00}\cdot\exp\{-k[t+c_1\cdot(T-30)]\}+\\[2mm] \qquad\quad \dfrac{32v}{D^2}\cdot\{\eta_{00}-m[t+c_2\cdot(T-30)]\} \quad t\leqslant t_{总}\\[2mm] i(t,\ T)=i(t_{总},\ T) \quad t>t_{总}\\[2mm] t_{总}=a\cdot\left(\dfrac{C_V}{\varphi}\right)\ln(b\cdot C_V)\cdot\exp\left(-\dfrac{T-30}{c_3}\right) \end{cases} \quad (6-18)$$

将 $\tau_{00}$，$\eta_{00}$，$k$，$m$，$c_1$，$c_2$，$c_3$ 通过式(5-6)、式(5-8)、式(5-12)、式(5-14)求得，再代入至式(6-18)中，可得到沿程阻力预测模型，如式(6-19)所示。

$$\begin{cases} i(t,\ T)=\dfrac{16}{3D}\cdot 0.05526\times\left(\dfrac{C_V}{\varphi}\right)^{1.84608}\cdot\exp(25.22424\times C_V-\rho)\cdot\\[3mm] \quad \exp\left\{-\dfrac{\varphi\times10^{-3}}{(2.24578\cdot C_V)^{19.28748}}[t+19.08693\cdot(T-30)]\right\}+\dfrac{32v}{D^2}\cdot\\[3mm] \quad \left\{95.65105\cdot C_V^{7.28583}\cdot\left(\dfrac{C_V}{\varphi}\right)^{0.59746}-\right.\\[3mm] \quad \left.\dfrac{\varphi\times10^{-5}}{(2.19009\cdot C_V)^{32.47921}}[t+269.99689\cdot(T-30)]\right\} \quad t\leqslant t_{总}\\[3mm] i(t,\ T)=i(t_{总},\ T) \quad t>t_{总}\\[3mm] t_{总}=14255.40846\cdot\left(\dfrac{C_V}{\varphi}\right)\ln(2.42801\cdot C_V)\cdot\exp\left(-\dfrac{T-30}{251.90178}\right) \end{cases}$$

$$(6-19)$$

该模型中既考虑了物料特性(体积浓度、膏体稳定系数、比重)对沿程阻力的影响，也考虑了输送条件(流速、管径)对阻力的影响，同时对外加场(温度、时间)引起的变化也进行了分析。不同矿山根据自身设计特点在应用该模型时，通过简单实验即可获取模型参数，不需要进行大量复杂的测定即可计算出不同工况下的沿程阻力。

在进行阻力分析及压力计算时，由于材料配比既定，输送温度也认为是不变参量，沿程阻力可看成是时间的函数，令：

$$\lambda_1=\frac{16\tau_{00}}{3D}\cdot\exp[-k\cdot c_1\cdot(T-30)] \qquad (6-20)$$

$$\lambda_2=\frac{32v\cdot m}{D^2} \qquad (6-21)$$

$$\lambda_3=\frac{32v}{D^2}\cdot[\eta_{00}-m\cdot c_2\cdot(T-30)] \qquad (6-22)$$

则式(6-18)可以写为:

$$i(t) = \lambda_1 \cdot \exp(-kt) - \lambda_2 \cdot t + \lambda_3 \quad t \leqslant t_{总} \tag{6-23}$$

假设管道沿程流速不变,则管道压力损失可表示为:

$$dP = i(t) d(vt) = \lambda_1 \cdot \exp(-kt) d(vt) - \lambda_2 t \cdot d(vt) + \lambda_3 \cdot d(vt) \quad t \leqslant t_{总} \tag{6-24}$$

对式(6-24)进行积分,可得到管道沿程总压力损失:

$$P(t) = -\frac{\lambda_1 v}{k} \exp(-kt) - \frac{\lambda_2 v}{2} \cdot t^2 + \lambda_3 v \cdot t + C \quad t \leqslant t_{总} \tag{6-25}$$

当 $t=0$ 时,总压力损失处于边界条件,此时 $P(0)=0$,将其代入式(6-25)中,得:$C = \frac{\lambda_1}{k} \cdot v$,将 $C$ 值代入到式(6-25)中,可得到管道沿程总压力损失:

$$P(t) = -\frac{\lambda_1 v}{k} \cdot \exp(-kt) - \frac{\lambda_2 v}{2} \cdot t^2 + \lambda_3 v \cdot t + \frac{\lambda_1}{k} \cdot v \quad t \leqslant t_{总} \tag{6-26}$$

由于膏体触变性的存在,根据公式推演,流速分布特征可以用图6-3进行描述。随着输送时间的延长,流变参数减小,剪切流区径向范围逐渐增大,柱塞流区逐渐减小。经历 $t_1$ 时间后,料浆在管道中的流态趋于稳定,柱塞流区不再随时间的变化而减小。剪切流区和柱塞流区之间的边界层趋于稳定。

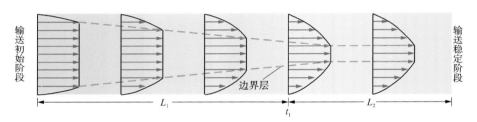

图6-3 时变条件下的流速分布特征

### 6.1.4 模型有效性分析

为对管道磨损阻力计算公式进行验证,选取了某铜矿全尾砂材料配制成不同配比的膏体料浆进行阻力计算。同时选取了几种经典管阻计算模型进行对比分析,所选模型包括传统结构流模型、以两相流为基础的金川公式[7]及长沙矿冶研究院公式。最后通过环管试验进行对比分析。

(1)基本参数与方案

测得铜矿尾砂密度为 2.919 g/cm³,密实容重为 1.732 g/cm³,密实度为 0.593,加权平均粒径为 98.4 μm。所用水泥为复合 32.5 水泥,密度为 3.1 g/cm³,密实容重为 1.42 g/cm³,密实度为 0.459。设计灰砂比为 1:6,质量浓度为 71%,

料浆参数如表 6-1 所示。管道内径为 100 mm，流量设定为 18 m³/h、22.5 m³/h 和 25.5 m³/h，对应的流速为 0.64 m/s、0.8 m/s 和 0.9 m/s。试验时测定料浆温度为 42 ℃。

**表 6-1　料浆基本参数测定**

| 体积浓度/% | 灰砂比 | 堆积密实度 | $C_V/\varphi$ | 料浆密度/(t·m⁻³) | 初始屈服应力/Pa | 初始塑性黏度/(Pa·s) |
|---|---|---|---|---|---|---|
| 45.13 | 1:6 | 0.664 | 0.68 | 1.956 | 139.27 | 0.2386 |

（2）经典沿程阻力计算模型

1）传统结构流模型

$$i = \frac{16}{3D} \cdot \tau_0 + \frac{32v}{D} \cdot \eta \tag{6-27}$$

式中：$v$ 为浆体平均流速，m/s；$D$ 为管道直径，m。式中相关参数可以通过表 6-1 获得。

2）金川模型

$$i = i_0 \left\{ 1 + 108 C_V^{3.96} \left[ \frac{gD(\rho_s - 1)}{v^2 \sqrt{C_d}} \right]^{1.12} \right\} \tag{6-28}$$

式中：$C_V$ 为浆体体积浓度，%；$\rho_s$ 为颗粒密度，t/m³；$C_d$ 为沉降系数；$i_0$ 为清水水力坡度，mH₂O/m；$g$ 为重力加速度，9.8 m/s²。颗粒沉降系数可由式（6-29）获取：

$$C_d = \frac{4}{3} \cdot \frac{(\rho_s - \rho_w) g d}{\rho_w w^2} \tag{6-29}$$

式中：$d$ 为固体颗粒平均粒径，m；$\rho_s$ 为颗粒密度，t/m³；$\rho_w$ 为清水密度，t/m³；$w$ 为固体颗粒自由沉降速度，cm/s。式中 $w$ 可以通过下式进行计算：

$$w = \sum w_i P_i \delta \tag{6-30}$$

式中：$w_i$ 为某一粒级范围的颗粒沉降速度，cm/s；$P_i$ 为某一粒级的比例，%；$\delta$ 为颗粒形状系数，此时取 $\delta = 0.8$。

$w_i$ 的计算过程如下，令 $a = \sqrt[3]{\dfrac{0.0001}{\rho_s - 1}}$，则：

①当 $d_i < 0.3a$ 时，用简化斯托克斯公式 $w_i = 5450 d_i^2 (\rho_s - 1)$；

②当 $0.3a \leqslant d_i < a$ 时，用简化阿连公式 $w_i = 123.04 d_i^{1.1} (\rho_s - 1)^{0.7}$；

③当 $a \leqslant d_i < 4.5a$ 时，用简化阿连公式 $w_i = 107.71 d_i (\rho_s - 1)^{0.7}$；

④当 $d_i \geqslant 4.5a$ 时，用简化雷廷格公式 $w_i = 5.11\sqrt{d_i(\rho_s-1)}$。

根据尾砂特征参数计算出颗粒的沉降阻力系数为 9.26。

则清水的管流阻力损失计算公式为：

$$i_0 = \lambda\frac{v^2}{2gD} = \frac{K_1 K_2}{\left(2lg\dfrac{D}{2\Delta}+1.74\right)^2} \cdot \frac{v^2}{2gD} \tag{6-31}$$

式中：$\lambda$ 为水的摩擦阻力系数；$K_1$ 为管道敷设系数，一般取 1~1.15；$K_2$ 为管道接头系数，一般取 1~1.18；$\Delta$ 为管材粗糙度，钢管取 $1.5\times10^{-4}$ m。

由式(6-31)计算得 $\lambda = 0.02268$，则清水阻力损失可计算为：

$$i_0 = \lambda\frac{v^2}{2gD} = 0.01134\frac{v^2}{gD} \tag{6-32}$$

3）长沙矿冶研究院模型

$$i = i_0 \cdot \frac{\rho_m}{\rho_w} \cdot \left[1+3.68\left(\frac{\sqrt{gD}}{v}\right)\left(\frac{\rho_m-\rho_w}{\rho_w}\right)^{3.3}\right] \tag{6-33}$$

式中：$\rho_m$ 为料浆密度，$t/m^3$；其他参数与上同。

（3）阻力计算结果

由式(5-36)计算出在 42 ℃时该膏体料浆的触变平衡时间为 891 s。采用式 (6-19)和式(6-25)计算出的不同流速下的沿程阻力和总阻力分布如图 6-4 所示。从图中可以看出，水力坡度随输送时间的增加逐渐减小。当流速为 0.64 m/s 时，初始水力坡度为 6.747 kPa/m，经过 981 秒的触变时间后，水力坡度降低至 4.593 kPa/m，降低幅度为 31.9%。总沿程阻力随输送时间逐渐增加，同时流速越大，总阻力增加幅度越大。

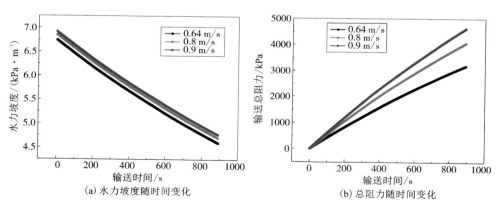

(a) 水力坡度随时间变化　　　　(b) 总阻力随时间变化

图 6-4　输送阻力随时间变化曲线

　　为与其他计算模型对比分析，选取了环管中的一段水平管道，如图 6-5 所示，对其阻力特征进行分析。测定水平管道前端压力表距柱塞泵出口的长度为46.156 m，水平管前后端压力表距离为 17.56 m。选取管道内径为 100 mm 的管路进行阻力分析。

图 6-5　水平管路布置

　　从图 6-6 中的数据可以看出，泵送压力呈周期性波动分布。因此，选择一种合理的数据处理方法，对试验结果的分析尤为关键。这里运用统计学原理对试验数据进行统计描述，采用压力中位数进行分析。通过分析得到前端压力表中位数为 713.23 kPa，末端压力表中位数为 621.74 kPa，由此求得实际水平管道水力坡度为 5.21 kPa/m。

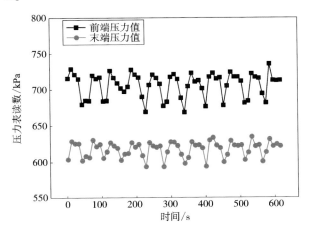

图 6-6　水平管道前后端压力表读数(0.64 m/s)

在该水平管段，不同流速条件下采用不同公式计算的水力坡度如表 6-2 所示。通过实际水力坡度实验可以看出，采用金川公式和长沙院公式对膏体沿程阻力进行计算时误差较大，不能满足实际工程需求。采用传统流变模型进行分析时，由于膏体时变性的存在和温度效应的影响，往往也得不到准确的阻力参数，尤其在长距离输送时更为明显。本节推导的水力坡度计算公式和沿程总阻力计算公式更接近于实际情况，尤其在长距离管道输送时优势更为明显，同时模型考虑了温度效应的影响，根据实验条件，该模型对 5~50 ℃ 范围内的膏体料浆具有较好的适应性。

**表 6-2　不同公式水力坡度计算对比**

| 流速 /(m·s⁻¹) | 金川公式 /(kPa·m⁻¹) | 长沙矿冶研究院公式 /(kPa·m⁻¹) | 传统结构流模型 /(kPa·m⁻¹) | 本节推导公式 /(kPa·m⁻¹) | 实际水力坡度 /(kPa·m⁻¹) |
|---|---|---|---|---|---|
| 0.64 | 0.39 | 0.54 | 7.916 | 6.747~4.593 | 5.21 |
| 0.8 | 0.4 | 0.7 | 8.039 | 6.857~4.699 | 5.57 |
| 0.9 | 0.41 | 0.81 | 8.115 | 6.925~4.765 | 5.74 |

## 6.2　时-温效应下膏体管道输送特征数值模型

膏体料浆在管道中的运动形态很难直接观察，一般工程上只能通过平均流速和管段压差来分析整个管路中料浆的分布特征，传统两相流浆体与结构流膏体输送的差异性无法体现。如何精准描述膏体在管道中的运移形态和变化规律是管道输送中存在的重大难题。

针对这个问题，国内外均有大量尝试。例如，应用超声多普勒效应和激光多普勒效应进行管道速度测量，应用粒子跟踪技术进行速度和图像获取，利用核磁共振成像进行图像获取并分析颗粒、孔隙分布形态等[8]。但目前这些技术的测试方法受限于苛刻的试验条件，实验重复性和可靠性较差，仍处于基础性研究阶段。

为描述时-温效应下膏体料浆在管道中的分布特征，本节利用多场耦合数值模拟软件 COMSOL Multiphysics 进行了数值模拟。即将流变参数及沿程阻力的时-温特征方程与纳维-斯托克斯方程耦合，通过有限元分析及三维成像得到时间-温度效应下的流场速度分布特征及压力分布特征。

### 6.2.1　COMSOL Multiphysics 软件介绍

**COMSOL Multiphysics** 是基于有限元法建立起来的[9]。它主要是通过偏微分方程组的耦合分析,对物理、化学现象进行数学描述。该软件具有灵活的定义模式,同时具有开放的架构,使用户可根据需求灵活定义或者重构偏微分方程组,实现复杂工况的约束求解。

COMSOL Multiphysics 的特点如下:①不同的偏微分方程可任意组合;②架构开放,可自定义图形界面中的偏微分方程;③经常涉及的物理模型,可以直接应用;④可以进行参数控制;⑤内有画图软件,可直接建模;⑥支持多种网格剖分,可以网格移动;⑦具有强大的后处理功能。

COMSOL 具有完善的计算流体力学模块,可通过速度、压力或者黏度等物理参量定义流体模型,实现对单相层流、单相紊流、多相流以及非等温流的模拟。用户可根据模拟需要重构纳维-斯托克斯方程,将多种因素耦合分析,建立多因素的动量守恒方程。

### 6.2.2　时-温效应计算原理

(1)基本控制方程

在流体力学中,主要的流动参变量有流体压力 $p$、密度 $\rho$、温度 $T$ 和流速 $V$,$V$ 可用三个分量 $u$、$v$ 和 $w$ 表示。上述每一个物理量都是空间位置 $r(x_1, x_2, x_3)$ 和时间 $t$ 的函数。

对于不可压缩流体,控制流动的基本方程主要有连续方程、动量方程和能量方程。

①连续性方程:

$$\frac{\partial \rho}{\partial t} + \mathrm{div}(\rho, v) = 0 \qquad (6-34)$$

式中:$t$ 为时间;$\rho$ 为浆体密度;$v$ 为浆体速度。

因为浆体是不可压缩的均质体,密度为常数,故连续性方程写成分量形式为:

$$\frac{\partial u}{\partial x} + \frac{\partial v}{\partial y} + \frac{\partial w}{\partial z} = 0 \qquad (6-35)$$

式中:$u$、$v$、$w$ 为速度矢量沿 $x$、$y$、$z$ 轴的三个速度分量。

②动量方程(N-S 方程):

$$\frac{\partial V}{\partial t} + Vg \nabla V = f - \frac{1}{\rho} \nabla p + v \nabla^2 V \qquad (6-36)$$

将 N-S 方程写成分量形式为:

$$
\begin{cases}
\dfrac{\mathrm{d}u}{\mathrm{d}t}=X-\dfrac{1}{\rho}\,\dfrac{\partial p}{\partial x}+\mu\left(\dfrac{\partial^{2}u}{\partial x^{2}}+\dfrac{\partial^{2}u}{\partial y^{2}}+\dfrac{\partial^{2}u}{\partial z^{2}}\right)\\[3mm]
\dfrac{\mathrm{d}v}{\mathrm{d}t}=Y-\dfrac{1}{\rho}\,\dfrac{\partial p}{\partial y}+\mu\left(\dfrac{\partial^{2}v}{\partial x^{2}}+\dfrac{\partial^{2}v}{\partial y^{2}}+\dfrac{\partial^{2}v}{\partial z^{2}}\right)\\[3mm]
\dfrac{\mathrm{d}w}{\mathrm{d}t}=Z-\dfrac{1}{\rho}\,\dfrac{\partial p}{\partial z}+\mu\left(\dfrac{\partial^{2}w}{\partial x^{2}}+\dfrac{\partial^{2}w}{\partial y^{2}}+\dfrac{\partial^{2}w}{\partial z^{2}}\right)
\end{cases}
\tag{6-37}
$$

式中：$X$、$Y$、$Z$ 分别表示流体微元在 $x$、$y$、$z$ 方向的面力；$p$ 表示流体微元受到的面力的合力；$\rho$ 表示流体的密度；$\mu$ 表示流体的黏度，其他符号同上。

③能量方程：伯努利方程可以写成如式(6-38)的形式，充填浆体在管道中流动时符合能量守恒和转化定理，伯努利方程就是建立在能量守恒的基础上的，取竖直向上为 $z$ 轴。

$$
z_{1}+\frac{p_{1}}{\gamma}+\frac{v_{1}^{2}}{2g}=z_{2}+\frac{p_{2}}{\gamma}+\frac{v_{2}^{2}}{2g}+h_{1}'
\tag{6-38}
$$

式中：$z_{1}$、$z_{2}$ 表示单位流体的位置；$p_{1}$、$p_{2}$ 表示流体在位置 $z_{1}$、$z_{2}$ 处的压力；$\gamma$ 为料浆的容重；$v_{1}$、$v_{2}$ 表示流体在 $z_{1}$、$z_{2}$ 处的速度；$h_{1}'$ 表示在 $z_{1}\sim z_{2}$ 流动区间的能量损失。

(2)偏微分方程(PDE)

对于偏微分方程组的求解，首先就是要将方程组化为离散形式的方程组[10]，即：

$$
-\nabla\,g(c\,\nabla\,\boldsymbol{u})=f\rightarrow\boldsymbol{K}\boldsymbol{u}=\boldsymbol{F}
\tag{6-39}
$$

$$
-\nabla\,g(c(\boldsymbol{u})\,\nabla\,\boldsymbol{u})=f\rightarrow\boldsymbol{K}(\boldsymbol{u})\boldsymbol{u}=\boldsymbol{F}
\tag{6-40}
$$

求解方程组，COMSOL 提供了两种不同的求解方式。第一种是线性求解：$\boldsymbol{u}=\boldsymbol{K}^{-1}\boldsymbol{F}$。首先将刚度矩阵 $\boldsymbol{K}$ 进行 $LU$ 分解，即把 $\boldsymbol{K}\boldsymbol{u}=\boldsymbol{F}$ 转换为 $LU\boldsymbol{u}=\boldsymbol{F}$，然后将其转换为 $\boldsymbol{u}=U^{-1}L^{-1}\boldsymbol{F}$，即可求出场量 $\boldsymbol{u}$。这样做的优点是计算非常稳定，但同时占用的内存也很大。对于大型问题，矩阵变换占用大量内存，限制了线性求解的运用范围。这时就要用到第二种求解方法，即迭代求解，迭代求解没有矩阵变换的过程，只在每次迭代完成后判定余量 $r=\boldsymbol{K}\boldsymbol{u}-\boldsymbol{F}$ 是否趋向于零，没了矩阵的变换，就大大地节省了内存空间，但是这样做会导致计算速度变慢，以及得出稳定性较差的计算结果。

(3)时-温效应分析

纳维-斯托克斯方程(N-S 方程)是描述黏性不可压缩流体的动量守恒方程，Comsol 内嵌层流模型控制方程为：

$$\begin{cases} \rho\dfrac{\partial u}{\partial t}+\rho(u\cdot\nabla)u=\nabla\cdot\left[-pl+\mu(\nabla u+(\nabla u)^{\mathrm{T}})-\dfrac{2}{3}\mu(\nabla\cdot u)l\right]+F \\ \dfrac{\partial\rho}{\partial t}+\nabla\cdot(\rho\cdot u)=0 \end{cases} \tag{6-41}$$

通过修改式(6-39)、式(6-40)中的体积力 $F$，将本文推导的考虑时-温效应的流变参数计算式(5-33)、式(5-34)及沿程阻力计算式(6-19)代入 N-S 方程中，建立随时间和温度变化的膏体管道运动控制方程。

## 6.3　数值建模与参数设定

### 6.3.1　数值模型

本节主要通过数值模拟手段分析膏体随时间和温度的变化规律。为针对性分析问题，减少干扰因素，对模型进行了简化处理。同时考虑到 Comsol 功能的局限性，长径比过高的三维模型将严重失真。建立的模型由水平管段组成，长度为 5 m，管道直径为 200 mm。采用自由剖分四面体网格进行网格划分，网格单元数为 240416。为真实反映膏体在管壁处的运动状态，在管道边壁处建立了边界层网格，如图 6-7 所示。

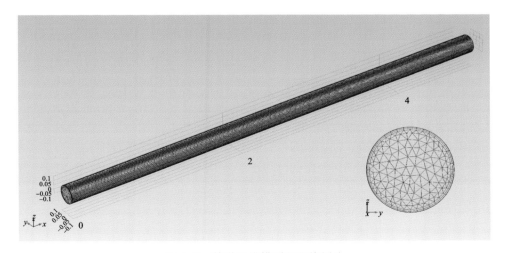

**图 6-7　管道三维模型及网格划分**

### 6.3.2　材料参数

在输送模拟方案中，选用的材料为金川全尾砂和 P.O 42.5 普通硅酸盐水泥。

根据前期实验结果，优选出膏体料浆质量浓度为 70%，灰砂比为 1∶12 的配比。料浆的详细配比参数如表 6-3 所示。

**表 6-3  材料配比参数**

| 质量浓度 /% | 体积浓度 /% | 灰砂比 | 尾砂密度 /(t·m⁻³) | 水泥密度 /(t·m⁻³) | 料浆密度 /(t·m⁻³) | $\varphi$ |
|---|---|---|---|---|---|---|
| 70 | 44.89 | 1∶12 | 2.852 | 3.03 | 1.837 | 0.6006 |

### 6.3.3  膏体流态

膏体的流态一般通过雷诺数进行确定，当料浆雷诺数 $Re<2300$ 时，一般认为流动处于层流状态；$Re>4000$ 时，流动一般为湍流。

雷诺数计算公式：

$$Re=\frac{\rho vD}{\mu} \tag{6-42}$$

式中：$\rho$ 为料浆密度，kg/m³；$v$ 为料浆流速，m/s；$\mu$ 为料浆黏度，通过实验得出，Pa·s；$D$ 为管道内径，m。

根据材料特性，假设平均流速为 1 m/s，温度为 5~50 ℃，则通过计算得出，膏体料浆雷诺数 $1173.2<Re<2075.7$，均小于 2300，认为膏体处于层流状态，模型选用层流模型（Laminar）。

### 6.3.4  边界条件

在实际充填过程中，认为膏体进口均匀来流，进口处选择速度入口，进口流速为 1 m/s，管壁设置为固壁边界类型，即壁面无滑移和

**图 6-8  出口压力设定**

渗透。出口处设定出口压力边界条件。由于管道模型中添加了重力作为体积力，直接设定出口压力为零或出口层流流出将导致不收敛或结果错误，本文将出口压力分布条件代入模型中，具有较好的模拟效果，出口压力设定如图 6-8 所示。

## 6.4  时-温效应数值模拟结果

通过后处理得到了膏体在管道中随时间和温度变化的速度特征云图和压力特征云图，真实再现了膏体在管道中的运移形态。在时-温效应耦合模型中，分别将时间、温度对流速和压力的影响进行了分析。

### 6.4.1　时间对流场速度分布影响

随着膏体在管道中的匀速推移，膏体速度径向分布特征产生了较明显的变化。本节以 50 ℃时为例对膏体流速随时间的变化进行分析。

膏体在管道中的平均流速为 1 m/s，但从图 6-9 中可以看出，膏体流速在径向和走向上均表现出较大的区域差异性。在边界效应作用下，管壁处的流速接近于零，并在边壁附近产生了较大的速度梯度。在沿管道走向上，中心线附近的深红色区域逐渐集中，表明速度梯度逐渐增大，最大速度也逐渐增加。管道内最大速度达到 1.37 m/s。

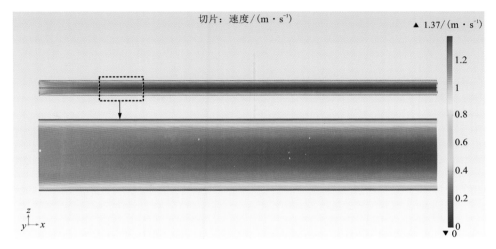

**图 6-9　膏体管道流速分布图**

为分析速度沿径向的三维分布状态，将膏体管道速度分布云图进行了切片分析，如图 6-9 所示。从图中可以明显看出管道中心流速增长过程。在初始阶段，剪切流区主要集中在管道边壁附近，随着输送距离的延长，剪切流区逐渐扩展，柱塞流区逐渐收缩，同时柱塞流速逐渐增大。

将切片速度矢量等比变形，可得到膏体管道速度矢量云图，如图 6-10 所示。图中清晰展示了膏体结构流区和剪切流区变化过程。膏体在管道中的柱塞流特征并不是一成不变的，而是随着时间的推移，柱塞流区沿管路逐渐减小并趋于稳定，如图 6-11 所示。图 6-12 是沿管道走向均匀分布的 20 条切线膏体管道速度径向分布图，更加清晰地表明了速度变化过程。柱塞流区范围减小的同时速度逐渐增大，相应地，剪切流区范围增大的同时流速逐渐降低。由数据图可以看出，在时间效应下，膏体流态有由宾汉体向牛顿体转化的趋势，虽然无法达到[11]。

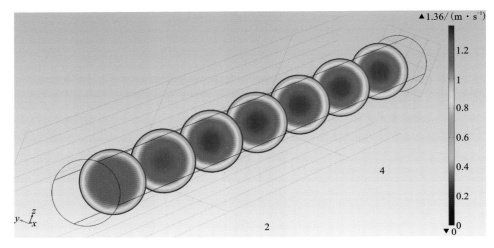

图 6-10  膏体管道速度切片图

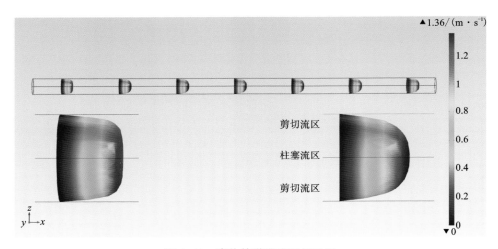

图 6-11  膏体管道速度矢量云图

膏体在管道输送过程中的沿程阻力随着柱塞流区的减小逐渐降低，流态稳定前的初始管段阻力最大，这也是造成堵管事故的重要原因。在生产实践中应加强对初始管段的压力监测。

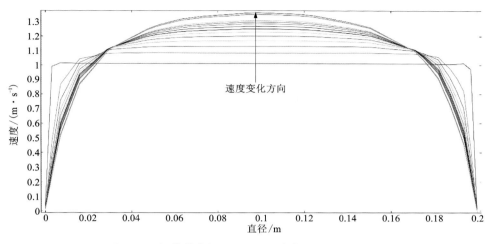

图 6-12　沿管道走向不同位置处膏体速度径向分布图

## 6.4.2　时间对流场压力分布影响

膏体在管道中受到的压力一方面来自于重力，为静压力；一方面来自于速度产生的动压。膏体管道总压力为静压和动压叠加的结果。图 6-13 是膏体管道流场压力分布云图，图中反映了膏体沿走向压力分布特征，初始端压力最大达到了 $2.8 \times 10^4$ Pa，末端压力最小处为 17.8 Pa。

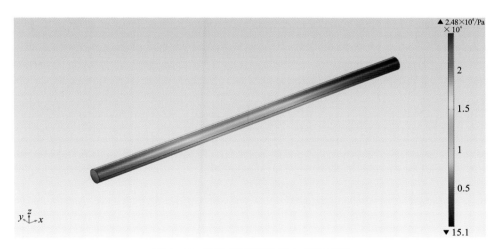

图 6-13　膏体管道流场压力分布云图

图 6-14 为管道切片压力分布云图，图中不仅表现出了压力沿走向的分布状态，而且细节图也表明了在径向方向存在明显的压力梯度。以管道 2.5 m 处的横

切面为例，在管道顶端压力最小，为 $1.19\times10^4$ Pa；越靠近管道底端压力越大，最低点压力为 $1.55\times10^4$ Pa。同时注意到，在管道径向上未出现由边壁到圆管中心的压力梯度，表明在同一横切面，重力是影响压力分布的重要因素。

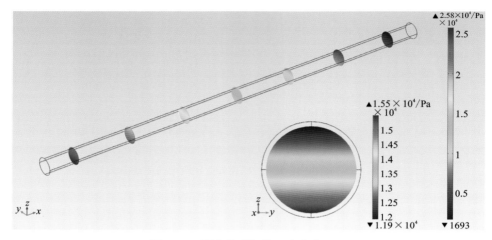

图 6-14 膏体管道切片压力分布云图

图 6-15 是管道速度-压力分布云图，图中综合展现了管道中速度流和压力流随时间的变化过程。在整个管路中，膏体流场速度和压力具有复杂的分布形态。这进一步说明膏体在管道中不是以恒定结构流态存在的，而是具有强烈的时间效应。对膏体流变参数及管道阻力时效性的分析对工程指导具有重要意义。

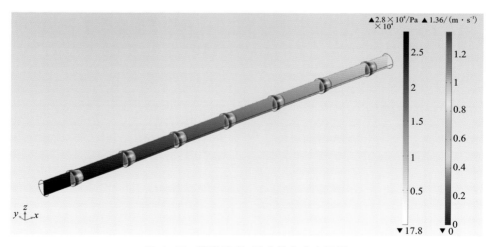

图 6-15 管道速度-压力综合分布云图

### 6.4.3　温度对流场速度分布影响

为研究膏体流变特征及管道阻力的温度效应，对不同温度下的流场特征进行了分析。图6-16(a)、(b)、(c)、(d)分别为5 ℃、20 ℃、35 ℃、50 ℃时，膏体管道2.5 m处横切面速度分布云图。温度5 ℃时，管壁处最小流速为0，管道中心的深红色柱塞流区范围较大，最大流速为1.17 m/s；温度提高至20 ℃时，速度梯度更加明显，剪切流区域增大，柱塞流区面积缩小，同时最大流速增长至1.25 m/s；当温度升高至35 ℃时，柱塞流区面积进一步缩小，最大流速进一步增长至

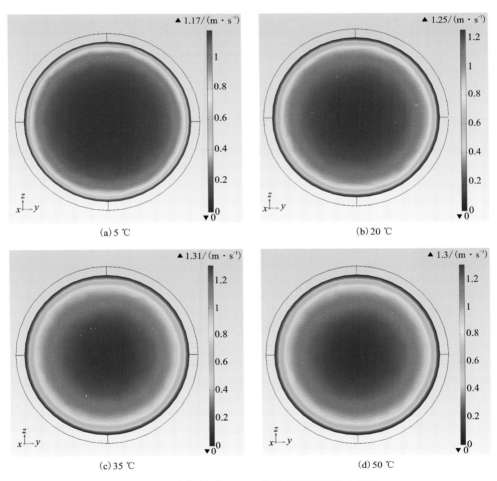

(a) 5 ℃　　　　　　　　　　　　　　(b) 20 ℃

(c) 35 ℃　　　　　　　　　　　　　　(d) 50 ℃

**图6-16　膏体管道2.5 m处横切面速度分布云图**

1.31 m/s；当温度升至 50 ℃时，柱塞流区面积略有减小，但减小幅度不大，最高流速增长至 1.36 m/s。对比发现，随着温度的增加，柱塞流区面积逐渐减小，最大流速逐渐提高。这说明温度效应下，膏体流态发生了变化，即随着温度的升高，膏体宾汉系数减小，管道沿程阻力逐渐降低。

对四幅图做过原点的水平切线之后，得到切线上的各点速度如图 6-17 所示。从图中可以看出，膏体料浆在温度为 5~50 ℃时，表现为典型的结构流体。随着温度的升高，剪切流区增大，流速减小；柱塞流区面积减小，柱塞流速增大。直观表现出了流速随温度的变化特征。

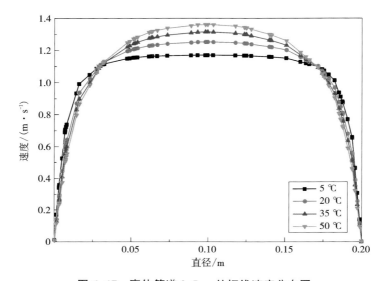

图 6-17 膏体管道 2.5 m 处切线速度分布图

在给定流速入口条件下，随着管路延长，管道内压力逐渐减小，但不同温度下管道压力的分布存在明显差别，如图 6-18 所示。5 ℃时，入口处压力最大，达到了 $2.8 \times 10^4$ Pa，20 ℃时，入口处最大压力为 $2.48 \times 10^4$ Pa，35 ℃时，入口处最大压力为 $2.2 \times 10^4$ Pa，50 ℃时，入口处最大压力为 $1.94 \times 10^4$ Pa。管道末端最小压力值在 17.8 Pa 左右，不同温度下的数据差别不大。温度的提高降低了管道沿程阻力，在相同流速下，温度越高，所需压力越小。

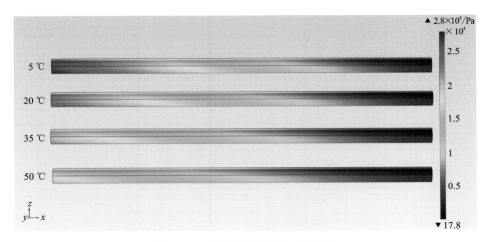

图 6–18 不同温度下流场压力分布

## 参考文献

[1] 吴爱祥. 金属矿膏体流变学[M]. 北京：冶金工业出版社，2019.

[2] FEYS D, KHAYAT K H, KHATIB R. How do concrete rheology, tribology, flow rate and pipe radius influence pumping pressure？[J]. Cement and Concrete Composites, 2016, 66：38–46.

[3] 曹斌. 复杂条件下颗粒物料管道水力输送机理试验研究[D]. 北京：中央民族大学，2013.

[4] 刘晓辉. 膏体流变行为及其管流阻力特性研究[D]. 北京：北京科技大学，2015.

[5] 兰文涛. 半水磷石膏基矿用复合充填材料及其管输特性研究[D]. 北京：北京科技大学，2019.

[6] 曹文豪. 高砂高泡水泥基充填材料的工程力学特性及其应用研究[D]. 徐州：中国矿业大学，2018.

[7] 金子桥，吕宪俊，胡术刚，等. 膏体充填料浆水力坡度研究进展[J]. 金属矿山，2009（11）：35–36+146.

[8] 杨天雨，乔登攀，邓涛，等. 废石–尾砂胶结膏体料浆的压力泌水效应及管输边界层厚度估算[J]. 矿冶，2021，30（6）：1–10.

[9] 戴巍. 基于 COMSOL Multiphysic 的煤层瓦斯压力测定数值模拟[J]. 内蒙古煤炭经济，2021（20）：52–54.

[10] 方文改，汪明海，鲁立胜. 胶结充填料浆上向输送技术参数计算[J]. 现代矿业，2021，37（10）：61–63.

[11] 吕南，刘国明. 矿用宾汉姆流体管输滑移效应研究发展[J]. 山东煤炭科技，2017（2）：127–129.

# 第 7 章

# 时－温效应阻力模型工程应用

## 7.1 工程概况

### 7.1.1 矿山概况

工程应用背景为谦比希铜矿西矿体。1998 年，中国与赞比亚依托谦比希铜矿共同组建了中色非洲矿业有限公司。该矿区西矿体保有储量达 2900 万 t，铜品位平均为 2.69%。

矿体沿走向长 2.1 km，从地表延至井下 600 m 以下，矿体连续性较好。矿体平均倾角在 30°左右，矿体平均厚度为 7.4 m。根据矿床赋存特征，西矿体采用斜坡道和中央副井进行了联合开拓，中央副井位于矿体中部下盘，井深 545 m，净直径 φ5.0 m，采用 3600×1600 罐笼平衡锤提升系统。副井一次掘进到 500 m 分段。担负人员、材料的提升，同时作为主要的进风井。

### 7.1.2 回采工艺

原采矿工艺设计采用两步骤回采的进路式充填采矿法：一步骤充填浓度为72%，灰砂比为 1∶10；二步骤料浆浓度为 68%，采用分级尾砂非胶结充填。但在实际生产过程中受生产条件限制，全部采用沿走向布置的非胶结充填法。对中厚或厚大矿体，采用隔一采一的进路式回采，两进路之间留设保安矿柱。在生产过程中主要表现出以下几点问题：

①传统充填采场释放出了大量水分，浸泡围岩和巷道。泥质板岩遇水极易崩解、垮塌，导致围岩稳固性恶化，地压问题严重，给矿山生产带来了困难。

②谦比希铜矿水泥 230 美元/t，充填成本极高。充填成本过高是该矿前期欧美公司经营时面临破产的重要原因。实现低成本充填是谦比希铜矿必须面对和解

决的问题。

③采用沿走向布置的进路式非胶结充填采矿法时，对西矿体中厚至厚大矿体，两进路间需要留有保安矿柱，造成资源回收率低，目前回收率仅为50%左右。

④由于低回收率造成矿块的采切比大，采切成本上升。同时由于保安矿柱难以回收，导致资源利用率低，资源浪费严重。由于资源利用率低又造成采场消耗过快，采场下降速度快，严重缩减了矿山服务年限。

由于原采矿工艺和充填工艺中存在的重大问题，矿山生产无法正常进行。在新形势下，矿山设计采用膏体充填进行了工艺改造，以期解决上述问题。

## 7.1.3　充填工艺

(1) 充填材料

充填搅拌站需要的全尾砂来自谦比西选矿厂。水泥为基特韦拉法基水泥厂生产的32.5#普通硅酸盐水泥。经实验测定，全尾砂密度为 2.67 t/m³，密实容重为 1.794 t/m³，水泥密度为 3.05 t/m³，密实容重为 1.20 t/m³。测定全尾砂粒级组成如表 7-1 所示。从数据分析可以看出，谦比希铜矿全尾砂中-200 目(-74 μm)为 70.845%，-400 目(-37 μm)为 46.975%。

表 7-1　全尾砂粒级组成

| 粒度 | $N_1$ | | | $N_2$ | | | 平均 | |
|---|---|---|---|---|---|---|---|---|
| | 筛上质量/g | 微分分布/% | 累积分布/% | 筛上质量/g | 微分分布/% | 累积分布/% | 微分分布/% | 累积分布/% |
| +80 目 | 6 | 0.67 | 0.67 | 0 | 0 | | 0.335 | 0.335 |
| -80+100 目 | 26 | 2.89 | 3.56 | 25 | 5.08 | 5.08 | 3.985 | 4.32 |
| -100+140 目 | 59 | 6.56 | 10.12 | 49 | 9.96 | 15.04 | 8.26 | 12.58 |
| -140+200 目 | 150 | 16.69 | 26.81 | 81 | 16.46 | 31.50 | 16.575 | 29.155 |
| -200+320 目 | 183 | 20.36 | 47.16 | 72 | 14.63 | 46.14 | 17.495 | 46.65 |
| -320+400 目 | 36 | 4 | 51.17 | 43 | 8.74 | 54.88 | 6.37 | 53.025 |
| -400 目 | 439 | 48.83 | 100 | 222 | 45.12 | 100 | 46.975 | 100 |
| 合计 | 899 | 100 | — | 492 | 100 | — | 99.995 | — |
| -200 目 | 658 | 73.19 | — | 337 | 68.50 | — | 70.845 | — |

(2) 充填能力

谦比希铜矿西矿体生产规模为 3000 t/d 矿石，根据回采工艺及生产能力要求,设计系统充填能力为 60 m³/h。膏体充填系统设计采用深锥浓密机进行尾矿浓密,可实现膏体的连续制备和连续充填,按照每天充填时间 16 小时计算,系统输送流量为 50 m³/h,考虑到系统安全,确定膏体充填系统充填能力为 60 m³/h。

（3）膏体充填工艺流程

从选矿厂到充填站的长度为 1800 m,拟采用 3 台 8/6E-AHR 型渣浆串联泵送,泵浓度 35%,输送流量约 300 m³/h。拟采用直径 11 m,高 15 m 的深锥浓密机进行尾矿浓密,底流浓度 70% 左右。谦比西膏体充填站采用散装水泥,从水泥厂用水泥罐车运到谦比西铜矿后用压缩空气送入水泥仓储存。设计采用 TS 系列微粉秤进行水泥给料计量。设计采用卧式双轴螺旋搅拌机进行二段搅拌,搅拌均质的膏体采用柱塞泵泵入采场。设计采用 DCS 自控系统对絮凝剂供给子系统、浓密机子系统、水泥给料子系统和柱塞泵子系统组成全方位控制。膏体系统工艺流程如图 7-1 所示。

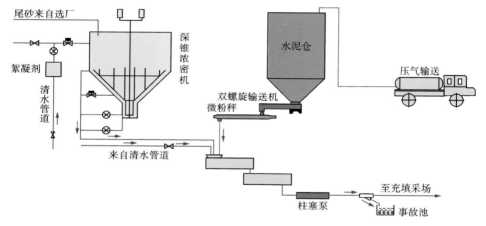

**图 7-1  膏体充填工艺流程图**

## 7.2  管道输送系统

### 7.2.1  流动性能分析

流动性的优劣是膏体能否进行管道输送的前提。由于充填料浆是由不同级配的颗粒与水混合组成的,流动性过好,两相流特征凸显,容易引发料浆分层离析,最终导致管道堵塞,无法正常输送;流动性太差,料浆稳定性增强,输送阻力大,泵送困难。只有适当的流动性才能保证输送的正常进行,坍落度测试是评价料浆流动性能的有效方式。

坦落度筒形态及尺寸如图 7-2 所示。其上下口直径及高度分别为 100 mm、200 mm 和 300 mm。在进行装填作业时需将坦落度筒捣实填满。将坦落度筒匀速缓慢提起，过程在 5~10 s 完成。坦落前后料浆的最高点落差即是该料浆的坦落度值。坦落后料浆的直径即是扩展度值，一般取其最长径和最短径的平均值。

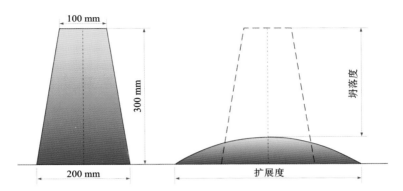

图 7-2 坦落度测试示意图

谦比希铜矿西矿体采用上向进路充填采矿法进行回采，充填强度能满足侧壁自立和上部行人条件即可。在此前提条件下，开展了膏体坦落度及强度的实验研究。实验以全尾砂尾矿浆的质量浓度为设计标准，考虑范围为 65%~72%，添加水泥后的膏体浓度为 67%~74%，水泥掺量分别为 11%、8%、6%、4%，共进行了 16 组实验，结果如表 7-2 所示。

表 7-2 配比方案及坦落度测试结果

| 编号 | 水泥掺量 /% | 膏体浓度 /% | 膏体密度 /$(t \cdot m^{-3})$ | 坦落度 /cm | UCS/$R_7$ /MPa | UCS/$R_{14}$ /MPa | UCS/$R_{28}$ /MPa |
|---|---|---|---|---|---|---|---|
| N1 | 11 | 67.63 | 1.744 | 28 | 0.19 | 0.19 | 0.23 |
| N2 | 8 | 67.77 | 1.743 | 28 | 0.13 | 0.13 | 0.2 |
| N3 | 6 | 67.35 | 1.733 | 28 | 0.19 | 0.19 | 0.23 |
| N4 | 4 | 67.09 | 1.727 | 28.5 | 0 | 0.11 | 0.17 |
| N5 | 11 | 70.51 | 1.801 | 27 | 0.19 | 0.19 | 0.48 |
| N6 | 8 | 69.72 | 1.781 | 28 | 0.18 | 0.23 | 0.46 |
| N7 | 6 | 69.30 | 1.771 | 27 | 0 | 0 | 0.21 |
| N8 | 11 | 71.46 | 1.820 | 26.5 | 0.4 | 0.6 | 0.9 |

续表7-2

| 编号 | 水泥掺量/% | 膏体浓度/% | 膏体密度/(t·m⁻³) | 坍落度/cm | UCS/$R_7$/MPa | UCS/$R_{14}$/MPa | UCS/$R_{28}$/MPa |
|---|---|---|---|---|---|---|---|
| N9 | 4 | 70.03 | 1.784 | 27 | 0.17 | 0.21 | 0.2 |
| N10 | 8 | 71.65 | 1.821 | 26 | 0.24 | 0.24 | 0.5 |
| N11 | 6 | 71.26 | 1.810 | 26 | 0.2 | 0.29 | 0.29 |
| N12 | 4 | 71.01 | 1.804 | 26.5 | 0.18 | 0.23 | 0.23 |
| N13 | 11 | 73.36 | 1.861 | 20.5 | 0.5 | 0.71 | 1.06 |
| N14 | 8 | 73.58 | 1.862 | 17 | 0.26 | 0.41 | 0.81 |
| N15 | 6 | 73.21 | 1.851 | 20 | 0.22 | 0.29 | 0.38 |
| N16 | 4 | 72.97 | 1.845 | 21 | 0.2 | 0.28 | 0.34 |

根据实验结果作出了坍落度随浓度变化曲线，如图7-3所示。由图可以看出，水泥添加量对坍落度的影响较弱，坍落度随浓度变化规律明显。当质量浓度为67%~71%时，坍落度随浓度增高逐渐降低；当质量浓度大于71%时，坍落度迅速降低，此时料浆的流动性迅速降低并趋于干硬状态。为保证膏体良好的流动性能，建议膏体质量浓度不应超过71%。

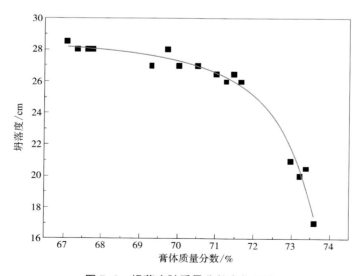

图7-3 坍落度随质量分数变化规律

## 7.2.2　稳定性能分析

充填料浆的稳定性主要表现在料浆的离析性能上，在目标时间内，料浆粗细颗粒间不明显分层，水分不明显析出，可认为该料浆具有较好的稳定性。稳定性是充填质量的重要保证，同时稳定性过高又将失去流动性，高质量的膏体料浆应具有适当的稳定性[1]。稳定性差的料浆存在以下两点问题：

（1）降低充填体均质性

如图 7-4 所示，充填料浆离析会造成充填体凝结后的分层现象。各层间强度差别较大，会影响充填体结构的承载力，破坏结构的安全性。同时均质性差又会使充填体各部位收缩不一致，产生收缩裂缝。

(a) 离析分层　　　　　　　　　　　(b) 均质膏体

**图 7-4　离析分层试样与均质性膏体**

（2）降低输送性能

充填料浆离析会造成黏管、堵管等事故，如图 7-5 所示。高离析性的料浆在管道中产生颗粒沉降，低阻料浆被优先输送，高阻颗粒逐渐沉积、累加，滞留在管道中，产生堵管现象。堵管后的拆除、清理工作直接影响工程进度，产生高昂附加成本。

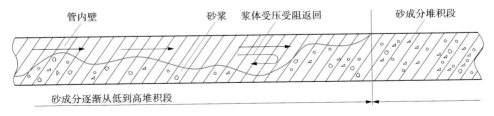

管内壁　　　　　　砂浆　　　浆体受压受阻返回　　　　　砂成分堆积段

砂成分逐渐从低到高堆积段

**图 7-5　料浆离析堵管过程示意图**

充填料浆的离析性能评价方法借鉴自《自密实混凝土设计与施工指南》中的拌和物稳定性跳桌实验。如图 7-6 所示，该实验用到的仪器为料浆稳定性实验桶，分上中下三层，每层高度为 100 mm，内径为 115 mm。将充填料浆注入到实验筒内，并以 1 Hz 的频率连续振动 25 次。实验完成后，将稳定性实验桶逐层拆除，分别收集上中下三段圆柱中的充填料浆，过 200 目筛，筛洗出 200 目以上的物料，烘干后称量得到三段圆柱中粗颗粒的质量分别为 $m_1$、$m_2$、$m_3$。根据上中下三段圆柱中粗骨料的质量，计算充填料浆的振动离析率，计算公式为：

$$S = \frac{m_3 - m_1}{m_1 + m_2 + m_3} \times 100(\%) \tag{7-11}$$

式中：$S$ 为振动离析率，%；$m_1$ 为上段充填料浆中粗颗粒的质量，g；$m_2$ 为中段充填料浆中粗颗粒的质量，g；$m_3$ 为下段充填料浆中粗颗粒的质量，g。

(a) 稳定性实验装置      (b) 物料分类收集

**图 7-6　料浆稳定性实验**

对不同配比的料浆进行了振动离析率测试，测试结果如表 7-3 所示。根据测试结果绘制了振动离析率随浓度变化曲线，如图 7-7 所示。从图中可以看出，浓度越低，料浆振动离析越强烈，即稳定性越差。随着浓度的增高，振动离析率呈负幂指数形式降低，即稳定性逐渐增强。当质量浓度为 68% 以下时，振动离析率为 20% 以上，料浆结构被严重破坏，稳定性差；当质量浓度为 69%~70% 时，振动离析率为 10%~15%，料浆结构处于中等稳定形态，同时兼具较好的流动性；当质量浓度为 70%~72% 时，振动离析率为 5%~10%，料浆结构破坏程度较低，处于稳定形态，流动性变差；当质量浓度为 72% 以上时，振动离析率为 5% 以下，料浆结构处于超稳定形态，同时料浆失去了流动性。从膏体稳定性的角度分析，合理的料浆质量浓度应为 69%~70%。

表 7-3 不同配比料浆稳定性测试结果

| 编号 | 水泥掺量/% | 膏体浓度/% | 膏体密度/(t·m⁻³) | 振动离析率/% |
|---|---|---|---|---|
| N1 | 11 | 67.63 | 1.744 | 22.19 |
| N2 | 8 | 67.77 | 1.743 | 19.72 |
| N3 | 6 | 67.35 | 1.733 | 24.51 |
| N4 | 4 | 67.09 | 1.727 | 25.34 |
| N5 | 11 | 70.51 | 1.801 | 11.37 |
| N6 | 8 | 69.72 | 1.781 | 12.14 |
| N7 | 6 | 69.30 | 1.771 | 12.99 |
| N8 | 11 | 71.46 | 1.820 | 8.48 |
| N9 | 4 | 70.03 | 1.784 | 9.58 |
| N10 | 8 | 71.65 | 1.821 | 4.05 |
| N11 | 6 | 71.26 | 1.810 | 4.17 |
| N12 | 4 | 71.01 | 1.804 | 5.75 |
| N13 | 11 | 73.36 | 1.861 | 1.89 |
| N14 | 8 | 73.58 | 1.862 | 2.06 |
| N15 | 6 | 73.21 | 1.851 | 3.19 |
| N16 | 4 | 72.97 | 1.845 | 4.67 |

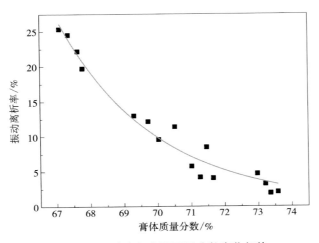

图 7-7 振动离析率随质量分数变化规律

### 7.2.3　流变性能分析

通过流变学理论能够有效计算膏体流变参数并确定管道输送沿程阻力。考虑到时间-温度效应的流变参数很难直接确定[2,3]，本章利用本文建立的流变参数计算模型对该矿山不同配比条件下的流变参数进行了计算。类比该矿不同矿区的充填情况，料浆温度设定为40℃。通过分析计算，得到了不同水泥添加量和不同浓度配比条件下触变前后的屈服应力、塑性黏度和触变稳定时间等关键参数。结果如表7-4所示。

表7-4　不同配比下料浆流变参数

| 编号 | 水泥量/% | 膏体浓度/% | 初始屈服应力/Pa | 初始塑性黏度/(Pa·s) | 稳定屈服应力/Pa | 稳定塑性黏度/(Pa·s) | 稳定时间/s |
|---|---|---|---|---|---|---|---|
| N1 | 11 | 67.63 | 72.20 | 0.077 | 43.31 | 0.062 | 468 |
| N2 | 8 | 67.77 | 81.76 | 0.102 | 49.20 | 0.088 | 525 |
| N3 | 6 | 67.35 | 71.55 | 0.066 | 42.95 | 0.049 | 445 |
| N4 | 4 | 67.09 | 67.19 | 0.043 | 40.54 | 0.026 | 402 |
| N5 | 11 | 70.51 | 225.14 | 0.292 | 165.16 | 0.288 | 1180 |
| N6 | 8 | 69.72 | 177.11 | 0.247 | 122.30 | 0.242 | 1005 |
| N7 | 6 | 69.30 | 157.54 | 0.225 | 105.40 | 0.218 | 919 |
| N8 | 11 | 71.46 | 320.64 | 0.360 | 253.17 | 0.358 | 1437 |
| N9 | 4 | 70.03 | 217.27 | 0.278 | 155.73 | 0.273 | 1132 |
| N10 | 8 | 71.65 | 363.67 | 0.383 | 292.64 | 0.381 | 1523 |
| N11 | 6 | 71.26 | 327.95 | 0.358 | 257.92 | 0.356 | 1440 |
| N12 | 4 | 71.01 | 312.59 | 0.346 | 242.42 | 0.343 | 1398 |
| N13 | 11 | 73.36 | 650.80 | 0.531 | 572.39 | 0.530 | 1984 |
| N14 | 8 | 73.58 | 746.46 | 0.567 | 664.81 | 0.566 | 2088 |
| N15 | 6 | 73.21 | 676.38 | 0.534 | 594.56 | 0.533 | 2006 |
| N16 | 4 | 72.97 | 645.93 | 0.517 | 563.15 | 0.516 | 1966 |

图7-8为40℃时料浆的屈服应力和塑性黏度随浓度变化规律。在67%~74%质量浓度范围，屈服应力随浓度呈指数型增长，当质量浓度超过70%时，屈服应力迅速增长。初始屈服应力和触变稳定后的屈服应力之差为26.65~82.78 Pa。在一定范围内，塑性黏度随浓度呈线性增长，初始塑性黏度和稳定时的塑性黏度

相差不大,尤其在较高浓度区间。

水泥量为 4%,膏体质量浓度为 70.03% 时,预测初始屈服应力为 217.27 Pa,塑性黏度为 0.278 Pa·s,稳定时间为 1132 s,也就是说,当输送 1068 m 后料浆处于稳定状态,稳定后的屈服应力为 155.73 Pa,塑性黏度为 0.273 Pa·s。为保证膏体在管道内具有较好流动性、降低摩阻损失和减少能量浪费,建议输送质量浓度不超过 71%。

在满足强度要求的基础上,综合膏体流动性、稳定性和流变特征分析,认为膏体质量分数范围应为 69%~70%,水泥掺量应为 6%~11%。

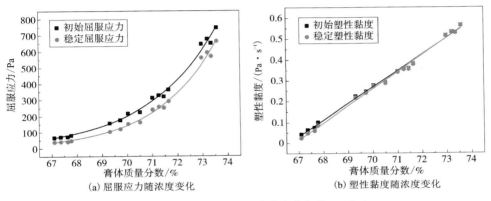

图 7-8　流变参数随质量浓度变化规律(40 ℃)

## 7.2.4　充填管道阻力分布

充填管径的选择主要从输送流量及管道摩阻损失两方面考虑。在既定的输送流量条件下,管径越小,则管内流速越大,管阻越大。根据对推荐配比的管阻的计算,同时考虑现场实际情况,推荐管径为 150 mm,根据实际输送流量 60 m³/h,计算出膏体管道输送平均流速为 0.944 m/s。

下面以膏体质量浓度为 69.3%,水泥添加量为 6% 时为例对管道输送阻力进行分析,得到了随输送时间和温度变化的管道沿程阻力,如图 7-9 所示。由于实验条件的局限性,模型的温度适用范围在 5~50 ℃ 区间,该区间外的适用性未能有效验证。在该区间内,料浆在 5 ℃ 初始时间时沿程阻力达到最大值,为 7.8951 kPa/m,料浆在 50 ℃ 稳定时沿程阻力最小,为 3.7139 kPa/m。

计算出输送 $t_1$ 时段内管道总阻力损失 $P(t_1, T_1)$ 后,根据式(6-19)可计算出 $t_1$ 时刻沿程阻力损失 $i(t_1, T_1)$。根据计算结果,该料浆在 40 ℃ 时初始沿程阻力为 5.90 kPa/m,经 919 s 料浆触变稳定后降至 4.04 kPa/m,管道总阻力至稳定时增长至 4.26 MPa,如图 7-10 所示。

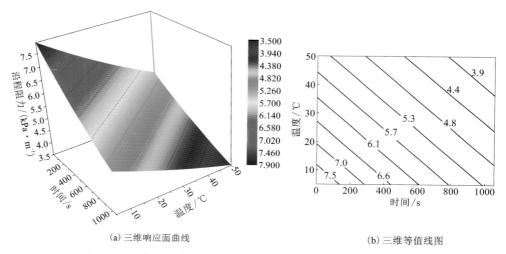

(a) 三维响应面曲线　　　　　　　　　(b) 三维等值线图

**图 7-9　膏体质量浓度 69.3%，水泥量 6% 时沿程阻力三维响应图**

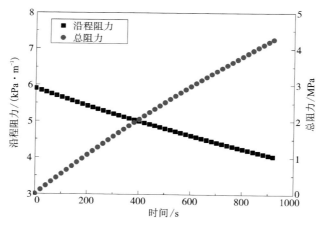

**图 7-10　料浆沿程阻力和总阻力随时间变化图**

## 7.2.5　时-温效应充填倍线与输送模式

几何充填倍线是指在管道布置既定的情况下，管段总长度与管段高差的比值。它反映了重力势能和系统摩阻的平衡关系，也是考察料浆能否自流输送的重要参考指标。其表达式为：

$$N = \frac{S}{h} \tag{7-2}$$

式中：$N$ 为几何充填倍线；$S$ 为管道总长度，m；$h$ 为管道垂直高度，m。

　　实际充填倍线是采用自然压头进行管道输送时评价管道能量供需平衡关系的指标。实际充填倍线反映了阻力与动力的平衡关系，是受料浆特性和既定管网参数影响的一个参数。

$$\begin{cases} P(t_s,\ T_1)=\rho gh & (S<t_1\cdot v) \\ P(t_1,\ T_1)+i(t_1,\ T_1)\cdot(S-t_1\cdot v)=\rho gh & (S\geqslant t_1\cdot v) \end{cases} \qquad (7\text{-}3)$$

式中：$t_1$ 为料浆触变时间，s；$\rho$ 为浆体密度，t/m$^3$；$v$ 为浆体速度，m/s；$S$ 为管道总长，m；$L$ 为水平管道总长，m；$h$ 为垂直管道总长，m；$P(t_1,\ T_1)$ 为 $t_1$ 时段，温度 $T_1$ 时的管道总阻力，Pa；$i(t_1,\ T_1)$ 为 $t_1$ 时刻，温度 $T_1$ 时的沿程阻力，Pa/m。

　　将式(7-3)进行数学变换并考虑局部阻力引起的安全系数，可得到考虑时-温效应的实际充填倍线计算公式，如式(7-4)所示。

$$N_s=\begin{cases} \dfrac{\rho g\cdot S}{P(t_s,\ T_1)\cdot\alpha} & (S<t_1\cdot v) \\[4mm] \dfrac{\rho g\cdot S}{[P(t_1,\ T_1)+i(t_1,\ T_1)\cdot(S-t_1\cdot v)]\cdot\alpha} & (S\geqslant t_1\cdot v) \end{cases} \qquad (7\text{-}41)$$

式中：$N_s$ 为实际充填倍线；$\alpha$ 为局部阻力系数，取 1.1，其他同上。

　　当 $N_s>N$ 时，可以实现自流输送；当 $N_s<N$ 时，需采用泵压输送。

　　根据现场实际情况绘制的充填管路布置情况如图 7-11 所示。膏体在充填站制备好后，经充填钻孔垂直下行 100 m 至充填联道，经充填斜井到达各充填分段，然后进入采场。各充填点的最大几何倍线与实际倍线见表 7-5。

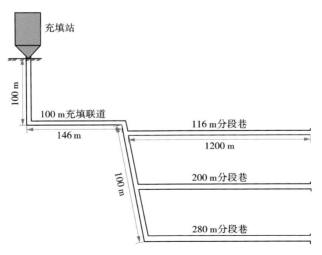

**图 7-11　充填管路布置图**

根据管路布置情况,结合式(7-4)可计算出不同充填水平的实际充填倍线,如表7-5所示。从表中可看出,116 m 水平实际充填倍线为 3.465,200 m 水平实际充填倍线为 3.486,280 m 水平实际充填倍线为 3.505,最大几何倍线均大于实际倍线。由此得出,在这三个水平进行充填不满足自流条件,需要泵压输送。

表 7-5    各充填水平几何倍线与实际倍线

| 充填水平/m | 垂直高度/m | 水平长度/m | 最大几何倍线 | 实际倍线 | 输送模式 |
| --- | --- | --- | --- | --- | --- |
| 116 | 116 | 1346 | 12.60 | 3.465 | 泵压输送 |
| 200 | 200 | 1346 | 7.73 | 3.486 | 泵压输送 |
| 280 | 280 | 1346 | 5.81 | 3.505 | 泵压输送 |

## 7.2.6    管道压力分布规律

从几何倍线中可以看出,在116 m 水平充填时需要的泵送压力最大,决定了泵送设备的选择。其中,$L_3$ 为触变平衡后低阻运行阶段,低阻运行距离为 594.81 m,沿程阻力损失为 4.04 kPa/m。不同管段的动力和阻力分布如表7-6所示。

表 7-6    不同管段动力和阻力分布

| 计算管段 | $h_1$ | $L_1$ | $h_2$ | $L_2$ | $L_3$ |
| --- | --- | --- | --- | --- | --- |
| 长度/m | 100 | 146 | 16 | 605.19 | 594.81 |
| 动力/kPa | 1736.5 | — | 277.84 | — | — |
| 阻力/kPa | 577.46 | 798.7 | 84.45 | 2796.96 | 2403.05 |

从图 7-12 中可以看出,在 116 m 最远管段充填时,需要泵送压力 4.646 MPa,在钻孔底部 B 点位置,压力达到系统最大值 5.805 MPa。经水平管段 $L_1$、竖直管段 $h_2$ 和水平管段 $L_2$ 后,系统压力降至 2.403 MPa。此时料浆在管道中经历了 919 s 的触变阶段到达稳定状态,沿程阻力由最大值 5.90 kPa/m 降到了 4.04 kPa/m,此后沿程阻力不再降低,料浆稳定输送。由此可以看出,在钻孔底部压力值达到最大,钻孔底部管道的防护是管道输送过程中的重点问题,应在安装的过程中进行钢结构加固,或者安装压力缓冲装置。

对整个管道输送系统来讲,$t_1$ 时刻对应的输送位置 E 点是沿程阻力变化的临界点。在 E 点之前,料浆沿程阻力具有强烈的时变特征,管道阻力较大,是整个管路的输送困难阶段。在 E 点之后,料浆沿程阻力降至最低值且具有较好的稳定性，是管道输送容易阶段。在充填实践中，料浆质量、流量等的波动将引起流动性和稳定性的波动，输送困难阶段容易发生堵管、爆管等事故。在工程应用中，应加强对输送困难阶段的监测和预警。

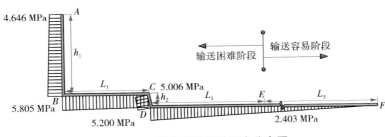

图 7-12　膏体管道输送压力分布图

## 7.3　工程应用效果

当充填 116 m 水平时，系统所需泵压最大为 4.646 MPa，按照系统 1.2 倍的安全系数设计，泵送压力满足 5.575 MPa 即可。由此，矿方选购了 Putzmeister KOS 2180 HP 高密度固体泵，工作压力为 6.9 MPa，额定流量为 60 m³/h，如图 7-13(a) 所示，可以满足系统泵送要求。根据工业采场实验，膏体流态良好，如图 7-13(b) 所示，具有较好的流动性和稳定性。

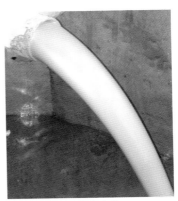

(a) PM 2180 HP 高密度固体泵　　　　　　(b) 管流膏体

图 7-13　工业柱塞泵及管流膏体

# 参考文献

［1］ 胡冠宇. 新桥硫铁矿磷石膏分层胶结充填技术可靠性研究［D］. 长沙：中南大学，2009.

［2］ 刘同有. 金川全尾砂膏体物料流变特性的研究［J］. 西部探矿工程，2000(6)：1-3+8.

［3］ 陈寅，郭利杰，邵亚平，等. 粗骨料膏体充填料浆流变特性与管道输送阻力计算［J］. 中国矿业，2018，27(12)：178-182.

［4］ 李辉，许斌，王娜，等. 谦比希铜矿膏体充填料浆流动性测试［J］. 金属矿山，2021(6)：127-130.

［5］ 杨纪光，王义海，吴再海，等. 某金矿全尾砂高浓度充填流变特性与微观结构的分析［J］. 有色金属科学与工程，2023，14(2)：249-256.

［6］ 杨晓炳，尹升华，郝硕，等. 废石全尾砂高浓度充填料浆的均质化模型［J］. 工程科学学报，2022，44(7)：1115-1125.

［7］ 高通，孙伟，彭朝智，等. 云南某锡矿全尾砂充填料浆流变参数研究［J］. 有色金属工程，2022，12(3)：129-137.

［8］ 李翠平，黄振华，阮竹恩，等. 金属矿膏体流变行为的颗粒细观力学作用机理进展分析［J］. 工程科学学报，2022，44(8)：1293-1305.

［9］ WANG XIAOLIN, WANG HONGJIANG, WU AIXIANG, JIANG HAIQIANG, PENG QINGSONG, ZHANG XI. Evaluation of time-dependent rheological properties of cemented paste backfill incorporating superplasticizer with special focus on thixotropy and static yield stress ［J］. Journal of Central South University，2022，29(4)：1239-1249.

［10］ 牛永辉，程海勇，吴顺川，等. 动态剪切环境超细全尾砂絮凝沉降特性［J］. 有色金属工程，2022，12(8)：139-148.

［11］ 吴再海. 超细尾砂充填料浆絮凝沉降特性与浓密机理研究［D］. 北京：北京科技大学，2022.

［12］ 陈晓利，杨桦，杨勇. 庙岭金矿全尾砂充填料浆流变特性的时温效应研究［J］. 金属矿山，2023(3)：44-51.

［13］ 王忠昶，王彦文，夏洪春. 不同角度弯管输送料浆不淤流速的研究［J］. 矿冶工程，2022，42(3)：41-45.

［14］ 李创起，祝鑫，彭亮，等. 某矿山高浓度胶结充填材料试验研究［J］. 矿业研究与开发，2022，42(5)：15-20.

［15］ 郝宇鑫，黄玉诚，李育松，等. 矸石似膏体充填料浆临界流速影响因素研究［J］. 煤炭工程，2022，54(4)：128-133.

［16］ 祝鑫，仵锋锋，尹旭岩，等. 尾砂胶结充填料浆输送管道阻力及磨损分析模拟研究［J］. 矿业研究与开发，2022，42(3)：120-124.

［17］ 杨晓炳，闫泽鹏，尹升华，等. 基于环管试验的粗骨料膏体管输阻力模型及优化［J］. 湖南大学学报(自然科学版)，2022，49(5)：181-191.

［18］ 杨天雨. 膏体管道输送边界层效应及阻力特性［D］. 昆明：昆明理工大学，2021.

# 第 8 章

# 不同管道布置形式下膏体阻力特性

　　膏体管道输送沿程阻力影响因素较多，但总体可总结为料浆特性、外加场和输送条件三个方面。前序章节研究了料浆结构和外加场（时间、温度）对流变特性和管输阻力的影响。本章将从输送条件方面（主要为管道布置形式）对管道输送阻力特性进行研究。

　　膏体流经不同管道布置形式时，流动阻力存在明显差异，对不同管道布置形式的阻力特性进行研究，将有助于优化膏体管网设置，推动膏体管道输送工艺的发展。但实际工程中不同布置形式管段的流动情况难以获取，不同管段的流动阻力特性不易分析。基于不同管道布置形式的复杂环管实验对不同管道形式的阻力特性进行研究是较为有效的研究手段。

　　本章基于不同管道布置形式的复杂环管实验装置，对不同管道布置形式、不同浓度和流速下的膏体管道压力变化情况进行分析，利用伯努利方程对各管道阻力进行计算，探究各因素对管道阻力特性的影响规律，以期为膏体管道输送工程提供建议。

## 8.1　环管试验系统介绍

　　环管试验系统由北京科技大学、金诚信矿山技术研究院和德国普茨迈斯特固体泵有限公司联合建设。该环管试验系统包括五个子系统，分别为膏体制备系统、泵压输送系统、数据采集系统、废料处理系统和自动控制系统[1]，设备总图布置如图 8-1 所示，包括：①配料计量区域；②搅拌制浆区域；③旋流分级及深锥浓密区域膏体制备区域；④膏体制备区域；⑤环管泵送区域；⑥废料处理区域膏体制备系统。

　　该系统的主要功能是根据试验要求配制出理想膏体料浆，如图 8-2 所示。尾砂经砂仓、皮带计量秤下放至皮带运输机。由皮带运输机输送至 BHS 搅拌机，该段搅拌使用间歇双轴槽式搅拌机，处理能力为 1 m³/次，50 m³/h。二段搅拌使用双螺旋卧式搅拌机，其容量为 5.3 m³，兼具搅拌、贮存及输送功能，处理能力为 80~100 m³/h。

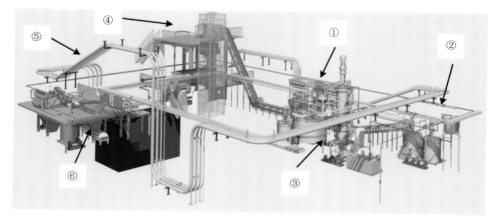

①配料计量区域；②搅拌制浆区域；③旋流分级及深锥浓密区域膏体制备区域；
④膏体制备区域；⑤环管泵送区域；⑥废料处理区域膏体制备系统。

**图 8-1　设备总图布置**

(a) 尾砂仓　　　　　　　　　　　(b) 皮带输送机

(c) BHS搅拌机　　　　　　　　　(d) 双螺旋卧式搅拌机

**图 8-2　膏体制备主要设备**

### 8.1.1　泵压输送系统

泵压输送系统是环管系统的核心部分[2]。所用柱塞泵为普茨迈斯特 KOS 1070 型液压柱塞泵，配套设施为 HA 90 CI P 型液压动力站和 THS 332 HCB P 型双轴螺旋给料机。输送能力为 30 $m^3$/h，输送压力为 75 bar。由于矿山开采规模、采矿方法以及充填能力的差异，充填管道输送的适宜管径不尽相同。环管系统要具备开展各种工况条件下管输实验的能力，为充填管网设计提供可靠依据，这种情况下，采用单一管径显然是不够的。因此，本单元出于大流量充填的应用比重日趋增加的考虑，设计了 DN 200 mm、DN 150 mm、DN 100 mm 和 DN 50 mm 四种规格管道。管道材质选用目前矿山较为常用的 16 Mn 无缝钢管，单套管道系统长约 120 m，如图 8-3 所示。

（a）PM 柱塞泵

（b）液压换向阀

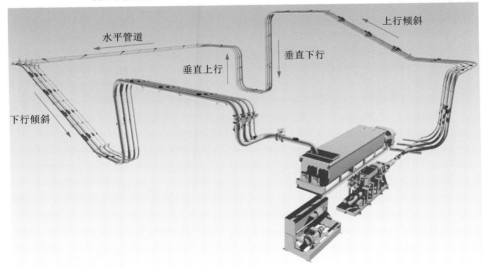

（c）环管试验系统

图 8-3　泵压输送系统主要设备及管道布置

从现有环管实验的资料来看，试验管道的走向较为单一，多为水平直管，同时对于局部管道的试验也缺乏关注。实际工程中，由于井巷布置、地质条件等方面的差异，充填管道必然存在垂直、倾斜、弯曲等多种走向形式，为了全面、真实地模拟料浆在井下的管流状态，对于上述每种管道分别设置了 5 种走向形式，包括上行倾斜(25°)、下行倾斜(25°)、垂直下行、垂直上行以及水平直管，同时在局部设计了 $R = 1$ m 及 $R = 0.5$ m 的 90°弯头。

### 8.1.2 数据采集系统

数据采集系统安装的主要设备有：雷达料位计，用于膏体制备单元卧式双轴搅拌机料位检测；电磁流量计，测量 65%~80%高浓度矿浆流量，用于泵送环管单元 PM 泵出口流量测量；压力仪表，绝压测量，法兰式隔膜密封，用于泵送环管单元不同点压力测量，如图 8-4 所示。另外还安装了荷兰的 Rhosonics 超声波浓度计、称重仪表(梅特勒–托利多 S 型传感器)等系列设备。

(a) 压力表      (b) 流量计

**图 8-4 环管数据采集仪表**

### 8.1.3 自动控制系统

采用的控制系统为 DCS 和 PLC 结合的混合式控制系统，集 DCS 和 PLC 的优点于一体，能够很好地实现逻辑控制与过程控制。膏体制备控制逻辑图如图 8-5 所示。

备料过程涉及三个计量斗，其中，计量斗 WH01 盛放尾砂和粗骨料，计量斗 WH04 盛放胶固料，计量斗 WH05 盛放清水，每一次称量值都根据输入参数计算得到。备料过程中，根据设备反应时间控制实际的备料量、判断卸料是否完成、

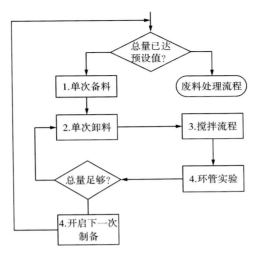

图 8-5　膏体制备控制逻辑图

计算实际的卸料量等环节，都与尾砂制浆单元中的备料过程相同。

（1）水泥添加量控制

根据粗骨料仓及尾砂仓放料进入粗骨料缓冲仓的干矿量，计算出水泥的添加量，设定给胶固料（水泥）计量仓下料量，完成比例添加控制。控制逻辑如图 8-6 所示。

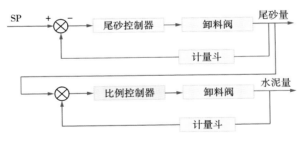

图 8-6　水泥量添加控制逻辑图

（2）双卧轴搅拌机（AG01）定量加水控制

双卧轴搅拌机（AG01）加水控制通过水计量斗计量，拉力传感器通过称重终端将信号转换为 4~20 mA 的标准信号并送控制系统显示，重量达到设定值后停止加水电动阀。每台水计量斗的入口水管上安装一台电磁流量计，每当入口电动阀打开时开始累积流量，电动阀门关闭时累积结束，将累积流量与计量值进行对比，计算电磁流量计累积精度，如果精度可以接受，则考虑直接用电磁流量计控制加水。控制逻辑如图 8-7 所示。

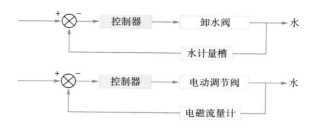

图 8-7 双卧轴搅拌机两种加水控制逻辑图

（3）膏体制备控制及联锁

顺序自动控制将按照充填的实际情况，实现联锁式启停，联锁保护控制可在任意一个流程出现错误的状况下，通过集中控制，确定采取的措施，减少损失。启动条件如图 8-8（a）所示，联锁条件如图 8-8（b）所示。

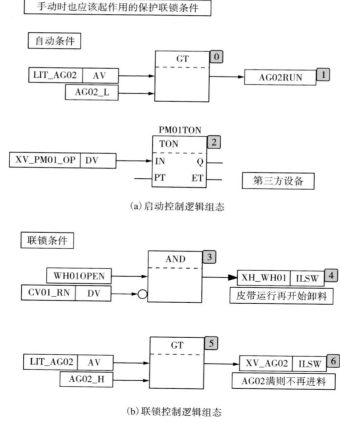

图 8-8 膏体制备启动及联锁控制逻辑组态

（4）环管选择联锁程序

在不同规格的管道中做环管实验时，需要开启相应管道上的阀门，同时关闭其他管道的阀门，确保浆液的流向正确。液压换向阀选择实验管道时，如果油泵（OIL）和液压泄荷阀（YV01）没有运行，则液压换向阀打开操作无效。具体程序如图 8-9 所示。

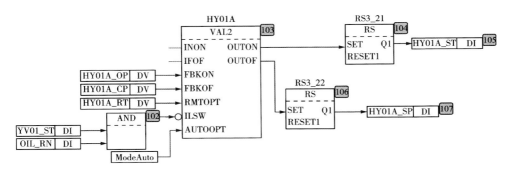

图 8-9 环管选择联锁控制逻辑组态

膏体环管中试控制系统如图 8-10 所示。

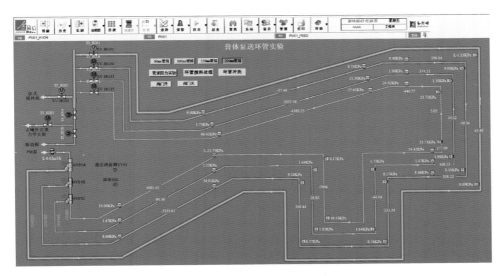

图 8-10 膏体环管中试系统

## 8.2　环管实验物料基本特征及试验方案

### 8.2.1　物料特征

膏体的组成材料一般包括细骨料尾砂、粗骨料、胶结材料、水和添加剂等，按照合理配比混合制成可泵送的膏体进行充填，本次环管实验膏体由某铜矿尾砂、水泥和水配制而成[3~5]。

（1）尾砂粒径分布特征

环管实验膏体使用某铜矿尾砂，采用 TopSizer 型激光粒度仪分析尾砂的粒级分布，如图 8-11 所示，测定尾砂颗粒−25 μm 为 4.81%，−38 μm 为 5.79%，−75 μm 为 21.185%，−106 μm 为 29.065%，−150 μm 为 55.205%，+150 μm 为 44.795%，其粒径分布曲线如图 8-12 所示。

图 8-11　尾砂细粒级激光粒度仪测试图

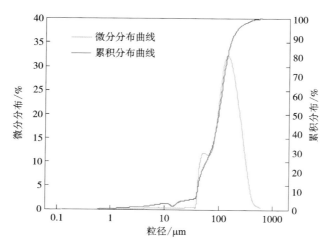

图 8-12　尾砂粒径分布曲线图

尾砂中存在许多不同粒径分布的颗粒,一般采用不均匀系数 $C_U$ 和曲率系数 $C_C$ 对尾砂中颗粒分布的均匀程度进行评价描述[6, 7]。

$$C_U = \frac{d_{60}}{d_{10}} \qquad (8-1)$$

$$C_C = \frac{d_{30}^2}{d_{10} \times d_{60}} \qquad (8-2)$$

式中:$d_{10}$、$d_{30}$、$d_{60}$ 分别为尾砂粒径分布曲线中负累积分布占比为 10%、30%、60% 所对应的粒径大小。

$C_U$ 值反映尾砂中不同粒径颗粒的分布情况,一般 $C_U \geqslant 5$ 时表示砂土颗粒大小分布范围大,级配良好[8]。$C_C$ 值能对尾砂中颗粒粒径的连续性进行评价,通常认为 $C_C$ 为 1~3 时级配良好,砂土的密实程度也比较好。通过计算得出,该铜矿尾砂 $C_U$ 为 3.3,$C_C$ 为 1.48,可以看出尾砂粒级分布范围小,尾砂粒径连续状况较好。

(2)尾砂密度特征

通过比重瓶、LP-500 型电子天平、恒温水槽、沙浴、真空抽气设备、温度计、烧杯、吸管等设备,利用比重瓶法对尾砂的密度进行测量,如图 8-13 所示。

**图 8-13 比重瓶沙浴过程图**

利用式(8-3)对尾砂密度进行计算:

$$\gamma = \frac{M_s}{M_1 + M_s - M_2} \times G_{wt} \qquad (8-3)$$

式中:$\gamma$ 为尾矿颗粒密度(比重),$g/cm^3$,精确到 0.001;$G_{wt}$ 为 $T$ ℃ 时纯水的比重,$g/cm^3$;$M_1$ 为加满清水后比重瓶和水的总质量,g;$M_s$ 为试样烘干质量,g;$M_2$ 为加满水后比重瓶、水和试样的总质量,g。测试结果表明,尾砂密度在 2.894 至 2.992 $t/m^3$ 之间,平均为 2.925 $t/m^3$。

（3）尾砂容重特征

通过台秤（5 kg）、烧杯、漏斗、烘箱、小勺、直尺、浅盘、多用真空过滤机等设备对尾砂容重计算参数进行获取，再通过式（8-4）计算其容重。

$$P_d = \frac{m_2 - m_1}{V} \tag{8-4}$$

式中：$P_d$ 为容重，t/m³；$m_1$ 为容器质重，g；$m_2$ 为容器和试样总质量，g；$V$ 为容器体积，cm³。测试结果表明，尾砂松散容重在 1.441 至 1.462 t/m³ 之间，平均为 1.457 t/m³。密实容重在 1.541 至 1.557 t/m³ 之间，平均为 1.551 t/m³。

（4）水泥和水的基本特征

胶结剂采用 P.C32.5R 复合硅酸盐水泥。水泥化学组成为 $SiO_2$ 占 21.5%，$Al_2O_3$ 占 4.5%，$Fe_2O_3$ 占 2%，$CaO$ 占 63.5%，$MgO$ 占 4%，S 占 2.5%，其他占 2%。实验用水为北京市自来水，pH 为 7.9 左右，满足实验要求。

## 8.2.2 环管试验方案

将尾砂和水泥以灰砂比 1:6 的配比配制充填料浆，质量浓度设置 70%、74% 和 76% 三个水平。选取直径为 100 mm 的管道进行实验，设定四种泵送速率来对四种不同流速进行分析，如表 8-1 所示。为了顺利且合理地完成试验，首先从最高浓度 76% 和最低泵送速率 60% 开始，一组浓度实验完成后直接添加一定水量来降低浓度水平继续进行下一组实验，一组速率实验完成后直接加大泵送速率到更高水平继续进行实验，每一组浓度和泵送速率都持续进行 10 分钟的测量，压力表的数据每秒钟进行一次记录。

表 8-1 设计实验方案表

| 管径 | 膏体浓度（质量分数）/% | | | 泵送速率/% |
| --- | --- | --- | --- | --- |
| DN100 | 70 | 74 | 76 | 60 |
| | | | | 70 |
| | | | | 80 |
| | | | | 90 |

环管实验具体测试过程为：

（1）系统测试

在开始实验前，首先利用自来水进行预先实验，对环管模块的密封性和泵压输送模块的泵送速率操控性进行测试检查。

（2）制备料浆

根据设计方案称取尾砂和水泥，通过皮带输送机提升干料倒入搅拌机，根据设计浓度加入水，启动强力搅拌机如图 8-14 所示，搅拌均匀后进入二级搅拌，搅拌 10 min 左右开始进行环管实验。

图 8-14　称量搅拌系统图

（3）环管实验

打开膏体配置模块出料口，让料浆流入泵压输送模块，当料浆进入泵压输送模块料斗 2/3 处时启动柱塞泵，料浆需在系统中连续运转一段时间，直到浓度基本稳定，即可在监测模块进行各种数据的测量和处理工作，如图 8-15 所示。

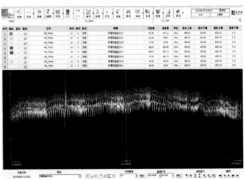

图 8-15　料浆输送数据采集

## 8.2.3　环管实验结果和压力数据处理

根据设计实验方案，最终在 100 mm 管径环管实验中实际得到了 68.9%、74.2% 和 75.7% 三种浓度分别在流速为 0.76 m/s、1.04 m/s、1.10 m/s 和 1.17 m/s 时的实验数据，如表 8-2 所示。

表 8-2　实际实验流速和浓度表

| 管径 | 膏体浓度(质量分数)/% | | | 泵送速率/% | 实际流速/(m·s⁻¹) |
|---|---|---|---|---|---|
| DN100 | 68.9 | 74.2 | 75.7 | 60 | 0.76 |
| | | | | 70 | 1.04 |
| | | | | 80 | 1.10 |
| | | | | 90 | 1.17 |

环管试验主要通过压力数据对阻力进行计算，100 mm 管径上的 P1-P12 压力表分布情况如图 8-16 所示。

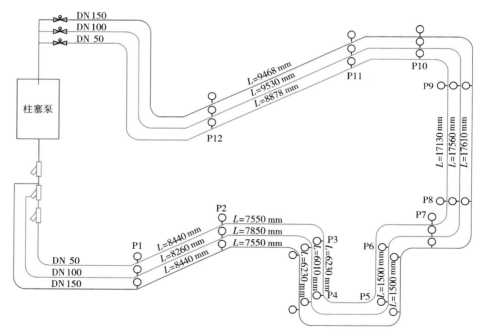

图 8-16　P1-P12 压力表分布图

在调节泵速和膏体浓度后的一段时间，其流态并不稳定，因此，每一组实验均需选取十分钟实验过程的后三分钟数据进行使用。由于数据量较大，此处仅展示 75.7% 膏体在四种泵速下的 P1-P12 压力表结果，如图 8-17、图 8-18、图 8-19、图 8-20 所示。

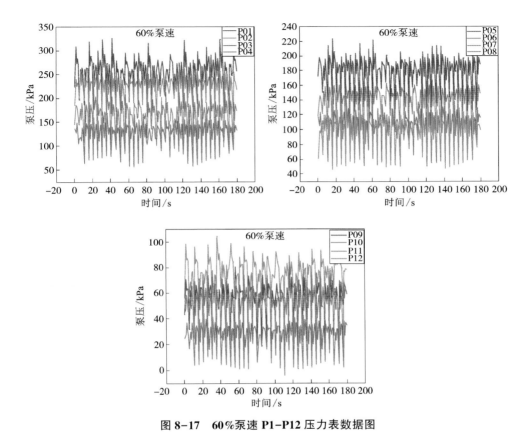

图 8-17　60%泵速 P1-P12 压力表数据图

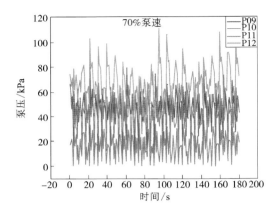

图 8-18　70%泵速 P1-P12 压力表数据图

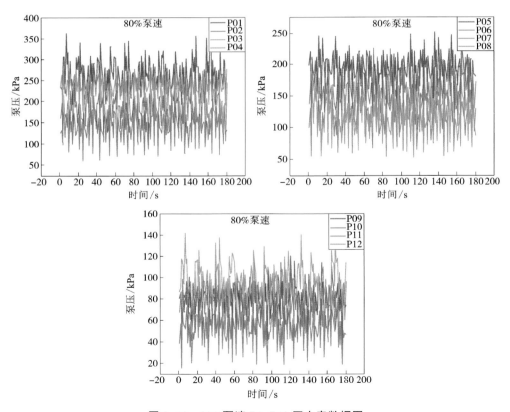

图 8-19　80%泵速 P1-P12 压力表数据图

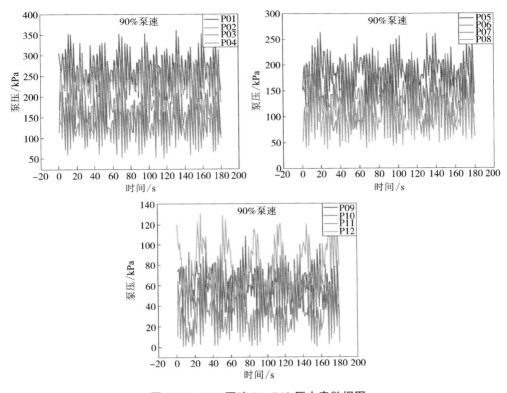

图 8-20　90%泵速 P1-P12 压力表数据图

　　由泵送设备工作特点可知，泵压并不是一个稳定的压力数值，而是在一定数值区间振荡波动，导致测量得到的压力表数据也一直处于波动状态，如图 8-21 所示，需要对数据进行一定的处理才能提取到合适的压力数据进行计算。运用统计学原理对实验数据进行统计描述，并对数据的集中趋势进行统计总结，为了准确地反映数据的分布特征，选择使用推断性统计分析方法。推断性统计分析方法是指从样本信息中获取样本的总体特征，这里把流态稳定后的 3 分钟压力数据视为一个样本，对其进行推断性统计分析。

　　选取 90% 泵送速率 P01 压力表一个脉冲周期的泵压数据进行分析，如图 8-21(b) 所示。由图可知，压力数据波动基本满足正态分布，对于这样正态分布的数据集，选择平均数和中位数均能够反应该数据集的总体特征。这里选择中位数对 3 分钟压力表数据集的集中趋势进行统计。75.7%膏体，90%泵送速率的压力数据处理结果，如表 8-3 所示。

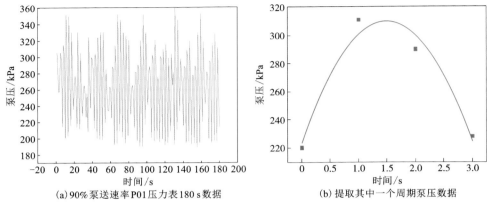

(a) 90%泵送速率 P01压力表180 s数据　　(b) 提取其中一个周期泵压数据

**图 8-21　90%泵送速率 P01 压力表数据图**

表 8-3　浓度 75.7%, 90%泵送速率环管实验压力表数据处理结果

| 压力表编号 | 压力数值/kPa | 压力表编号 | 压力数值/kPa |
|---|---|---|---|
| P1 | 265.106 | P7 | 110.370 |
| P2 | 171.344 | P8 | 102.751 |
| P3 | 131.376 | P9 | 58.912 |
| P4 | 232.167 | P10 | 54.317 |
| P5 | 186.526 | P11 | 28.721 |
| P6 | 145.369 | P12 | 80.036 |

利用伯努利方程式推导阻力计算公式，对不同管道布置形式下的沿程阻力进行计算。

$$Z_a + \frac{P_a}{\rho g} + \frac{v_a^2}{2g} = Z_b + \frac{P_b}{\rho g} + \frac{v_b^2}{2g} + h_w \qquad (8-5)$$

式中：$Z_a$、$Z_b$ 为管道两端压力表所处位置高程，m；$P_b / \rho_g$ 为压力势头产生的流体柱高度，m；$v^2/2g$ 为动能产生的流体柱高度，m；$\rho$ 为浆体密度，t/m³；$h_w$ 为该管段用流体柱表示的阻力损失，m。

在整个管路中平均流速相同，即 $v_a = v_b$。伯努利方程是以水柱高度表示能量变化的，将其进行转换，可以得到式(8-6)：

$$\left( Z_1 + \frac{P_1}{\rho g} + \frac{v_1^2}{2g} \right) \cdot \rho g = \left( Z_2 + \frac{P_2}{\rho g} + \frac{v_2^2}{2g} \right) \cdot \rho g + \rho g h_w \qquad (8-6)$$

将式(8-6)进行转换,可得到不同管道布置形式下的沿程阻力计算公式:

①水平直管水力坡度 $i_1$:

$$i_1 = \frac{\rho g h_{w1}}{L_1} = \frac{\Delta P_1}{L_1} \qquad (8-7)$$

②倾斜角度为 $\theta$ 的上行管路水力坡度 $i_2$:

$$i_2 = \frac{\rho g h_{w2}}{L_2} = \frac{\Delta P_2}{L_2} - \rho g \sin\theta \qquad (8-8)$$

③倾斜角度为 $\theta$ 的下行管路水力坡度 $i_3$:

$$i_3 = \frac{\rho g h_{w3}}{L_3} = \frac{\Delta P_3}{L_3} + \rho g \sin\theta \qquad (8-9)$$

④垂直上行管路水力坡度 $i_4$:

$$i_4 = \frac{\rho g h_{w4}}{L_4} = \frac{\Delta P_4}{L_4} - \rho g \qquad (8-10)$$

⑤垂直下行管路水力坡度 $i_5$:

$$i_5 = \frac{\rho g h_{w5}}{L_5} = \frac{\Delta P_5}{L_5} + \rho g \qquad (8-11)$$

⑥水平弯管管路水力坡度 $i_6$:

$$i_6 = \frac{\rho g h_{w6}}{L_6} = \frac{\Delta P_6}{L_6} \qquad (8-12)$$

## 8.3　基于环管实验的阻力特性分析

在 8.2.3 节压力表数据分析和阻力计算公式推导的基础上,通过各管段压差对不同工况的水力坡度进行计算。水力坡度是衡量阻力特性的指标,水力坡度越大,说明管道膏体流动阻力损失越大,基于水力坡度数值可以对膏体管道输送阻力特性进行评价分析。

### 8.3.1　不同管道布置形式阻力特性分析

分析 75.7% 浓度膏体流经水平直管、倾斜上行、倾斜下行、垂直下行、垂直上行和两种水平弯管时的压差变化,根据 8.2.3 节阻力计算式(8-7)~式(8-12)对水力坡度进行计算,不同管道布置形式的水力坡度如图 8-22 所示。

不同管道布置形式会对膏体的管道输送阻力产生影响,弯管形式流动阻力最大,水力坡度为 4.3~5.2 kPa/m。当曲率逐渐减小到 0 时,其布置形式变为直管,直管布置形式的水力坡度整体较低,为 2.03~3.65 kPa/m,仅为曲率半径 0.5 m 和 1 m 弯管水力坡度的 0.39~0.8 倍。对五种直管布置形式的水力坡度进行分

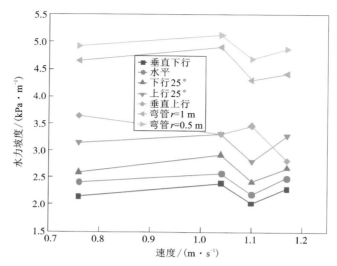

**图 8-22  75.7%浓度时不同管道布置形式对阻力特性的影响**

析，发现直管阻力特性与其布置的水平角度存在一定关联。水平直管水力坡度为2.2~2.58 kPa/m，垂直下行时的水力坡度为2.03~2.4 kPa/m，垂直上行时水力坡度为2.82~3.65 kPa/m，倾斜上行25°的水力坡度为2.8~3.48 kPa/m，倾斜下行25°的水力坡度为2.43~2.93 kPa/m。

为了更好地分析不同管道布置形式下的阻力特性，对四个速度下的水力坡度进行平均取值，并与直管阻力特性进行比较分析，结果如表8-4所示。

**表 8-4  不同管道布置形式平均水力坡度分析表**

| 管道布置形式 | 四种流速下平均水力坡度/(kPa·m⁻¹) | 与直管比值 |
|---|---|---|
| 直管 | 2.424 | 1 |
| 弯管(r=1 m) | 4.573 | 1.886 |
| 弯管(r=0.5 m) | 4.912 | 2.026 |
| 垂直下行 | 2.220 | 0.916 |
| 垂直上行 | 3.315 | 1.368 |
| 25°倾斜下行 | 2.660 | 1.097 |
| 25°倾斜上行 | 3.137 | 1.294 |

基于上述统计分析，在减阻管网布置中，可采用垂直下行+直管+倾斜下行的

组合形式，并尽量减少弯管设置或提高弯管的曲率半径，如此可有效减少管道阻力损失。但垂直下行管道过长，会导致管底压力较大，并受到料浆的长时间强力冲击，需控制局部充填倍线。在增阻管网布置中，可适当增加垂直上行+倾斜上行管道组合，并通过弯管有效增阻。

## 8.3.2　不同浓度和流速管道阻力特性分析

浓度和速度同样会对膏体管道输送阻力特性产生影响，水平直管是膏体管网中比较常用的管道布置形式，对不同浓度和流速影响下直管阻力特性的变化情况进行了研究。

（1）浓度对阻力特性的影响研究

由图 8-23 可知，随着浓度的提高，水力坡度逐渐增大，当浓度低于 74.2%时，水力坡度随浓度提高小幅增加，曲线增长斜率为 0.12 左右，当浓度大于74.2%时，水力坡度随浓度提高快速增加，曲线增长斜率为 0.45 左右。当浓度提高至一定水平时，曲线增长斜率大幅提高。适当的浓度既能够控制沿程阻力的增长幅度，又能够有效控制料浆的沉降离析，保证充填料浆的整体稳定性。

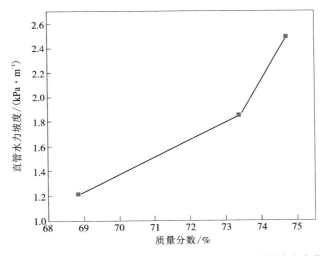

**图 8-23　100 mm 管径 1.17 m/s 流速直管段水力坡度随浓度变化趋势**

（2）速度对阻力特性的影响研究

由图 8-24 可知，水力坡度随流速的变化情况并不呈现线性规律，当流速小于 1.04 m/s 时，膏体管道的水力坡度随流速增大缓慢增加，当流速在 1.04～1.10 m/s 时，水力坡度出现一定程度的下降，当流速继续增大超过 1.10 m/s 后，水力坡度随流速增加再次上升。由上述分析可知，膏体管道输送存在临界流速，膏体流速大于临界流速一定范围，可以一定程度上降低管道输送阻力。当超过临界流速区间后，流动阻力将继续上升[9, 10]。

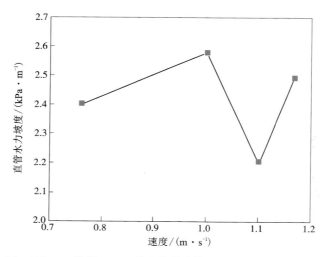

**图 8-24　100 mm 管径 75.7％浓度膏体直管水力坡度随流速的变化趋势**

　　基于膏体颗粒流动理论对上述原因进行分析，在小于临界流速 1.04 m/s 时，膏体动能并不足够带动所有颗粒进行悬浮运动，部分颗粒沉降在管道底部进行推移运动，与管道底部发生了更多的摩擦阻力损失；此时随着流速增加，沉降颗粒推移运动速度提升，与管道底部壁面的摩擦作用加剧，阻力损失更大。当颗粒达到临界流速后，流体速度的增加使动能增强，足够带动膏体颗粒进行悬浮运动，减少了与壁面的接触，导致管道阻力下降；但超过临界流速一定区间后，颗粒全部悬浮运动，此时随着流速继续提升，颗粒间的相互作用增强，同时与壁面接触的能量损失增大，沿程阻力损失再次上升。在管道输送过程中，应控制浆体流速大于临界流速并处于适度区间，使膏体颗粒悬浮流动，此时流动状态更稳定，管道输送阻力相对较低。

## 参考文献

[1] 杨志强，王永前，高谦，等. 金川膏体管道输送特性环管试验与减阻技术[J]. 矿冶工程，2016，36(5)：22-26.
[2] 王新民. 基于深井开采的充填材料与管输系统的研究[D]. 长沙：中南大学，2006.
[3] 杨晓炳. 低品质多固废协同制备充填料浆及其管输阻力研究[D]. 北京：北京科技大学，2020.

［4］ 徐文彬，田喜春，侯运炳，等. 全尾砂固结体固结过程孔隙与强度特性实验研究［J］. 中国矿业大学学报，2016，45（2）：272-279.

［5］ 杨磊，邱景平，孙晓刚，等. 阶段嗣后胶结充填体矿柱强度模型研究与应用［J］. 中南大学学报（自然科学版），2018，49（9）：2316-2322.

［6］ 胡亚桥，覃星朗，谢经鹏. 基于新型胶凝材料的超细铜尾矿充填试验及应用［J］. 采矿技术，2021，21（4）：163-165.

［7］ 李志朝，王剑，郏威，等. 罗河铁矿全尾砂胶结充填配比优化试验研究［J］. 金属矿山，2021（6）：136-140.

［8］ 刘斯忠，王洪江. 基于 Horsfield 填充理论的深锥底流浓度预测［J］. 铜业工程，2016（1）：40-43.

［9］ 陈琴瑞，王洪江，吴爱祥，等. 用 L 管测定膏体料浆水力坡度试验研究［J］. 武汉理工大学学报，2011，33（1）：108-112.

［10］曹斌. 复杂条件下颗粒物料管道水力输送机理试验研究［D］. 北京：中央民族大学，2013.

# 第 9 章

# 基于数值模拟的环管流态与阻力特性分析

前面分析了管道布置形式、流速和浓度等输送条件对阻力特性的影响情况，但不同管道布置形式的影响难以量化分析，只能对其阻力特性进行描述评价。若能将管道布置形式用特征参数进行表征量化，将推动管道布置形式阻力特性研究的进一步深入，本章采用数值模拟手段对管道布置形式的特征参数进行探究。

本章基于复杂环管实验建立 1∶1 复杂环管数值模型，通过 Fluent 有限元模拟方法对不同管道布置形式的膏体流态进行研究，对流态参数进行提取分析，探究量化表征管道布置形式的特征参数，结合阻力特性进行相关性分析，以期达到量化评价管道布置形式对阻力特性影响的目的。

## 9.1 复杂环管三维模型与条件设定

### 9.1.1 复杂环管模型

利用 Ansys model 建立管道三维模型，长度和角度 1∶1 还原建立 100 mm 管径复杂环管三维模型，最大限度还原试验真实环境[1]。由于第一个压力表（P1）之前管段和最后一个压力表（P12）之后管段并无压力数据，属于无效管段，因此只构建 P1 压力表到 P12 压力表之间管段三维模型，进口 P1 和出口 P12 之间存在 4.7 m 高差，如图 9-1 所示。

对复杂环管三维模型进行网格划分。网格类型有四面体、六面体、金字塔体、棱柱体等，与其他网格类型相比，六面体网格质量较好，能有效减少计算量[2, 3]。本节采用了六面体网格划分方式，大多数网格具有较好质量，如图 9-2 所示。在网格划分模块对边界层进行了设置，采用控制总厚度的方式将管道边界层厚度设置为 5 mm。

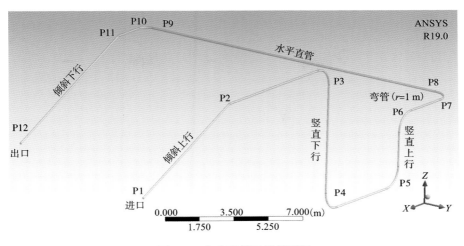

图 9-1 复杂环管三维模型图

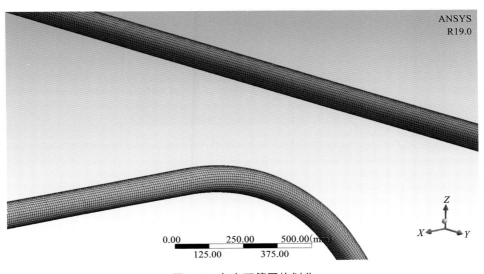

图 9-2 复杂环管网格划分

## 9.1.2 基于 Fluent 的复杂环管模拟条件设定

根据雷诺数对流体流动型态进行判定，发现稳定流速时环管实验雷诺数 Re 小于 2300，为层流，选择 Laminar 计算模型[4~7]。

$$Re = \frac{\rho vD}{\mu} \qquad\qquad (9-1)$$

式中：$\rho$ 为料浆密度，g/cm³；$\nu$ 为料浆流速，m/s；$\mu$ 为料浆动力黏度，Pa·s；$D$ 为管道直径，mm。

利用 Brookfield 旋转黏度计对 68.9%、74.2% 和 75.6% 浓度料浆的流变参数进行测量，黏度计如图 9-3 所示，转子叶片直径 15 mm，转子叶片高度 30 mm。

图 9-3　Brookfield 旋转黏度计

通过流变测试获取剪切应力-剪切速率曲线，基于 Bingham 模型对数据进行拟合回归分析，得到的料浆参数如表 9-1 所示。

表 9-1　膏体料浆流变参数表

| 质量分数/% | 膏体料浆密度/(g·cm⁻³) | 黏度/(Pa·s) | 屈服应力/Pa |
|---|---|---|---|
| 69.8 | 1847 | 0.3583 | 6.7574 |
| 74.2 | 1944 | 0.4275 | 9.9074 |
| 75.7 | 1981 | 0.4459 | 14.7763 |

实验中流变仪工况设置情况：非牛顿流体模型，选择 H-B 模型，设置模型中的 Power-Law index（幂指数）$n$ 为 1，此时料浆流变模型即为 Bingham 模型；根据

实验数据分别对不同浓度膏体的流变参数进行设置[8~12]。

由于管道输送技术和力学的复杂性，目前无法得到精确的解决方案，为便于模拟分析，做出如下假设：

①黏性浆料，黏度恒定不会随温度和时间而改变；

②浆体为宾汉体，假定不可压缩；

③不考虑换热；

④忽略了振动、压力等因素的影响；

⑤模拟初始阶段输送管道充满料浆。

## 9.2  不同管道布置形式的流态量化分析

对浓度为 75.7%、流速为 1.17 m/s 时的膏体流态进行模拟分析。提取环管实验中的进出口压力表数据，并分别设置为 Fluent 的压力进出口数值，进口压力为 265 kPa，出口压力为 80 kPa。

模拟完成后，对 Fluent 模型中环管压力表处的截面平均压力进行提取，将数值模型中的压力数据与环管实验真实的压力表数据进行对比验证，如图 9-4 所示。模拟压力状态与压力表数据吻合度较好，说明模拟准确度较高。提取模拟管道截面平均流速为 1.2 m/s，与实验流速 1.17 m/s 也较为相近，模拟结果与实际情况较为吻合。

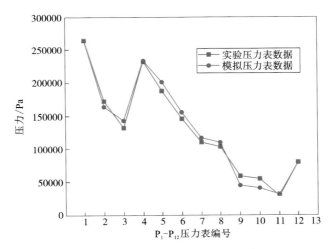

图 9-4  实验和模拟压力表数据比对图

提取各种管道布置形式中间管段截面处的膏体流态数据进行分析。水平直管、垂直上行和垂直下行直管截面均正对某一坐标系平面，其流态数据可直接使用。但模拟中弯管、倾斜上行 25°和倾斜下行 25°截面不正对坐标面，其 $XYZ$ 坐标均在发生变动，难以对位置和速度进行分析，需要建立旋转矩阵，对导出的截面流态坐标进行转化，使其正对某一个坐标面，以更好地对位置和速度信息进行分析。对于倾斜上行 25°和倾斜下行 25°，将其世界坐标系绕 $Y$ 轴旋转 25°能使截面正对坐标面，所用旋转坐标系如下：

$$\begin{bmatrix} \cos 25° & 0 & -\sin 25° \\ 0 & 1 & 0 \\ \sin 25° & 0 & \cos 25° \end{bmatrix} \begin{bmatrix} X \\ Y \\ Z \end{bmatrix} = \begin{bmatrix} X' \\ Y' \\ Z' \end{bmatrix} \tag{9-2}$$

对于两个弯管，将其世界坐标系绕 $Z$ 轴旋转 45°能使截面正对坐标面，所用旋转坐标系如下：

$$\begin{bmatrix} \cos 45° & \sin 45° & 0 \\ -\sin 45° & \cos 45° & 0 \\ 0 & 0 & 1 \end{bmatrix} \begin{bmatrix} X \\ Y \\ Z \end{bmatrix} = \begin{bmatrix} X' \\ Y' \\ Z' \end{bmatrix} \tag{9-3}$$

## 9.2.1 不同管道布置形式流态速度特征分析

将模拟的流态数据处理完成后，即可利用模拟数据绘制膏体三维流态图。膏体流速分布情况与位置存在联系，通过提取截面中心点坐标和各个速度点坐标，利用距离公式计算各个速度点与截面中心点坐标之间的半径距离，可绘制膏体速度半径分布特征图。五种直管的三维流态和速度半径分布特征如图 9-5 所示。

由图 9-5～图 9-9 可知，水平直管中的膏体呈标准柱塞状流态，速度可以分为三个区域：红色高流速区域，黄色、绿色中流速区域和蓝色、紫色的低流速区域。高流速区基本分布在管道截面中心位置，低流速区域分布在管道壁面附近，距离管道截面中心越远，流速越缓慢，并呈抛物线式下降[13~15]。

根据膏体不同管道截面的速度分布，得到了截面速度与中心半径的函数关系，如表 9-2 所示。水平直管高流速区流速在 1.34～1.85 m/s，分布在距管道中心 0.03 m 以内的区域。中流速区域流速基本在 1.0 m/s 以上，分布在距管道截面中心 0.03～0.037 m 的中环区域，低流速区域流速小于 0.5 m/s，分布在距管道截面中心 0.0415 m 外的外环区域。直管截面的最大速度为 1.852 m/s，最大速度与平均流速 1.20 m/s 的比值为 1.543。后文中为方便描述，将截面最大速度与平均流速的比值定义为最大速度比。

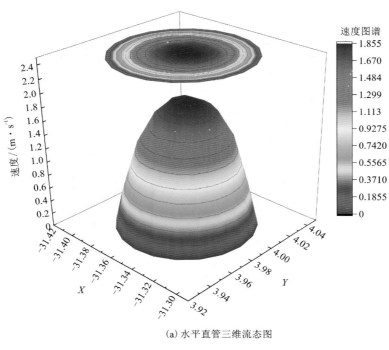

（a）水平直管三维流态图

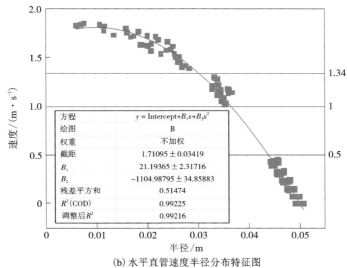

（b）水平直管速度半径分布特征图

**图 9-5　水平直管三维流态及速度半径分布特征图**

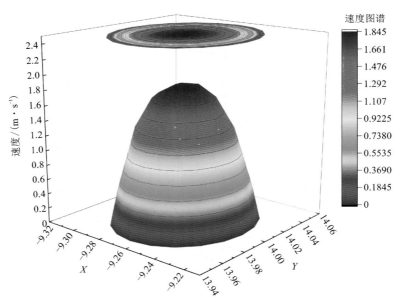

（a）25°倾斜上行直管三维流态图

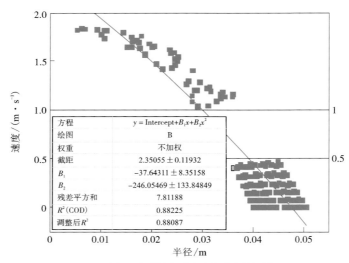

（b）25°倾斜上行速度半径分布特征图

图 9-6　25°倾斜上行直管三维流态及速度半径分布特征图

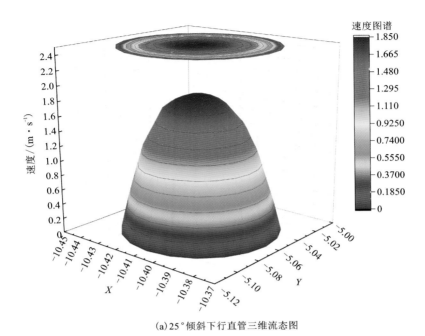

（a）25°倾斜下行直管三维流态图

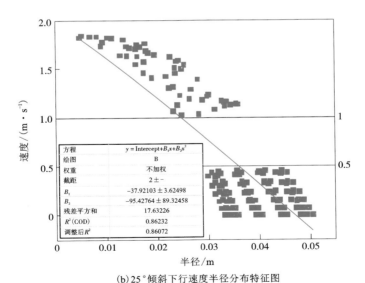

| 方程 | $y = \text{Intercept} + B_1 x + B_2 x^3$ |
|---|---|
| 绘图 | B |
| 权重 | 不加权 |
| 截距 | $2 \pm -$ |
| $B_1$ | $-37.92103 \pm 3.62498$ |
| $B_2$ | $-95.42764 \pm 89.32458$ |
| 残差平方和 | 17.63226 |
| $R^2$(COD) | 0.86232 |
| 调整后 $R^2$ | 0.86072 |

（b）25°倾斜下行速度半径分布特征图

**图 9-7　25°倾斜下行直管三维流态及速度半径分布特征图**

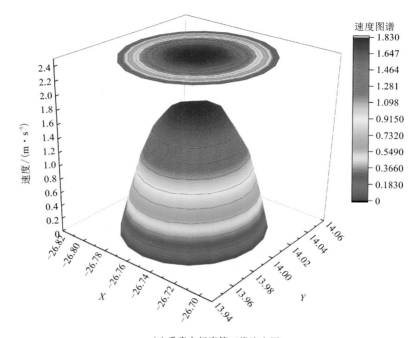

(a)垂直上行直管三维流态图

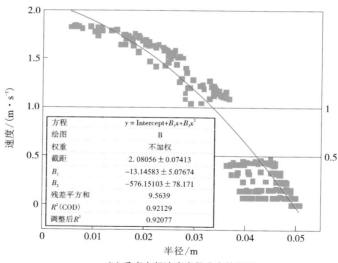

(b)垂直上行速度半径分布特征图

图9-8　垂直上行直管三维流态及速度半径分布特征图

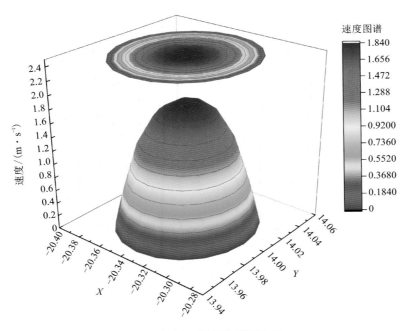

(a) 垂直下行直管三维流态图

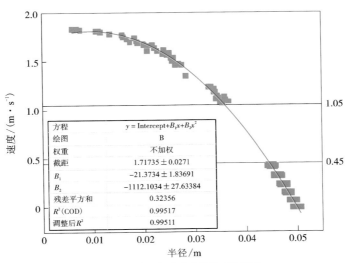

| 方程 | $y = \mathrm{Intercept} + B_1 x + B_2 x^2$ |
| --- | --- |
| 绘图 | B |
| 权重 | 不加权 |
| 截距 | $1.71735 \pm 0.0271$ |
| $B_1$ | $-21.3734 \pm 1.83691$ |
| $B_2$ | $-1112.1034 \pm 27.63384$ |
| 残差平方和 | 0.32356 |
| $R^2$(COD) | 0.99517 |
| 调整后 $R^2$ | 0.99511 |

(b) 垂直下行速度半径分布特征图

图 9-9　垂直下行直管三维流态及速度半径分布特征图

倾斜上行25°直管高流速区和中流速区在流速上没有明显的分界线，中高流速区和低流速区在半径距离上也没有明显的分界线，中高流速区流速在1~1.845 m/s，分布在0.037 m以内的区域；低流速区域流速小于0.5 m/s，分布在距管道截面中心0.03 m外的外环区域，0.03~0.037 m的区域有低流速区域，也有中高流速区域；流速随距离分布情况较差，流速分布与截面中心半径拟合相关性为0.86左右；截面最大速度值为1.832 m/s，最大速度比为1.527左右。倾斜下行25°直管速度分布情况与倾斜上行流态具有相似性，差别在于倾斜下行的线性收敛性更好一些，拟合相关性为0.88左右；高流速区和中流速区流速分界线与倾斜上行一致，但分布范围存在差异，倾斜下行中高流速区分布范围在0.036 m以内的区域，低流速区分布在0.036 m以外的外环区域；截面最大速度值为1.848 m/s，最大速度比为1.540。

垂直上行和垂直下行管道的高流速头部区域流速为1.8 m/s左右，中环部分中高流速区域基本位于1.0 m/s以上，低流速区域流速均小于0.5 m/s；垂直下行管道的低、中和高流速区域分界明显，但垂直上行管道的中、高流速区域无明显分界线，其低流速区分布范围较垂直下行更广一些，分布在距离截面中心点0.4~0.5 m的区域；垂直上行流速分布与截面中心半径拟合相关性为0.92，垂直下行相关性是所有直管中最高的，其众多流速基本在抛物线上分布，拟合相关性为0.995。两者的截面最大速度值不同，垂直下行稍大，为1.855 m/s，最大速度比为1.546；垂直上行稍小一点，为1.842 m/s，最大速度比为1.535。

在同一浓度和流速时，膏体在不同形式管道流动过程中在管道截面各处的流态不同，这也导致了各个管道形式中的阻力特性差异[16]。

总体来看，各种直管截面速度与中心半径的距离分布存在较好的相关性，74.5%浓度，1.20 m/s流速下各种角度直管截面速度与中心半径的距离分布情况如表9-2所示，相关性为86.23%~99.52%。

表9-2　不同直管布置形式截面速度分布特征表

| 管道布置形式 | 管道截面速度与中心半径函数 | 相关性/% |
|---|---|---|
| 水平直管 | $v=1.71+21.19r-1104.98r^2$ | 99.25 |
| 25°倾斜上行 | $v=2-37.92r-95.43r^2$ | 86.23 |
| 25°倾斜下行 | $v=2.35-37.92r-95.43r^2$ | 88.25 |
| 垂直上行 | $v=2.08-13.15r-576.15r^2$ | 92.13 |
| 垂直下行 | $v=1.717+21.37r-1112.11r^2$ | 99.52 |

　　弯管区域的阻力特性较大，其流态也发生了较大变化，弯管区域三维流态图和速度半径特征图如图 9-10 所示。

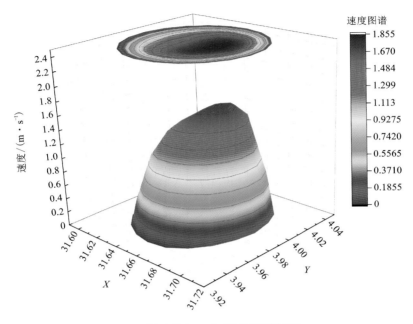

(a) 弯管 ($r=1$ m) 三维柱塞状流态图

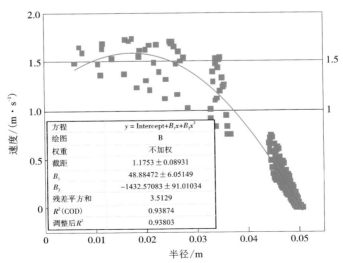

(b) 弯管 ($r=1$ m) 速度半径分布特征图

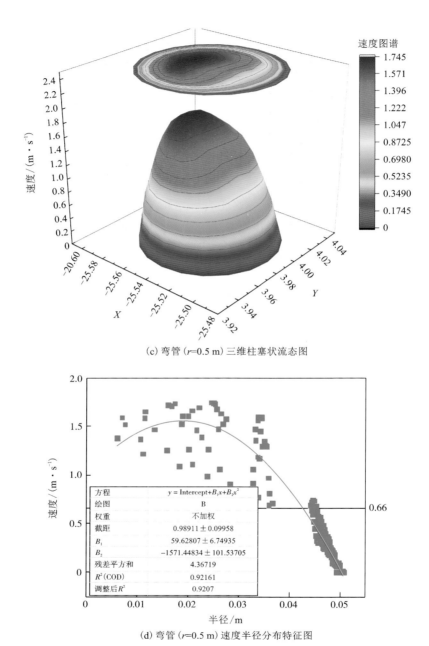

(c) 弯管 ($r$=0.5 m) 三维柱塞状流态图

(d) 弯管 ($r$=0.5 m) 速度半径分布特征图

**图 9-10  弯管三维流态图和速度半径分布特征图**

由图 9-10 可知，弯管中膏体流态受到离心力的影响发生了较大变化，柱塞流态中心向弯管外侧发生了明显的偏移，弯管流动阻力大与流动中心发生偏移具有一定联系。两个弯管的中高流速区域都没有明确的分界线，但弯管曲率半径不同，中高流速区域下限流速不同，曲率更大的 0.5 m 曲率半径弯管，中高区域下限流速更低，为 0.66 m/s 左右，甚至低于外圈低流速区域；1 m 曲率半径的弯管低流速区与中高流速区分界线流速为 0.73 m/s。0.5 m 曲率半径弯管的截面最大速度值为 1.743 m/s，最大速度比为 1.453；1 m 曲率半径弯管截面的最大速度值为 1.751 m/s，最大速度比为 1.459。两种曲率半径弯管流速分布与截面中心半径拟合相关性较好，74.5% 浓度，1.20 m/s 流速下弯管截面速度与中心半径的距离分布情况如表 9-3 所示，相关性为 92.161%~93.874%。

表 9-3　不同曲率半径弯管截面速度分布特征表

| 管道布置形式 | 管道截面速度与中心半径函数 | 相关性/% |
|---|---|---|
| 弯管($r=1$ m) | $v=1.18+48.88r-1432.57r^2$ | 93.874 |
| 弯管($r=0.5$ m) | $v=0.989-59.63r-1571.45r^2$ | 92.161 |

弯管与直管流态的速度特征存在一定差异，五种直管的最大速度比在 1.527 至 1.546 之间变化，而两种不同曲率半径弯管的最大速度比则为 1.453 和 1.459，发生了明显的降低。直管中、高流速区速度下限为 1 m/s，而两个弯管的中、高流速区速度下限则分别为 0.66 m/s 和 0.73 m/s。除速度特征存在差异外，弯管的流速中心也发生了明显偏移，这些差异就是不同管道布置形式会导致不同阻力特性的原因。

## 9.2.2　不同管道布置形式流态中心偏移量分析

进一步对不同管道形式流态偏移现象的阻力特性变化情况进行研究，提取各管道布置形式的中间段截面流态参数，并进一步提取截面中的最大速度点和截面中心点位置信息，从而对偏移情况进行分析。不同管道布置形式截面流态中心偏移情况如图 9-11 所示。

由图 9-11 和图 9-12 可知，各种管道布置形式下膏体流态的偏移情况不一样。在五种直管中，膏体流动过程中发生的偏移现象较弱，流速中心偏移量为 6.07~7.66 mm；而曲率较大的弯管段，发生了强烈的流态中心偏移现象，两个不同曲率半径的弯管流速中心偏移量分别为 17.42 mm 和 24.73 mm，是直管的 3~4 倍左右。

不同管道布置形式会对膏体流态产生影响，产生的影响主要包括两个方面：一方面是改变膏体的流速分布情况；另一方面是改变膏体的流动中心位置，使膏体流态发生偏移[17]。

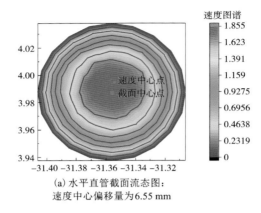

(a) 水平直管截面流态图：
速度中心偏移量为6.55 mm

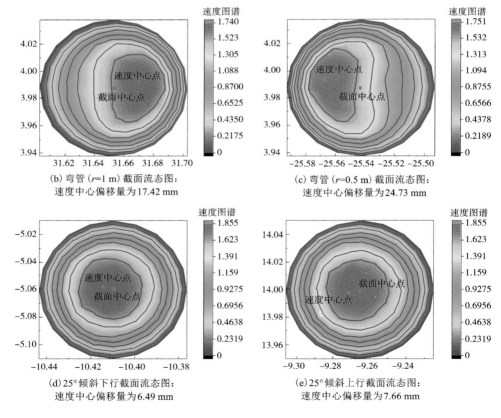

(b) 弯管（r=1 m）截面流态图：
速度中心偏移量为17.42 mm

(c) 弯管（r=0.5 m）截面流态图：
速度中心偏移量为24.73 mm

(d) 25°倾斜下行截面流态图：
速度中心偏移量为6.49 mm

(e) 25°倾斜上行截面流态图：
速度中心偏移量为7.66 mm

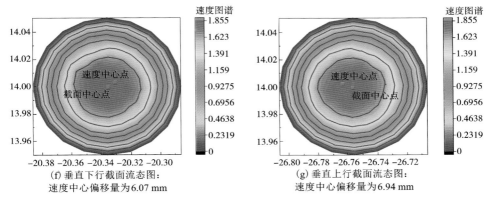

(f) 垂直下行截面流态图：
速度中心偏移量为 6.07 mm

(g) 垂直上行截面流态图：
速度中心偏移量为 6.94 mm

图 9-11　不同管道布置形式速度中心偏移图

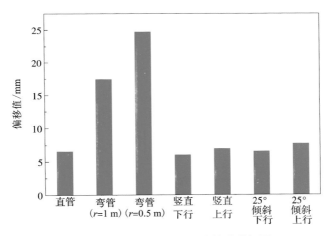

图 9-12　不同管道布置形式偏移特征图

　　不同管道布置形式之所以会形成不同的管道阻力特性，是因为在管道布置形式的影响下，膏体表现出不同的流动状态，对膏体流态与阻力特性进行联系分析，将有助于推动管道阻力特性的研究。

## 9.2.3　不同管道布置形式膏体流态变化与阻力特性分析

　　将 100 mm 管径、75.7% 浓度膏体在进口压力 265 kPa、出口压力 80 kPa 工况的复杂环管实验下所得的水力坡度数据与数值环管模拟实验所得的流态特征参数结合进行分析，结果如表 9-4 所示，以探究管道布置形式对膏体流态的影响情况，量化评价管道布置形式的阻力特性。

表 9-4　不同管道布置形式流态特征和阻力特性表

| 管道布置形式 | 水力坡度/(kPa·m⁻¹) | 最大速度比 ω | 速度中心偏移量/mm |
|---|---|---|---|
| 直管 | 2.49 | 1.543 | 6.55 |
| 弯管(r=1 m) | 4.41 | 1.459 | 17.42 |
| 弯管(r=0.5 m) | 4.88 | 1.453 | 24.73 |
| 垂直下行 | 2.30 | 1.546 | 6.07 |
| 垂直上行 | 2.82 | 1.535 | 6.94 |
| 25°倾斜下行 | 2.68 | 1.540 | 6.49 |
| 25°倾斜上行 | 3.28 | 1.527 | 7.66 |

用各种管道布置形式所对应的不同的最大速度比和速度中心偏移量描述不同管道布置形式对于膏体流态的影响情况，通过这两个参数量化评价不同管道形式的阻力特性。将最大速度比和速度中心偏移量分别与水力坡度建立联系，如图 9-13 所示。

由图 9-13 可知，速度中心偏移量和最大速度比的变化与管道阻力特性存在较好的相关性。随着最大速度比的增加，水力坡度呈现线性下降的趋势，线性拟合相关性较好，$R^2$ 为 0.96 左右。对于膏体管道流态偏移特征，在流速中心偏移量较低时，随着流速中心偏移量的增加，膏体管道流动阻力会迅速增加；但流速中心偏移量较高时，随着流速中心偏移量的增加，膏体管道流动阻力会继续增加，但增加速率变缓。整体来看，随着速度中心偏移量的增加，水力坡度呈现抛物线式增长，二次多项式拟合相关性较好，$R^2$ 为 0.96 左右。

表 9-5　不同管道布置形式流态特征与阻力特性相关性表

| 布置形式 | 关系函数 | 相关性/% |
|---|---|---|
| 不同管道布置形式<br>水力坡度 i 与最大速度比 ω 关系 | $i = 39.76 - 24.096\omega$ | 96.7 |
| 不同管道布置形式下<br>水力坡度 i 与流速中心偏移量 l 关系 | $i = 0.7 + 0.344l - 0.0072l^2$ | 96.2 |

不同管道布置形式中会出现不同的膏体流态，膏体流态和阻力特性存在相关性(表 9-5)，最大速度比和速度中心偏移量能够较好地表征不同管道布置形式对流态和阻力特性的影响。管道输送时中心偏移量越低，膏体流动中心更靠近管道

截面中部, 膏体流动阻力更小; 最大速度比越大, 膏体中心流动越顺畅, 管壁四周流速相对较低, 能够降低膏体与壁面的剪切阻力, 流动阻力也会更低。

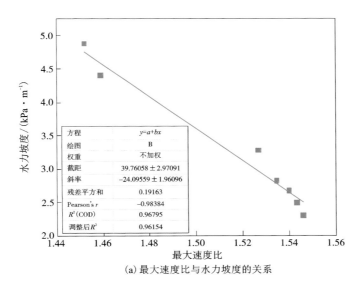

(a) 最大速度比与水力坡度的关系

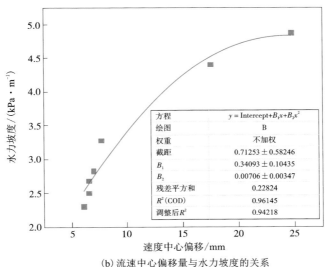

(b) 流速中心偏移量与水力坡度的关系

图 9-13　不同管道布置形式流态特征与阻力特性相关性图

## 9.3 浓度和速度因素影响下膏体流态与阻力特性变化情况

不同浓度和流速条件下膏体料浆状态会发生改变，膏体流态也存在差异性，从而导致不同的阻力特性，基于膏体流态速度特征和偏移特征进行分析，能够更好地探究不同浓度和流速导致阻力特性变化的原因。

### 9.3.1 不同浓度膏体流态特征对阻力特性影响分析

在 100 mm 管径中进行 68.9%、74.2% 和 75.7% 三种浓度的模拟实验。因为需要控制流速一定，所以设置了速度入口，流速设置为 1.17 m/s。因曲率半径 0.5 m 弯管中发生的流态变化最明显，所以选取半径为 0.5 m 的弯管段对不同浓度下的管道流态速度中心偏移量和最大速度比进行分析，研究浓度对膏体流态的影响。表 9-6 为模拟实验后提取的弯管段（$r=0.5$ m）流态数据和环管实验水力坡度数据。

表 9-6 不同质量分数流态特征和阻力特性表

| 质量分数/% | 水力坡度/(kPa·m⁻¹) | 最大速度比 $\omega$ | 速度中心偏移量/mm |
|---|---|---|---|
| 68.9 | 2.57 | 1.514 | 28.54 |
| 74.2 | 3.94 | 1.468 | 24.78 |
| 75.7 | 4.88 | 1.453 | 24.58 |

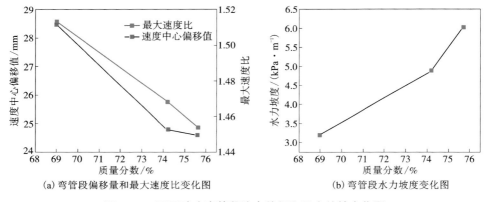

(a) 弯管段偏移量和最大速度比变化图 　　 (b) 弯管段水力坡度变化图

图 9-14 不同浓度弯管段流态特征和阻力特性变化图

由图 9-14 可知，浓度会对膏体流态产生影响，质量分数在 68.9% 至 75.7% 之间变化时，速度中心偏移量变化区间为 24.58~28.54 mm；最大速度比变化区间为 1.453~1.514。随着浓度上升，速度中心偏移量逐渐降低且下降速率越来越缓慢，根据前文分析，中心偏移量降低，膏体流动中心更靠近管道截面中部，对于降低流动阻力有利；最大速度比随浓度增加呈线性下降，下降速率略微增大，根据前文分析，最大速度比下降会降低膏体流动性、增加流动阻力。

根据膏体流态变化情况可得，由于膏体浓度发生了变化，料浆性质发生了改变，流态的偏移量和最大速度比变化与阻力特性不再呈现单一对应关系，流态偏移量和最大速度比变化会对水力坡度产生不同的影响。但从中心偏移量和最大速度比的变化速率和影响权重进一步分析，阻力特性的变化是两者共同作用的结果。从两者的变化速率来看，中心偏移量随浓度上升而下降，且下降速率越来越缓慢；而最大速度比随浓度上升而下降的速率略有增大，但基本保持不变；速度中心偏移量和最大速度比的变化速率的差异性，导致水力坡度上升速率随浓度增加而较为显著。

速度偏移量和最大速度比对阻力特性的影响存在一定的权重差异。偏移量由 28.54 mm 变化至 24.58 mm，变化幅度为 13.88%；最大速度比由 1.514 变化至 1.453，变化幅度为 4% 左右，偏移量变化幅度更大，但最终阻力变化趋势为增加，阻力受最大速度比下降的影响更大，最大速度比对阻力特性的影响权重更大。

浓度较高的膏体在弯折管道中流态中心偏移现象的显著性降低，随着浓度增加，膏体流态的最大速度比会下降，最终在偏移量和最大速度比变化速率和权重的影响下，出现随浓度增加水力坡度上升速率越来越快的现象。因此，在弯折管道布置形式较多的管网工况，若要减少因管道偏移导致的管道单侧磨损和管壁摩擦阻力损失，需要科学地提高膏体浓度；提升浓度可以减弱流态速度中心的偏移程度；但只能适当提高浓度，浓度过高，速度中心偏移量的减小速率会逐渐降低，最大速度比呈线性下降，导致管道阻力迅速增加。

## 9.3.2　不同流速膏体流态特征对阻力特性影响分析

在 100 mm 管径中进行 0.76 m/s、1.04 m/s、1.10 m/s 和 1.17 m/s 四种流速的数值环管模拟实验，浓度为 75.7%，同样选取曲率半径 0.5 m 弯管段膏体流态的最大速度比和速度中心偏移量进行分析，以此研究流速对膏体流态和管道流动阻力特性的影响，如表 9-7 所示。

表 9-7  不同速度流态特征和阻力特性表

| 流速 /(m·s⁻¹) | 水力坡度 /(kPa·m⁻¹) | 截面最大速度值 /(m·s⁻¹) | 最大速度比 | 速度中心偏移量 /mm |
|---|---|---|---|---|
| 0.76 | 4.94 | 1.074 | 1.413 | 16.92 |
| 1.04 | 5.13 | 1.508 | 1.450 | 23.93 |
| 1.10 | 4.71 | 1.599 | 1.454 | 24.26 |
| 1.17 | 4.88 | 1.700 | 1.453 | 24.58 |

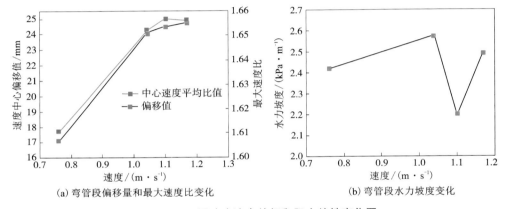

(a) 弯管段偏移量和最大速度比变化　　　　(b) 弯管段水力坡度变化

图 9-15  不同速度流态特征和阻力特性变化图

随着流速增加，膏体流态特征会发生相应改变，如图 9-15 所示。速度中心偏移量变化区间在 16.92 mm 到 24.58 mm 之间，变化幅度比较明显；在流速小于 1.04 m/s 时，随着流速逐渐提高，流态的速度中心偏移量会增加且增加速率较快；在流速处于 1.04~1.10 m/s 时，随着流速的提高，速度中心偏移量继续增加，但增加速率逐渐减慢；在流速大于 1.10 m/s 后，随着流速继续增加，速度中心偏移量总体不再继续增大，而是维持在较高水平。

流态的最大速度比变化区间在 1.413 到 1.454 之间，变化幅度较小，在 1.10 m/s 之前，随着流速增加，流态的最大速度比逐渐增加，增加速率逐渐变缓；当达到 1.1 m/s 之后，随着流速继续增加，最大速度比出现下降趋势，即在 1.1 m/s 达到峰值。

速度中心偏移量和最大速度比的变化同样会对流动阻力特性产生影响，由于流速条件的改变，流态的偏移量和最大速度比变化与阻力特性同样不再呈现单一对应关系，而是与两者的变化速率和影响权重相关。在 1.04 m/s 之前，随着流速增加，速度中心偏移量和最大速度比均会上升，偏移量从 16.92 mm 上升到

23.93 mm，变化幅度为 41.43%，整体变化较大；最大速度比从 1.413 到 1.450，变化幅度为 2.6%，整体变化微弱；管道阻力受中心偏移量变化影响更大，导致水力坡度有上升趋势，流动阻力增加，从 4.943 kPa/m 增加到 5.133 kPa/m。

当流速在 1.04~1.10 m/s 时，偏移量上升速率较慢，变化幅度较小，此时最大速度比对阻力特性起主要影响作用，最大速度比增加导致水力坡度下降，流动阻力降低，从 5.13 kPa/m 降低到 4.71 kPa/m。而流速达到 1.1 m/s 之后，随着速度增加，最大速度比则略微下降，而偏移量保持在较高水平几乎不再增加，膏体输送阻力受最大速度比下降影响继续上升。

在流速较低时，随着流速提高，偏移量迅速增加，最大速度比增加幅度较小，导致阻力增加；随着流速提高，偏移量增加速率逐渐变缓，最大速度比的增加有效降低了沿程阻力；流速增高后，随着流速增加，最大速度比降低，即管壁四周的相对速度提高，膏体与管壁的剪切阻力增加，输送阻力持续上升。

## 参考文献

[1] 窦中原. 绞吸式挖泥船输送管道流态分析与研究[D]. 武汉：武汉理工大学，2013.

[2] 孙滢. 基于微型建筑的服装热阻对人体热舒适的影响研究[D]. 扬州：扬州大学，2019.

[3] 洪文华. 相变材料在锂离子动力电池热管理中的应用研究[D]. 杭州：浙江大学，2019.

[4] 甘德清，高锋，陈超，等. 管道输送高浓度全尾砂充填料浆的阻力损失研究[J]. 矿业研究与开发，2016，36(1)：94-98.

[5] 李广波，盛宇航，宋泽普，等. 某矿不同级配尾砂高浓度料浆流变特性研究及优化[J]. 矿业研究与开发，2021，41(4)：55-59.

[6] 寇云鹏，齐兆军，宋泽普，等. 全尾砂高浓度充填料浆流变特性试验研究[J]. 矿业研究与开发，2018，38(12)：32-35.

[7] 肖佳，左胜浩，王大富，等. 水泥浆体屈服应力和黏度与其测试分析影响因素研究[J]. 硅酸盐通报，2018，37(1)：178-183.

[8] 吴凡，韩斌，胡亚飞，等. 膏体充填料浆管输摩阻损失计算及应用研究[J]. 采矿与安全工程学报. 2021，38(6)：1158-1166.

[9] 颜丙恒，李翠平，吴爱祥，等. 膏体料浆管道输送中粗骨料颗粒运动规律分析[J]. 中南大学学报(自然科学版). 2019，50(1)：172-179.

[10] 颜丙恒，李翠平，吴爱祥，等. 膏体料浆管道输送中粗颗粒迁移的影响因素分析[J]. 中国有色金属学报. 2018，28(10)：2143-2153.

[11] 刘晓辉，吴爱祥，姚建，等. 膏体尾矿管内滑移流动阻力特性及其近似计算方法[J]. 中国有色金属学报，2019，29(10)：2403-2410.

[12] 王新民，张德明，张钦礼，等. 基于 FLOW-3D 软件的深井膏体管道自流输送性能[J]. 中南大学学报(自然科学版)，2011，42(7)：2102-2108.

[13] 王少勇，吴爱祥，阮竹恩，等. 基于环管实验的膏体流变特性及影响因素[J]. 中南大学

学报(自然科学版),2018,49(10):2519-2525.

[14]杨晓炳,闫泽鹏,尹升华,等.基于环管试验的粗骨料膏体管输阻力模型及优化[J].湖南大学学报(自然科学版),2022,49(5):181-191.

[15]李公成,王洪江,吴爱祥,等.基于倾斜管实验的膏体自流输送规律[J].中国有色金属学报,2014,24(12):3162-3164.

[16]侯永强,尹升华,戴超群,等.尾矿膏体流变特性和管输阻力计算模型[J].中国有色金属学报,2021,31(2):510-519.

[17]CHENG N,LIU Z,WU S,et al. Resistance characteristics of paste pipeline flow in a pulse-pumping environment[J]. International Journal of Minerals, Metallurgy and Materials,2023,30(8):1596-1607.

# 第 10 章 /

# 脉冲泵压环境长距离输送
# 颗粒流态及阻力特性分析

流态会对膏体管道输送阻力特性产生影响，同时膏体中颗粒的分布状态、颗粒接触作用力链以及颗粒间的孔隙结构均会影响膏体流变特性，进而导致不同的管道输送阻力特性差异。微观实验分析可从静态层面研究膏体颗粒状态对流变特性和阻力特性的影响，在管道输送过程中，颗粒状态随着膏体的流动一直处于动态变化之中，颗粒的运动形式也在随流动环境发生改变，但由于膏体颗粒被液体包裹，很难直接对动态的颗粒状态和颗粒力链变化进行分析。泵压输送是膏体的一种主要管道输送方式，在脉冲泵压环境下，膏体流态和颗粒运动状态均会发生变化，膏体管道输送阻力特性也会发生改变，脉冲泵压效应难以直接描述，因此想要分析脉冲泵压环境对膏体流态和颗粒状态的扰动作用十分困难。

本章对环管实验压力数据进行分析并提取泵压脉冲特征，采用有限元和离散元耦合的数值模拟方法，通过 Fluent-UDF 功能设置脉冲泵压流场环境，在膏体流态和颗粒状态对流动阻力特性影响的研究基础上，对脉冲泵压环境下长距离输送颗粒流态及阻力特性开展研究。

## 10.1　基于 EDEM 的颗粒设置及虚拟标定实验

EDEM 是一款离散元模拟软件，能够对一定工况下的颗粒运动状态及颗粒力链变化规律进行模拟分析[1, 2]，如图 10-1 所示。

### 10.1.1　颗粒粒径设置

EDEM 软件的计算速度受电脑核数配置影响较大，为提高计算速度，可采用多核服务器进行计算。EDEM 软件模拟计算能力受到颗粒数目和颗粒大小的限制，颗粒数目过多或颗粒粒径过小均会导致计算困难。

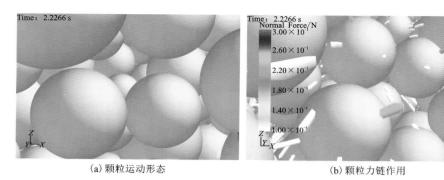

(a) 颗粒运动形态　　　　　　　　　　　(b) 颗粒力链作用

图 10-1　EDEM 颗粒及力链模拟展示图

为解决离散元计算困难的问题，众多学者采用一定方法减少颗粒和放大粒径，使模拟顺利进行，并且在一定限度内，放大颗粒粒径并进行相应的标定实验，使放大粒径后颗粒的整体运动形式与实际运动形式具有相似性，即可认为模拟中的颗粒运动情况与实际的颗粒运动情况具有相似性和一致性；对于颗粒接触力链，虽然颗粒放大后力链作用力的具体数值也会变大，但力链的形成和破坏变化规律具有相似性。环管实验所用尾砂颗粒级配如表 10-1 所示，对颗粒级配进行分析，有助于优化模拟颗粒粒径，推动模拟顺利进行。

表 10-1　环管实验所用尾砂颗粒级配表

| 粒径/μm | 比例/% | 累计/% | 粒径/μm | 比例/% | 累计/% | 粒径/μm | 比例/% | 累计/% |
|---|---|---|---|---|---|---|---|---|
| 0.121 | 0.000 | 0.000 | 1.442 | 0.164 | 0.632 | 17.191 | 0.275 | 4.034 |
| 0.146 | 0.000 | 0.000 | 1.745 | 0.184 | 0.815 | 20.801 | 0.335 | 4.369 |
| 0.177 | 0.000 | 0.000 | 2.112 | 0.153 | 0.968 | 25.169 | 0.436 | 4.805 |
| 0.214 | 0.000 | 0.000 | 2.555 | 0.128 | 1.096 | 30.455 | 0.495 | 5.300 |
| 0.259 | 0.000 | 0.000 | 3.092 | 0.099 | 1.195 | 36.851 | 0.490 | 5.790 |
| 0.314 | 0.000 | 0.000 | 3.741 | 0.168 | 1.363 | 38 | 0.045 | 5.835 |
| 0.380 | 0.008 | 0.008 | 4.527 | 0.262 | 1.625 | 45 | 15.350 | 21.185 |
| 0.460 | 0.015 | 0.023 | 5.477 | 0.353 | 1.978 | 74 | 7.880 | 29.065 |
| 0.556 | 0.024 | 0.047 | 6.627 | 0.398 | 2.376 | 106 | 26.140 | 55.205 |
| 0.673 | 0.052 | 0.099 | 8.019 | 0.405 | 2.781 | 150 | 38.795 | 94 |
| 0.814 | 0.089 | 0.188 | 9.703 | 0.385 | 3.165 | 355 | 4.5 | 98.5 |
| 0.985 | 0.129 | 0.317 | 11.741 | 0.312 | 3.478 | 425 | 1 | 99.5 |
| 1.192 | 0.151 | 0.467 | 14.207 | 0.281 | 3.759 | 600 | 0.5 | 100 |

由表 10-1 可知, 74 μm 及以上粒径的颗粒占比为 79%, 而 74 μm 以下的细微颗粒占比为 21%。设置这些细微颗粒将极大地影响计算能力, 同时由于粒径过于微小, 即使模拟能够进行也难以观察到细微颗粒的运动情况, 其生成的力链也微弱细小难以分析; 而不设置这部分细微颗粒, 仍能够观察到 79% 绝大部分的颗粒运动情况和接触情况。通过标定实验, 将这部分细微颗粒、水泥和水在膏体颗粒流中的作用反映在 74 μm 以上颗粒的接触作用力链中, 能够更合理地进行模拟分析。

为了保证模拟浓度不发生变化, 在仍然设置环管实验相同重量尾砂的基础上, 对 74 μm 以上各粒径颗粒的级配占比重新进行调节, 如表 10-2 所示。

表 10-2　尾砂颗粒级配重新配置表

| 粒径/μm | 原级配占比/% | 新级配占比/% |
|---|---|---|
| 74 | 7.880 | 10 |
| 106 | 26.140 | 33.15 |
| 150 | 38.795 | 49.22 |
| 355 | 4.5 | 5.7 |
| 425 | 1 | 1.3 |
| 600 | 0.5 | 0.63 |
| 总和 | 78.815 | 100 |

忽略 74 μm 以下的细颗粒之后, 模拟的颗粒数量大幅度减少, 但由于整体颗粒粒径偏小, 颗粒数量仍然超出限制, 需要对颗粒进行整体放大来满足模拟计算要求, 通过模拟尝试, 最终将放大倍数确定为 40 倍。颗粒放大后可能会对颗粒运动状态规律产生影响, 需要对放大后的颗粒进行虚拟标定实验, 虚拟标定实验能够有效对颗粒接触模型参数进行校准设定, 使放大后的颗粒状态变化规律与实际颗粒状态变化规律具有一致性。

## 10.1.2　颗粒接触模型

EDEM 颗粒之间的作用力可以用接触模型进行分析。EDEM 中有许多接触模型, 其中 JKR 接触模型能够模拟因静电或水分等导致颗粒之间发生的黏结和团聚现象, 较好地体现颗粒之间的范德华力和液桥力作用[5], 所以 JKR 模型常被用于模拟浆体, 比如混凝土、膏体料浆等。

JKR 模型的法向弹性接触力计算公式如下[3]:

$$F_{JKR} = \frac{4E^*}{3R^*}\alpha^3 - 4\alpha^{\frac{3}{2}}\sqrt{\pi\gamma E^*} \qquad (10-1)$$

式中：$F_{JKR}$ 为法向弹性接触力，N；$\gamma$ 为表面张力，N/m；$E^*$ 为等效弹性模量，Pa；$\alpha$ 为切向重叠量，m；$R^*$ 为等效接触半径，m。

其中，等效弹性模量 $E^*$ 与等效接触半径 $R^*$ 的定义为：

$$\frac{1}{E^*} = \frac{(1-v_1^2)}{E_1} + \frac{(1-v_2^2)}{E_2} \qquad (10-2)$$

$$\frac{1}{R^*} = \frac{1}{R^1} + \frac{1}{R^2} \qquad (10-3)$$

式中：$E_1$ 为接触颗粒 1 的弹性模量，Pa；$v_1$ 为接触颗粒 1 的泊松比；$R_1$ 为接触颗粒 1 的接触半径，m；$E_2$ 为接触颗粒 2 的弹性模量，Pa；$v_2$ 为接触颗粒 2 的泊松比；$R_2$ 为接触颗粒 2 的接触半径，m。

切向重叠量 $\alpha$ 与法向重叠量 $\delta$ 的关系如下[4]：

$$\delta = \frac{\alpha^2}{R^*} - \sqrt{\frac{4\pi\gamma\alpha}{E^*}} \qquad (10-4)$$

即使颗粒间没有直接接触，该模型也提供了颗粒间相互吸引的凝聚力计算方法。颗粒间具有非零凝聚力时的最大间隙可通过下式计算：

$$\delta_c = \frac{\alpha_c^2}{R^*} - \sqrt{\frac{4\pi\gamma\alpha_c}{E^*}} \qquad (10-5)$$

$$\alpha_c = \left[ \frac{9\pi\gamma R^{*2}}{2E^*}\left(\frac{3}{4} - \frac{1}{\sqrt{2}}\right) \right] \qquad (10-6)$$

式中：$\delta_c$ 为颗粒间具有非零凝聚力时的法向最大间隙，m；$\alpha_c$ 为颗粒间具有非零凝聚力时的切向最大间隙，m。当 $\delta < \delta_c$，模型返回 0。当颗粒并非实际接触并且间隙小于 $\delta_c$ 时，凝聚力达到最大值，颗粒非实际接触的最大凝聚力 $F_{pullout}$ 的计算公式为：

$$F_{pullout} = -\frac{3}{2}\pi\gamma R^* \qquad (10-7)$$

### 10.1.3　基于虚拟标定实验的颗粒接触参数校准

将颗粒级配信息导入 EDEM 中，对颗粒进行虚拟标定。模拟塌落度实验过程并进行参数分析，对颗粒 JKR 接触模型表面能和颗粒接触参数进行批处理变换标定[6]；当塌落度模拟实验与真实实验表现为同一种运动状态时，选取该组颗粒接触参数为膏体颗粒运动状态模拟参数。

进行 75.7% 质量浓度膏体的塌落度实验，如图 10-2 所示，得到膏体塌落度为 29 cm，扩展度为 74 cm，利用塌落度实验数据对颗粒接触参数进行校准。

虚拟标定实验中，根据实验数据与文献经验数据，设定颗粒密度为 2900 kg/m³，泊松比为 0.3，剪切模量为 45 MPa；设置壁面密度为 7900 kg/m³，泊松比为 0.3，剪切模量为 800 MPa。设置不同颗粒接触参数进行虚拟塌落度标定实验。

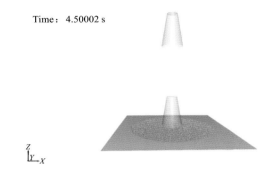

Time：4.50002 s

**图 10-2　75.7%浓度膏体虚拟塌落度筒标定实验图**

利用批处理功能对多组 EDEM 的颗粒接触参数进行标定，最终设置颗粒间的静摩擦系数为 0.24，动摩擦系数为 0.01，恢复系数为 0.55；颗粒与壁面间的静摩擦系数为 0.45，动摩擦系数为 0.01，恢复系数为 0.6；颗粒之间的表面能为 0.8 J/m²，颗粒与壁面之间的表面能为 1 J/m²。

该颗粒参数设定条件下的塌落度数值实验模拟结果如图 10-3 和图 10-4 所示，由图可知，利用 EDEM 标尺测量膏体数值塌落实验的扩展直径为 74 cm，塌落度为 29 cm，与实际实验数据相吻合。同时塌落形状为中间突起较为规则的圆盘状，颗粒模拟结果与实际膏体颗粒运动规律具有一致性，说明 EDEM 数值模型对膏体颗粒运动的模拟规律具有可靠性。

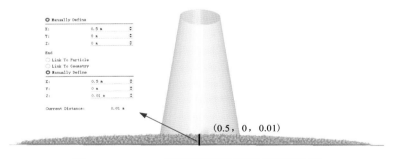

**图 10-3　EDEM 塌落度筒标定实验塌落度数据**

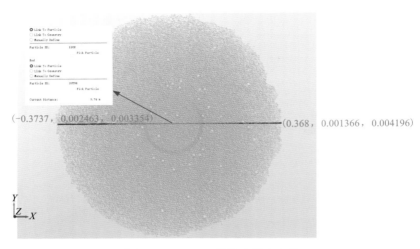

图 10-4　EDEM 塌落度标定实验

## 10.2　不同管道形式颗粒流态数值推演与阻力特性分析

基于已标定的颗粒参数设置条件，对膏体颗粒流动规律进行模拟研究，分析直管和弯管中的颗粒运动状态，根据颗粒运动状态的变化情况，探究直管和弯管阻力特性差异的原因。

### 10.2.1　膏体颗粒流态数值推演

基于 EDEM 离散元软件，对直管和弯管中的膏体颗粒运动状态进行分析，如图 10-5 所示，研究膏体颗粒迁移规律，从颗粒微观动态变化情况分析膏体流动阻力特性[7,8]。

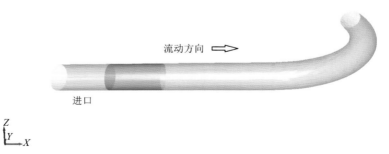

图 10-5　EDEM 管道模型

受计算能力影响，离散元计算对于颗粒数目有限制，不能对整条环管模型的颗粒流态进行模拟分析，截取环管模型中 1.5 m 长的水平直管段和与其相连的曲率半径为 0.5 m 的水平弯管段进行模拟，直管与弯管均位于 $XOY$ 面内，为水平管道，重力方向为 $Z$ 轴负方向。膏体颗粒流以 1.2 m/s 的速度流入该区域，观察颗粒运动状态。

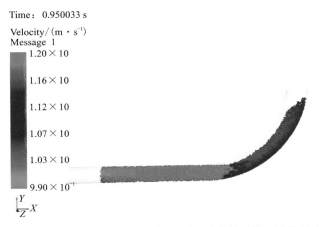

图 10-6　颗粒流态一：膏体颗粒流刚经过弯管时的不满管流态

由图 10-6 可知，膏体经过直管段时，颗粒流的运动速度与进口速度基本一致，均以 1.2 m/s 的运动速度向前移动，颗粒分布较为均匀且充满整条管道。当膏体颗粒运动到弯管段时，颗粒运动速度发生了明显下降，在直管和弯管相接处速度变化最剧烈，下降速率最快，由 1.2 m/s 迅速下降到 1.12 m/s 左右，速度迅速下降 7%。弯管段的颗粒速度分布不均匀，弯管内侧速度为 1.07 m/s 左右，而弯管外侧速度为 1.12 m/s 左右，内外侧速度差为 0.05 m/s 左右。在离心力作用下，膏体颗粒向弯管外侧偏移运动，外侧颗粒的接触空间进一步压缩，颗粒接触作用增强，颗粒整体流态向弯管外侧偏移聚集，弯管内侧区域出现颗粒流缺失现象，表现出典型的密度差异。

提取此时的膏体颗粒粒径分布，如图 10-7 所示。由图可知，膏体颗粒粒径分布基本未受管道布置形式影响，在运动过程中并未发生颗粒的差异性聚集，颗粒分布均匀性较好。通过分析颗粒数目变化，对颗粒流浓度变化进行研究。利用 EDEM 后处理 Selections 模块 Grid Bin Group 功能，划定一个 $X$ 轴为 50 mm、$Y$ 和 $Z$ 轴均为 100 mm 的统计区域，对区域内的膏体颗粒数量进行统计分析，对比研究膏体颗粒流密度变化情况。

利用 Grid Bin Group 功能统计框对颗粒流态一时的直管和弯管区域的颗粒数量进行统计，如图 10-8 所示。

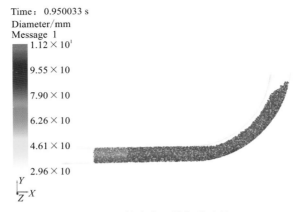

图 10-7　颗粒流态—粒径分布情况

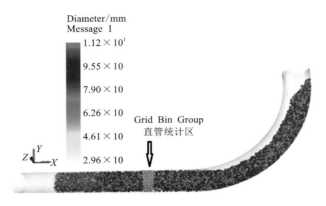

(a) 直管中段颗粒统计：332个

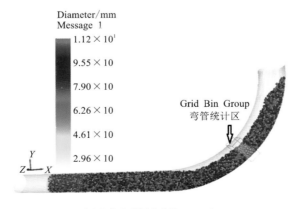

(b) 弯管中段颗粒统计：336个

图 10-8　颗粒流态—直管和弯管选定区域颗粒统计图

由图 10-8 可知，在同样体积的统计区域内，直管段和弯管段统计的颗粒数量分别为 332 个和 336 个，直管段处于颗粒满管状态，而弯管段处于颗粒非满管状态，弯管段外侧区域的颗粒流浓度更大。

此时直管段和弯管段存在一定的浓度差，弯管段不满管流状态使管道截面通过颗粒的数目与直管段差别不大；但弯管段整体速度较慢，与直管段存在速度差，此时直管通过相同数量颗粒的时间比弯管所用时间短，根据物质守恒定律，此时的流动状态并不稳定，随时间发生改变。

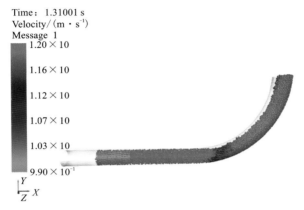

**图 10-9　颗粒流态二：膏体颗粒流在弯管段发生堆积时的流态**

随着时间的推进，速度差的存在导致速度较慢的弯管段出现颗粒堆积，堆积现象使不满管流的弯管段逐渐向满管流变化，弯管段颗粒流占据的区域越来越大，如图 10-9 所示。随着弯管区域逐渐向满管流改变，弯管区域的速度整体再一次降低，下降至 1.03~1.06 m/s，速度分布情况仍然是弯管外侧区域大于弯管内侧区域，内外侧的速度差为 0.03 m/s 左右，较上一时刻有所减小，而直管段颗粒运动情况无太大变化。颗粒流浓度如图 10-10 所示。统计区域内的颗粒数量表明，直管段和弯管段颗粒数量分别为 333 个和 345 个，颗粒数量差异逐渐增大，弯管段浓度持续增加。

由图 10-11 可知，此时统计区域内获取到的弯管段颗粒数目与直管段颗粒数目逐渐拉开差距，弯管区域呈未满管状态，浓度仍大于直管浓度，弯管区域增加的颗粒数目是逐渐堆积到弯管内侧区域的颗粒。随着时间的推进，最终弯管段达到了满管流的稳定状态，颗粒速度和浓度不再随时间发生改变。

随着时间的推进，弯管段最终达到满管流稳定状态，颗粒速度和浓度不再随时间变化，如图 10-11 所示。直管段保持 1.2 m/s 左右的速度运动，选定区域的颗粒数为 332 个，浓度和流速未发生太大变化。弯管区域颗粒的整体流速更低，

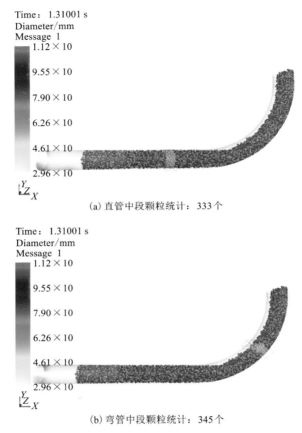

(a) 直管中段颗粒统计：333 个

(b) 弯管中段颗粒统计：345 个

图 10-10　颗粒流态二直管和弯管选定区域颗粒统计图

为 1.04~1.07 m/s。内外管存在轻微流速差异，但与不满管流状态相比，流速分布均匀性得到了提升，选定区域的颗粒数目达到了 381 个，弯管区域颗粒浓度较直管区提升了 14% 左右。

直管和弯管最终的流动状态具有一定程度的浓度和速度差异，直管段整体速度较快但颗粒流浓度较低，弯管段整体速度较慢但颗粒流浓度较高，实现了颗粒流动的物质守恒。弯管段颗粒的偏移积聚运动，导致颗粒分布均匀性变差。颗粒状态较分散时膏体流动性能更优异，流动阻力更小，偏移集聚运动导致弯管段的流动阻力更大；弯管外侧膏体颗粒流浓度较直管有一定程度的提高，进一步增强了弯管输送的流动阻力；同时弯管段颗粒速度的变化会引起强烈的颗粒接触碰撞与力学剪切，进一步强化了阻力损失。这三大因素导致弯管段存在更大的流动阻力。

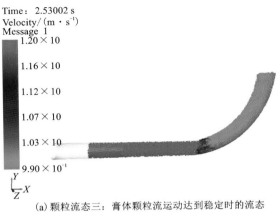

（a）颗粒流态三：膏体颗粒流运动达到稳定时的流态

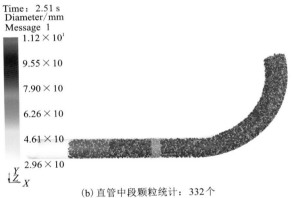

（b）直管中段颗粒统计：332个

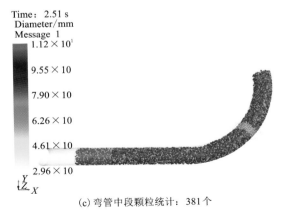

（c）弯管中段颗粒统计：381个

图 10-11　达到稳定状态的颗粒流态三及颗粒统计图

### 10.2.2 弯管颗粒流态对阻力特性影响分析

根据 10.2.1 节颗粒模拟推演结果可知，添加弯管会对膏体颗粒的流动状态和密度分布情况产生影响，从而导致膏体管道输送阻力特性发生变化。

①弯管会导致膏体颗粒流密度发生变化，影响膏体管道流动阻力特性。膏体颗粒刚流经弯管时，在弯管离心力的作用下，弯管内侧的颗粒会向弯管外侧的区域发生偏移聚集，导致弯管外侧膏体颗粒流密度增加；弯管内侧的颗粒向外移动后，内侧颗粒密度大幅降低；根据前文分析结果，颗粒状态更分散时膏体流动性能更优异，流动阻力更小，而弯管段偏移集聚的颗粒分散程度较差，导致弯管段流动阻力增加。随后在物质守恒定理和速度差的影响下，弯管段发生颗粒堆积现象，局部颗粒流密度增加，状态稳定后，弯管颗粒密度较直管颗粒密度提升了14%左右，弯管段流动阻力大幅增加。

②弯管会导致膏体颗粒流速度发生变化，对膏体管道流动阻力产生影响。弯管处颗粒流会出现低流速区，使弯管段和前置管段存在速度差，速度差导致颗粒发生更多的碰撞接触，使颗粒内耗增加，阻力损失上升。除流速差外，流速变化也会对阻力特性产生影响，当前置管段流速大幅超过临界流速时，弯管段对流速的降低作用有利于降低膏体流动阻力；但第一条分析中认为，弯管会对颗粒流密度产生影响，有利于增加膏体流动阻力，在流速和密度对阻力特性的综合影响下，弯管段流动阻力主要呈上升趋势，密度的影响占主导地位，但相对于密度单因素的影响，流动阻力上升速率降低。当前置管段流速在临界流速附近或小于临界流速时，弯管段下降的颗粒流速会导致颗粒流小于临界流速，不能悬浮运动，增大了流动阻力，增加了堵管、爆管的安全风险。

### 10.2.3 膏体颗粒力链结构变化及阻力特性分析

根据颗粒接触力链的特性，膏体颗粒之间的接触作用力越强，力链越粗，膏体流动所需克服的屈服应力越大，流动性能越差，管道输送膏体的流动阻力越大[9,10]。基于 EDEM 对膏体流动过程中颗粒力链结构的变化情况展开模拟研究，根据颗粒接触力链的动态变化情况对膏体管道流动阻力进行分析。

稳定状态时的力链结构如图 10-12 所示。直管段颗粒接触力链均匀分散且密度较低，无强作用力的粗力链生成。直管段颗粒碰撞接触较为分散均匀，颗粒接触作用较弱，整体流动阻力较低。

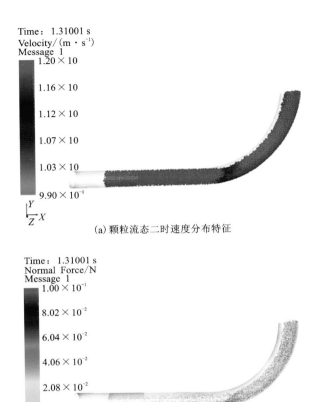

(a) 颗粒流态二时速度分布特征

(b) 颗粒流态二时颗粒接触力链

**图 10-12　颗粒流态二时颗粒力链结构图**

对于弯管段，在离心力和弯管壁面压力作用下，颗粒间的作用力明显增强，出现了大量较粗的红色强力链，且强力链的分布存在一定规律。弯管最外侧颗粒受到的离心力和压力作用最强，力链密度和强度更高。弯管与直管段相接的上游区域受速度差的影响更大，弯管上游的力链较弯管下游的力链密度和强度更高。在两者的叠加作用下，弯管段上游最外侧区域出现了大量红色强力链。弯管区域的力链作用整体较强，浆体内部能量耗散最为集中，对膏体流动产生的不利影响最明显。

膏体流动过程中，不仅颗粒间存在相互作用力，膏体与管壁之间也存在相互作用力，这些作用力同样会阻碍膏体流动，带来阻力损失，减弱膏体的流动势能。

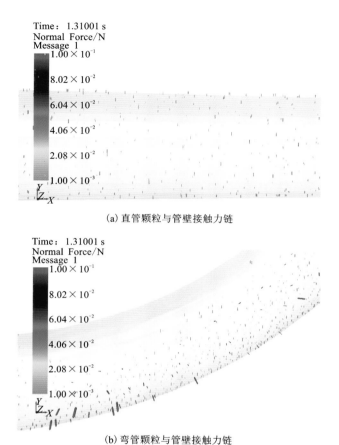

（a）直管颗粒与管壁接触力链

（b）弯管颗粒与管壁接触力链

**图 10-13　颗粒流态二时颗粒与壁面力链图**

　　膏体颗粒与壁面之间的接触力链如图 10-13 所示。由图可知，在直管段，颗粒与壁面接触力链强度和力链密度较低且分布均匀。在弯管区域，力链形态粗壮，力链整体强度和力链密度均大于直管段，浆体对管壁的作用强烈，且主要集中于管壁外侧。强烈的力学作用，将引起管壁的剧烈磨损，增加了漏管和爆管的可能性。

　　对颗粒流态三的膏体颗粒接触作用进行分析，如图 10-14 所示。对于弯管段，在速度差的影响下，颗粒逐渐堆积为高密度状态，由于满管流颗粒数目较多，压力作用逐渐向内部发展，力链分布密集度高、扩散性强，弯管外侧力链与内侧力链的强度梯度减小，力链分布的均匀性得到了一定程度的改善。

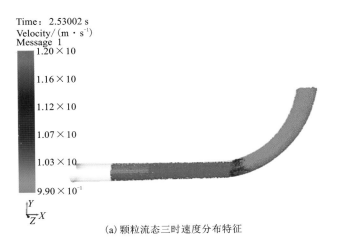

(a) 颗粒流态三时速度分布特征

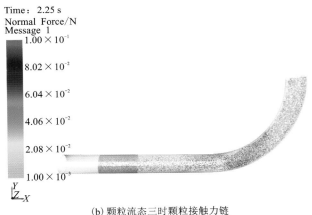

(b) 颗粒流态三时颗粒接触力链

**图 10-14　颗粒流态三时颗粒力链图**

膏体颗粒与壁面之间的接触作用如图 10-15 所示。在弯管区域,受密度和离心力影响,力链的整体强度仍大于直管段;与流态二时相比,力链的分布均匀性得到了提升,弯管外侧的强力链作用有一定程度的减弱。弯管内侧力链的密集程度较低,力链强度较小,但仍强于直管段力链。

由力链结构分析可知,膏体颗粒作用力受管道布置形式影响较大。在短距离直管段,膏体颗粒之间、颗粒与壁面之间的力链均匀细小;在弯管段,力链密度增加,局部区域更加密集且力链结构较为粗大。说明膏体颗粒与颗粒之间、颗粒与管壁之间接触更为频繁,接触作用更强,导致了更大的流动阻力。

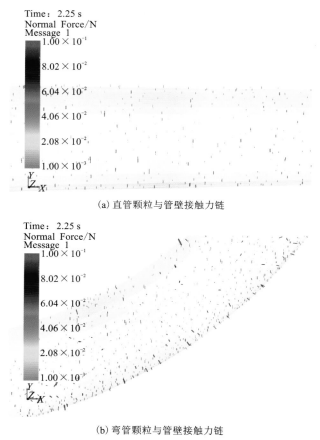

(a) 直管颗粒与管壁接触力链

(b) 弯管颗粒与管壁接触力链

**图 10-15　颗粒流态三时颗粒与壁面力链图**

## 10.3　泵压输送膏体流态推演及阻力特征

　　膏体管道泵压输送是膏体充填中常用的一种输送方式[11, 12]。泵压输送利用脉冲泵压传递给膏体动力势能使其流动，在不同时刻，泵送设备所提供的压力是变化着的，管道中的膏体流态和颗粒状态也在发生改变。

　　泵送设备产生的脉冲泵压对膏体流动的影响在现实中很难被直观分析，作者基于复杂环管实验泵压数据，借助模拟手段，对脉冲泵压环境下的膏体流态变化进行了模拟，直观地将泵压对膏体流态的扰动作用进行了研究分析，同时评价了泵压扰动作用对于膏体管道输送阻力特性的影响。

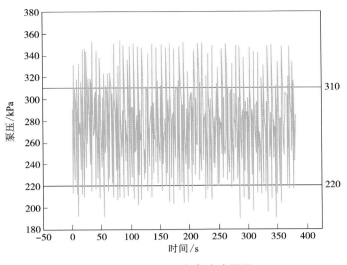

图 10-16　$P_1$ 压力表脉冲泵压

　　提取膏体浓度为 75.7%、泵送速率为 90% 时复杂环管实验进口处 $P_1$ 压力表一段时间脉冲泵压曲线, 如图 10-16 所示, 脉冲泵压呈周期性变化, 泵压变化区间在 220 kPa 至 310 kPa 之间波动, 提取 10 s 脉冲泵压片段进行分析, 如图 10-17 所示。

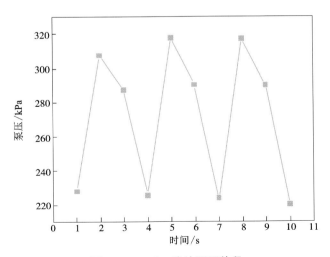

图 10-17　10 s 脉冲泵压片段

由图 10-17 可知，脉冲泵压的周期为 3 s，脉冲泵压的变化规律比较明显，在第 1 s 时泵压快速上升，之后的 2~3 s 内开始泄压，压力逐渐降低。

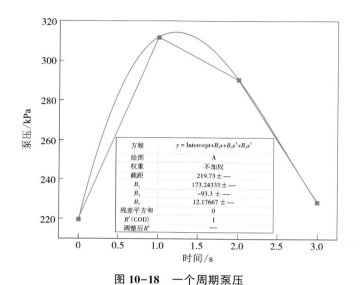

图 10-18 一个周期泵压

提取 3 s 周期的泵压，如图 10-18 所示，利用三次多项式对其进行拟合，提取出泵压随时间变化的函数，拟合效果相关系数为 1，拟合效果比较优异。得到的泵压随时间变化的函数如下式：

$$Y = 219.73 + 173.24t - 93.3t^2 + 12.18t^3 \tag{10-8}$$

式中：$Y$ 为变化的泵压，kPa；$t$ 为时间，s。

通过编写 UDF 函数，将拟合好的一个周期的脉冲泵压变化曲线三次函数导入 FLUENT，设置为进口压力，泵压三次函数的编写文件如下：

```
DEFINE_PROFILE(inlet_x_pressure, thread, position)
{
real x[ND_ND];
real x1;
face_t f;
realflow_time=CURRENT_TIME;
begin_f_loop(f, thread)
{
F_CENTROID(x, f, thread);
x1=x[0];
```

F_PROFILE(f, thread, position)=1000* (219.73+173.24* flow_time- 93.3* flow
_time* flow_time+12.18* flow_time* flow_time* flow_time);

  }
  end_f_loop(f, thread)
  }

## 10.3.1　脉冲泵压影响下直管段流态变化及阻力特性分析

  利用第9章Fluent复杂环管模型进行泵压模拟，进口通过UDF函数设置为脉冲泵压进口，出口压力设置为80 kPa，料浆参数浓度设置为75.7%，在100 mm管径中进行模拟。

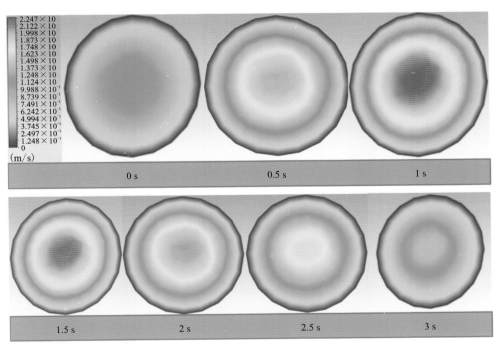

图 10-19　直管脉冲泵压环境流态图

  提取直管和弯管($R=0.5$ m)截面流态进行分析。脉冲来压环境下，直管段截面流态随时间变化情况如图10-19所示。受脉冲泵压影响，膏体流速处于不断变化之中。管道最大流速范围和最大流速值随时间周期性变化，在0 s和3 s压力低峰区，截面流速分布趋向均匀，最大流速区域变大，最大流速值为1.248~1.498 m/s。随着脉冲压力峰值的到达，在1~1.5 s出现最大流速，为2.247 m/s，超过固定进出口压力时的直管截面最大速度为1.852 m/s，最大提高0.4 m/s。

## 10.3.2 脉冲泵压影响下弯管段流态变化及阻力特性分析

为分析泵压扰动对弯管段的影响,提取随时间变化的弯管段($R=0.5$ m)截面流态变化情况进行分析。

脉冲泵压环境弯管段($R=0.5$ m)截面流态如图 10-20 所示。在脉冲泵压影响下,表现出典型的速度峰值和分布区域的周期性变化,高流速区速度为 1.823 ~ 2.051 m/s,超过固定进出口压力时的弯管($R=0.5$)截面最大速度为 1.743 m/s,中心点速度值最大提升了约 0.3 m/s。除此以外,弯管段流速中心偏移量显著增强,最大流速向弯管内侧大幅度偏移。主要为外侧颗粒密度大,力链结构丰富,造成了较大的沿程阻力;内侧浆体浓度较低,流动阻力小,形成了较高的流速区间。

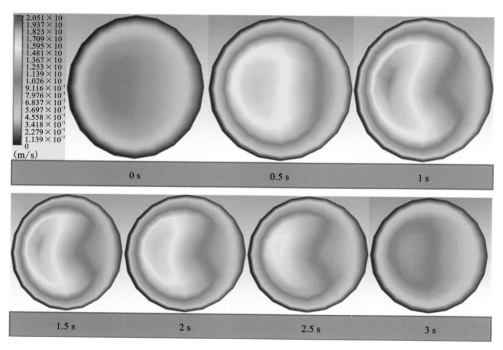

图 10-20 弯管脉冲泵压环境流态图

在泵压扰动下,流速处于周期性低流速和高流速的动态变化之中。在低流速时间段里,截面流速的整体均匀性较好。在高流速时间段里,径向速度梯度显著增强,对颗粒运动状态具有扰动作用,有利于消除堵管现象。但整体上由于弯管段速度中心的内侧偏移,外侧高浓度区域的沿程阻力过大,同时由于流态上的低流速、弱扰动,易造成颗粒的沉降离析,形成堵管现象。

## 10.4　脉冲泵压环境下粗颗粒流态分析

脉冲泵压环境下的颗粒流动状态变化复杂，EDEM 能够分析离散相的颗粒流态，但不能提供脉冲泵压流动环境来对颗粒流态进行分析，需结合有限元，通过 EDEM-Fluent 耦合模拟综合实现。

### 10.4.1　耦合计算模拟设置

耦合计算方法主要有 Euler 法[13]和 Lagrangian 法[14]。Lagrangian 法不考虑颗粒体积分数，Fluent 采用单相流模型进行计算，颗粒和流体之间有动量、质量和能量的传递，适用于颗粒浓度较低的稀相流。Euler 法能够考虑颗粒体积分数，Fluent 采用欧拉多相流模型进行计算，适用于密相流。膏体颗粒密度较大，适合采用 Euler 法进行计算。进行 EDEM 与 Fluent 的耦合工作，首先要打开 EDEM 耦合接口，接着在 Fluent 进行相关配置，编译耦合文件，耦合成功后的接口显示如图 10-21 所示。

(a) EDEM 接口等待耦合中　　　　　　　(b) EDEM 耦合成功标识

**图 10-21　耦合过程图**

由于复杂环管模型长度过长，受颗粒数量限制，采用 10.2 节 EDEM 模拟所用的 1.5 m 长直管段和与其相连的半径 0.5 m 弯管段进行模拟，如图 10-22 所示。

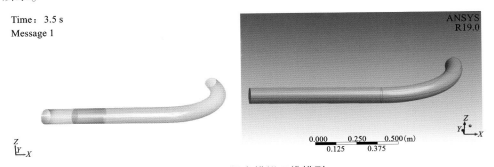

**图 10-22　耦合模拟三维模型**

提取 0.5 m 半径弯管段前 1.5 m 长直管段处的压力数据波动情况,压力波动范围为 44.8~47.6 kPa,提取 0.5 m 半径弯管段出口压力,取平均值为 40 kPa。因需要观察到颗粒受脉冲影响的连续运动,三次泵压函数并不能对周期性泵压的连续变化情况进行模拟,如图 10-23 所示,因此采用 44.8~47.6 kPa 区间的正弦函数虚拟泵压进行模拟,正弦函数的脉冲周期为 3 s,对脉冲来压环境膏体颗粒的动态情况进行研究。

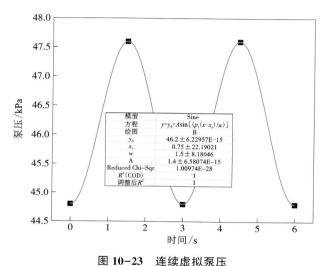

图 10-23    连续虚拟泵压

得到的连续脉冲泵压随时间变化的函数为:

$$Y = 46.2 + 1.4\sin[2.1 \times (t - 0.75)]  \tag{10-9}$$

式中:$Y$ 为变化的泵压,kPa;$t$ 为时间,s。

## 10.4.2    脉冲泵压环境下的膏体颗粒状态分析

通过 UDF 函数将拟合好的连续脉冲泵压函数导入 Fluent,设置为进口压力数值,耦合对应的 EDEM 模拟模型,对脉冲泵压环境下直管和弯管的颗粒流状态进行分析。

基于 Fluent-EDEM 耦合对脉冲泵压环境下的颗粒运动情况进行模拟,如图 10-24 所示。流动初始阶段,在脉冲泵压的影响下,直管段的膏体颗粒流沿流向呈涌动状分布,高流速区为 1.4 m/s,低流速区为 0.97 m/s,高流速颗粒会对前方的低流速颗粒产生扰动作用。

由图 10-25 可知,随着流动行为的逐渐稳定,涌动状流动特征有所减缓。颗粒刚流经弯管段时,颗粒流态未产生显著变化,并没有在离心力影响下向弯管外

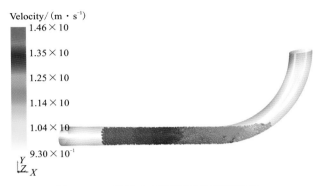

图 10-24　脉冲来压环境膏体颗粒流态一

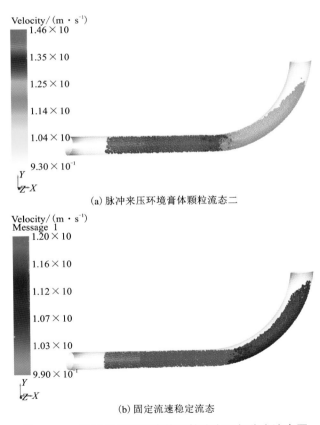

(a) 脉冲来压环境膏体颗粒流态二

(b) 固定流速稳定流态

图 10-25　脉冲来压环境膏体颗粒流态二与稳定流态图

侧发生明显的颗粒偏移集聚现象，也未发生明显的不满管流动现象。主要是因为在脉冲泵压影响下，膏体颗粒流涌动运动，前后颗粒流之间发生接触，快速颗粒会冲击扰动慢速颗粒，慢速颗粒会牵连扰动快速颗粒，使得颗粒流在管道截面方向的运动能够有效抵抗离心力和其他作用力导致的颗粒偏移集聚运动，使膏体颗粒流在管道截面方向的运动分布更加均匀。

脉冲来压环境中达到运动基本稳定时的颗粒流动状态如图 10-26 所示。达到稳定状态后的流动情况与恒压流态运动形式差别不大，直管段整体流速较快且受当前时间泵压波动影响有轻微变化，弯管段流速较为缓慢。

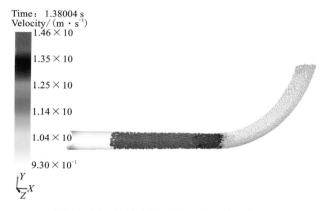

图 10-26　脉冲来压环境膏体颗粒流态三

脉冲泵压环境影响下的颗粒接触作用如图 10-27(a) 所示。由图可知，直管段颗粒接触力链与固定流速相比变得更密集，力链数量明显增加；脉冲泵压环境下，颗粒流在直管段出现了速度脉冲，在速度差的影响下高流速颗粒冲击扰动前面的低流速颗粒，颗粒发生更频繁的接触，力链接触作用也有一定程度的增强。

在弯管段，脉冲泵压影响下的颗粒接触频率更高，力链更为密集，在弯管上游同样出现了强力链，但强力链数量较固定流速有所减少，整体力链数量较固定流速有所增加。脉冲泵压扰动作用下，颗粒流抵抗离心力和其他作用力的能力增强，颗粒未发生显著的偏移集聚现象，颗粒与弯管段壁面的强烈接触作用有所减轻，导致强力链数量有所减少。

在脉冲泵压扰动下，直管段颗粒之间发生了复杂的接触作用，出现了更强的颗粒力链结构，导致流动过程中的阻力损失增加；但更强的力链结构使膏体稳定性更好，抵抗各种作用力的能力更强。在弯管段离心力作用下，并未发生强烈的颗粒偏移集聚现象，膏体流动状态的稳定性更好。

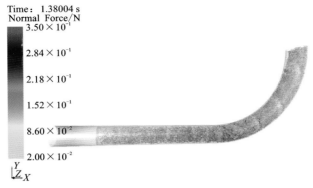

(a) 脉冲来压环境膏体颗粒接触力链图

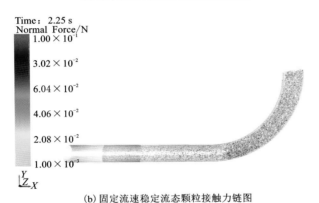

(b) 固定流速稳定流态颗粒接触力链图

**图 10-27　脉冲来压环境和稳定状态颗粒接触力链图**

## 10.5　长距离输送膏体颗粒流态及阻力特性分析

长距离管道输送中会出现各种颗粒流态变化，引发一系列输送问题，危害输送安全。本节基于理论和模拟分析，对膏体颗粒流在长距离环境中的运动状态进行研究，探讨长距离管道输送中的相关问题。

### 10.5.1　长距离管道输送弯管影响分析

当膏体颗粒流经过弯管后，在多种作用力的影响下，其浓度会发生区域性改变，流速会发生一定程度的减慢，这些相对变化对于膏体管道输送都是十分不利的。

浓度增加会导致膏体管道输送的阻力特性增加，导致膏体颗粒运动过程中的沿程阻力损失增加，膏体流动所需的重力势能和动力势能均会更快地流失；膏体流速减慢也会导致管道输送能力减弱，当膏体流速减慢到一定程度后可能发生堵管等现象,弯管对于膏体管道减阻输送是不利的。

在长距离管道输送过程中可能出现不止一个弯管的工况,若弯管数目增加,则会导致膏体颗粒流的流速和浓度产生变化并发生叠加效应,在经过多个弯管后,可能出现膏体颗粒流浓度过大或者流速过小的情况;颗粒流浓度大则需要足够的流速来提供流动势能,而流速也同时发生降低,可能会出现流动势能不足以支撑膏体颗粒流悬浮运动的情况,发生颗粒沉降离析等问题,导致膏体不能继续正常向前运动,从而导致一系列问题出现。

### 10.5.2  长距离管道输送重力和阻力影响分析

在长距离膏体输送过程中,重力作用、阻力作用以及各种弯管的布设会对输送状态产生显著影响。在长距离管道输送过程中,重力会对颗粒的运动状态和下侧管道壁面阻力产生不可忽略的影响。

为了对长距离管道重力与下侧管道壁面阻力的影响进行研究,基于 EDEM 对重力作用下的长距离膏体颗粒运动形态和阻力情况进行了分析。由于算力有限,受模型大小和颗粒数量限制,本文采取加大重力和壁面阻力的模拟环境,对长距离管道中膏体颗粒流的现象级运动规律进行分析研究。取 3 m 长水平直管,颗粒参数按照前文 10.1 节标定完成的条件进行设置,重力加速度和壁面阻力设置为正常水平的 5 倍,给定初始流速 1.2 m/s。

图 10-28 的仿真中,重力影响下,膏体下部的颗粒与管道下侧壁面发生了更多的接触,造成了更多的阻力损失;膏体头部流经更长的管道距离,沿程阻力损失更多。在膏体头部下侧区域出现了因阻力损失导致动能降低的低流速颗粒,低流速颗粒的上方颗粒运动速度更快,上方的高流速颗粒运动到了低流速颗粒前方,并向斜下方运动。

图 10-28  膏体头部区域颗粒状态一

　　随着膏体继续向前流动，在重力和管道下侧壁面强阻力的作用下，能量损失使更多的膏体颗粒无法继续悬浮运动，开始向管道下侧高阻力区域运动，膏体头部下方区域的低流速颗粒数量逐渐增加，低流速区域的颗粒以推移状态向前运动，下部低流速区域与上部高流速区域的剪切作用增强，并形成了管道纵向的速度分层，如图 10-29 所示。

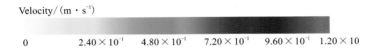

图 10-29　膏体头部区域颗粒状态二

　　由图 10-30 可知，最终随着流经管道距离的增加，在持续重力和阻力的影响

(a) 膏体头部区域颗粒状态三

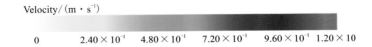

(b) 膏体头部区域颗粒状态四

图 10-30　膏体头部区域颗粒状态三和状态四

下，当动力不足以克服堆积阻力时，膏体头部推移状颗粒流就会发生零流速颗粒堆积现象，导致管道流动截面逐渐缩小并趋于封闭；后方颗粒流则会在重力和阻力的影响下逐渐降速堆积最后停止运动，发生堵管现象。

如图 10-31 所示，随着堆积现象的进一步发展，堵塞区前端流体压力迅速增加，当超过壁面承受能力时，将发生爆管现象。

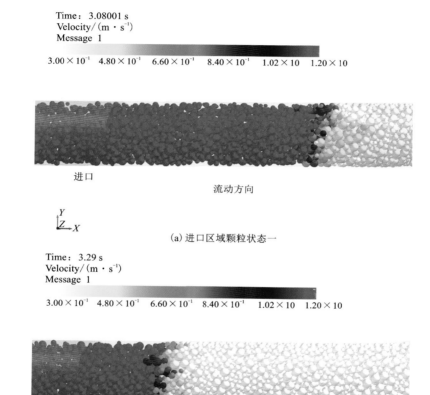

图 10-31 进口区域颗粒状态一和状态二

## 10.6　基于脉冲泵压设备的长距离直管减堵减阻方法

根据 10.5 节的分析，在长距离直管输送中，受长期重力和阻力的作用，膏体颗粒流动状态会发生不利改变，给长距离膏体管道输送工程带来困难和安全隐患。根据脉冲泵压作用效果，若在一定距离设定脉冲泵压装置提供扰动动能，提升膏体颗粒流态悬浮性，可解决颗粒的沉降离析问题，进一步提高膏体长距离管道安全输送的能力。

根据本文 10.3 和 10.4 节的相关分析，脉冲泵压环境下的膏体流态均匀性得到了一定程度的提升，提高了膏体颗粒力链结构的稳定性，抵抗由重力和离心力等作用导致的颗粒沉降离析等不稳定状态的能力增强，可解决长距离输送中的堵管、爆管等问题。

基于上述分析和柱塞泵脉冲泵压工作原理，本文提出一种基于脉冲泵压设备的管道减堵、减阻方案设想，即在一定间隔距离设置一个提供脉冲泵压的设备，如图 10-32 所示。该泵压设备与管道呈一定角度，通过压力控制，周期性地将进口处管道底部沉降颗粒吸入，再从出口处射出，如图 10-33 所示，给膏体颗粒流提供动能的同时扰动沉降的膏体颗粒流使其悬浮运动，间隔距离需要根据具体的管道情况、布置形式和膏体料浆性质确定。

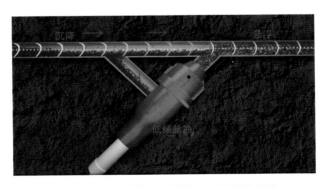

图 10-32　泵送设备对颗粒流态改变构想图

在一定管道距离处设置脉冲泵压设备并进行控制，如图 10-34 所示，可以解除重力和阻力限制的管道最远输送距离，一定程度上缓解深井长距离膏体充填中的区域性限制问题，扩大膏体充填的适用场景。

图 10-33　泵压设备对颗粒作用

图 10-34　长距离低频脉冲输送效果示意图

# 参考文献

［1］陈金楚. 基于 EDEM-Fluent 耦合的气爆松土效果仿真分析与试验［D］. 扬州：扬州大学，2022.

［2］黄钊波. 基于 EDEM 的混凝土泵车料斗与输送管结构优化［D］. 长春：吉林大学，2022.

［3］武涛，黄伟凤，陈学深，等. 考虑颗粒间黏结力的黏性土壤离散元模型参数标定［J］. 华南农业大学学报，2017，38(3)：93-98.

［4］孙岩. 原子力显微镜轻敲模式下能量耗散的机理研究［D］. 北京：北京化工大学，2021.

［5］杨福绅. 燃煤烟气碳捕集相变化吸收剂开发及杂质脱除技术研究［D］. 北京：北京化工大学，2019.

［6］陈凯凯. 散料离散元参数标定方法研究及应用［D］. 武汉：武汉理工大学，2017.

［7］朱晓蒙，蔡晓兰，周蕾，等. 离散元软件 EDEM 在矿冶工程中的应用与研究［J］. 软件导刊，2021，20(12)：93-98.

[8] 基于离散元技术的 EDEM 软件详解[J]. CAD/CAM 与制造业信息化，2012(5)：36-40.

[9] 闫洪超，鲁杰，翟洪涛，等. 颗粒尺寸对压实多分散颗粒体接触力分布的影响[J]. 中国科技论文，2021，16(12)：1372-1380.

[10] 陈凡秀，张慧新，庄琦. 基于 DIC 的颗粒间接触力计算及力链分析[J]. 应用力学学报，2015，32(2)：244-250+353.

[11] 何哲祥，古德生. 矿山充填管道水力输送研究进展[J]. 有色金属，2008(3)：116-120.

[12] 何哲祥. 高浓度充填料浆管道挤压输送理论与应用研究[D]. 长沙：中南大学，2008.

[13] 白发刚，薛钢，黄健塑，等. 仿生机器鱼水动力学与机构动力学耦合建模研究[J]. 西安交通大学学报，2022(9)：46-56.

[14] 郝亚娟. 弹性薄板与流体耦合作用的力学分析[D]. 秦皇岛：燕山大学，2010.

# 第 11 章 /

# 矿山固废膏体充填智能化发展前景与趋势

## 11.1 膏体充填智能化发展的必然性

目前，膏体充填技术仍面临一系列挑战和难题。首先，充填材料受成本制约，一般只能因地制宜，就地取材，因此膏体充填材料具有典型的区域特征，很难建立统一标准。同时惰性材料难以实现深度加工，充填材料的波动为充填质量的调控引入了巨大的不可靠性。其次，充填设计过程仍以经验干预和基础实验为主，通过类比相似矿山的充填参数，结合配比实验，优选满足工艺要求的配比方案，不仅消耗了大量人力、物力、财力，还严重影响了充填方案的高效性和灵活性。设计配比的智能化水平已成为制约膏体充填快速发展和全面推广的核心问题。

近年来，人工智能技术异军突起，得到了各行业的广泛重视。智慧矿山建设是加快实现矿业转型升级的重要途径，越来越多的国家加入了矿山智能化建设。在国外，以瑞典、芬兰等为代表，从国家战略层面，先后出台了 2050 计划、未来矿山计划、IM 计划等，开展了智能化开采技术攻关与推广应用(图 11-1)。在国内，在中国制造 2025 的战略背景下，工信部提出智能制造和两化融合，发改委提出互联网+、云计算和大数据，应急管理部提出机械化换人、自动化减人，大力推动深部金属矿开采智能化进程。充填智能化是矿山智能化建设的重要组成部分，尤其在膏体配比方案智能决策、流动性分析、管道输送阻力计算等核心工程环节方面。

膏体充填技术经过多年发展，在膏体流变机理、流动本构模型、配比计算等方面已形成较为完备的技术体系，在膏体管道输送流动特性、膏体图像形态学、膏体充填机器学习等方面也进行了大量积极探索并形成了显著成果，这些都为膏体智能化发展奠定了坚实的基础。进一步探索膏体智能化发展的内涵，从根本上调整传统充填分析模式、技术流程和研究手段，开发和创新一系列颠覆性的技术和方法，形成具有智能参数预判、独立记忆、独立判断和高精度决策功能的智能充填系统，将成为膏体充填技术革新升级的重要方向。

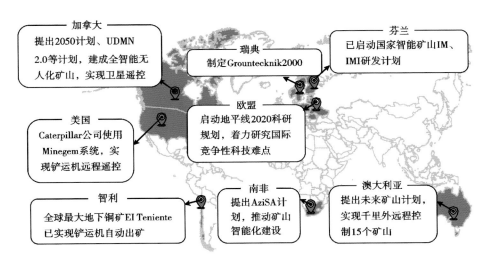

**图 11-1  矿山智能化国际进程**

矿山充填智能化需要考虑以下三个层面的内容：①充填采矿方法选择与参数设计。通过人工智能方法对矿区开采技术条件、环境地质条件和工程地质条件进行综合分析，从安全、环保、经济、高效 4 个层面推荐最优采矿方法，并进行最优参数设计。②充填材料制备。结合图像分析和人工智能方法对尾砂浓密效果、混合搅拌质量进行综合判定，以流动性和强度为目标，开展多参数配比优化。③充填体与次生环境匹配关系。分析充填体对大尺度开采的扰动阻隔关系，建立时空合理的回采顺序及充填顺序。

## 11.2  膏体充填智能化内涵

### 11.2.1  膏体充填智能控制系统架构

国内相关学者认为，矿山充填智能控制系统应实现对充填各环节及状态的集中控制，具备工艺流程控制、工艺参数调节、充填过程数据记录、消息提示与报警、数据处理分析、多客户端协调控制等功能[1]。根据《有色金属行业智能工厂（矿山）建设指南（试行）》中的智能矿山总体设计思路，采用基于工业互联网平台的云、边、端架构，建立矿山充填智能控制系统，实现充填终端仪器仪表、设备等的全面感知和智能控制，边缘侧数据的分析与调节，云端数据的汇聚与开发利用。

### 11.2.2  基础性智能算法

随着工业自动化控制技术的不断发展，矿山充填各阶段的控制系统在不断提高，从最初简单的配料、搅拌、泵送的机械装置，到采用自动化技术实现对设备的逻辑控制，再到现在的智能化充填技术。目前矿山自动化控制使用的控制器有可编程序控制器 PLC、分散控制系统 DCS 等，为工业控制系统的自动化、远程化和智能化创造了条件。充填过程中的数学模型复杂，需通过经验和现场调试来确定控制系统的结构和参数，充填过程一般采用 PID 控制法。崔晓庆等[2]研究了智能控制等数十种控制算法，通过开发智能化仪器仪表，实现了对充填制备过程的检测和控制。

目前在充填领域得到发展应用的算法有人工神经网络（Artificial neural network，ANN）、粒子群优化算法（Particle swarm optimization，PSO）、决策树（Decision tree，DT）、随机森林（（Random forest，RF）、迭代回归树（Gradient boosting regression tree，GBRT）、遗传编程（Genetic programming，GP）等[3~6]。不同算法对不同问题的适用性有较大差异。

随着传统控制理论与模糊逻辑、神经网络、遗传算法等智能算法相结合，充分利用人类的控制知识对复杂系统进行控制，智能化控制系统的雏形已经逐渐形成。郭科伟[7]基于 PID 传统控制技术和模糊逻辑方法对充填原材料配料过程误差进行补偿；最后以工控机和 PLC 为核心，配以高性能的数字模块化组成的一体化计算机，形成了多级膏体充填自动控制系统。

ANN 通过模拟人脑神经元构成的神经网络解决问题，由大量节点（神经元）相互连接构成，在处理统计问题、发现复杂模式和检测总体趋势方面具有较好的适用性[8]。对于充填料浆这种复杂的非牛顿流体，力学性能和模型受多因素影响，呈现非线性变化，ANN 算法对于处理非线性关系和获取各个影响因素之间的相互作用具有较好的性能[9]。利用 PSO 可对 ANN 进行优化，PSO 是一种进化计算技术，可利用群体中个体之间的协作和信息共享来寻找最优解。用 ANN 结合PSO，可实现充填体强度的有效预测[10]，王志会等使用 PSO-ANN 建立了胶结剂含量、养护温度、养护时间及剪切面方向压力到界面抗剪强度的智能预测模型。

DT 是在已知各种情况发生概率的基础上，从训练集中归纳出一组的分类规则，或者说，由训练数据集估计出的条件概率模型，它主要利用树状图或模型来辅助决策，包括分类树和回归树。GBRT 利用迭代法结合大量单树模型来提高预测性能，比单一树模型显示出更好的稳定性和准确性[11,12]，在处理多个数据集时比其他智能算法有更好的预测性能，如齐冲冲[13]结合 GBRT 和 PSO 在尾砂絮凝浓密方面进行相关研究，利用 PSO-GBRT 模型建立了充填体单轴抗压强度和坍落度综合分析方法，以全面考察强度性能和流动性能。RF 是利用多棵树对样本进行训练并预测的一种分类器，组成随机森林的基本单元是树模型，主要利用多个互不相同的决策树模型合集来进行训练。由于矿山充填材料和矿山环境的差异，研究数据集巨大，RF 能够非常有效地运行在大数据集上，适用于矿山充填研究中大量非线性数据的复杂关系建模。

　　智能算法的发展有效推动了矿山充填智能化的进程。张钦礼等[14]通过遗传算法对全尾砂絮凝沉降过程进行了研究，分析并建立了供砂浓度、絮凝剂单耗、絮凝剂添加浓度与沉降速度的映射关系。秦学斌等[15]利用充填材料的孔隙特征，结合人工智能方法，提出了充填强度预测新方法。充填智能化正逐步由科学研究走向工程应用，也必将成为金属矿山固废充填发展史上的闪耀亮点。

### 11.2.3　充填智能化发展思路

　　(1)建立终端数据采集与交流平台

　　大数据采集是矿山充填智能化的基础，不同矿山由于具有特异性，在数据量、数据完整性、数据采集方式和数据可靠性方面存在巨大差异。完善的数据采集方式及采集标准是进行多矿山数据交互的基础，也是深度学习精准预测的保障。

　　(2)形成以机为主，人机交互式管理模式

　　针对充填设计阶段和充填管理阶段开展个性化、模块化设计，建立以智能分析和智能决策为主的管理模式，由管理人员对目标结果进行监控，并通过交互式窗口和友好化界面进行顶层干预。

　　(3)建立膏体充填预测模型

　　在完善的数据集基础上，提取目标充填材料及工艺的相关特征，结合矿山具体工况进行智能化分析处理，实现对充填输送特性和力学特性较为准确的预测，并实现智能推荐充填设计方案。

## 11.3　膏体充填智能化工程案例

　　膏体充填系统的智能化研究目前仍在概念和起步阶段，但不少矿山已开展了积极探索，该章节中，作者通过查阅最新的文献资料，梳理了典型的工程案例，希望对充填智能化研究及工程化有所启迪。

### 11.3.1　武山铜矿膏体充填智能控制系统

　　武山铜矿是江西铜业集团有限公司下属的主体矿山之一，是以铜、硫为主，伴生金、银、硒、碲、铅、锌等多种元素的大型井下矿山，矿石品位高，资源储量大，经济效益好。2019 年，矿山新建一座全尾砂膏体充填站，工艺流程为：将选厂浮选尾砂浆通过 DN300 陶瓷复合管输送至膏体充填站深锥浓密机进行絮凝沉降浓缩；经深锥浓密机制备合格的尾砂浆通过底流渣浆泵泵送至搅拌系统；胶凝材料通过水泥罐车经高压风吹至水泥仓内储存，仓底安装微粉称将胶凝材料输送至搅拌系统，搅拌系统采用两段式搅拌，一级搅拌采用双轴叶轮片式搅拌机，二级搅拌采用双轴螺旋搅拌输送机；搅拌合格的充填料浆通过充填工业泵泵送至井下采场，实现井下采空区全尾砂膏体充填[1]。

（1）智能控制系统

为实现矿山充填的智能控制，首先需实现工艺系统中各子系统的智能控制，在此基础上再实现矿山智能充填，管控生产数据，实现移动端功能。采用"云、边、端"分层、分布式架构系统构建智能控制系统。智能控制系统端部主要有：卧式搅拌机、离心泵和除尘器等设备，物位计、流量计、压力变送器和密度计等仪表，气动闸阀、电动球阀和电动调节阀等阀门，深锥浓密机、膏体工业泵和微粉称等集成设备。边部有 PLC 站、操作站和数据库站等作为管理层控制站。将数据库站与云端连接，实现云端数据管理和移动客户端功能，接入矿山整体运营服务平台。

（2）充填过程监测与控制

充填系统中通过在尾砂浆进料管、底流输送管和料浆输送管安装电磁流量计和核子密度计，实时监测流量和浓度。在水泥仓安装雷达物位计，监测水泥量；在搅拌机和溢流水池安装超声波物位计，监测料位和水位高度；在深锥浓密机安装泥层界面仪和应变计，监测锥内尾砂料位和驱动扭矩。在风管、水管和料浆输送管安装压力变送器，监测风压、水压和管道压力。在水管安装流量计，监测给水流量。采集端部仪表、设备的数字、模拟量信号，对采集到的信号进行加工处理，通过对端部的设备、阀门发出信号，使现场的设备、阀门按照设定程序运行，实现充填作业的智能化操作。充填过程中主要控制的参数包括：絮凝剂添加量控制、底流排放量和浓度控制、胶凝材料给料量控制、料浆浓度控制、搅拌机料位控制、泵送排量控制等。

（3）智能控制系统功能介绍

武山铜矿智能控制系统具备工艺流程控制、调节，作业数据记录，消息提示和报警查询，生产报表管理，生产数据分析展示及移动客户端功能。控制平台包括系统管理、工艺流程、参数设置、数据总表、趋势曲线、报表查询、报警查询等菜单栏。趋势曲线可显示充填过程中各参数在一定时间内的变化趋势，便于分析充填系统的稳定性，报表查询中包括日报表、月报表以及各参数的数据报表并能自动更新，便于生产统计、分析及充填过程回溯查询。

## 11.3.2　张庄一键智能充填系统

张庄矿依据智慧矿山建矿理念，在原充填控制系统和主体设备的基础上进行了智能化升级，建立了一键智能充填系统，实现了对充填料浆精准制备和采场料浆差异化配比的自动化控制，提高了设备故障预警准确率和风险控制能力。系统具有充填全过程多源信息监测和动态调控功能，实现了充填系统全流程智能控制[16]。

（1）智能系统的组成

①硬件部分。一键智能充填系统完善了底层关键数据的采集和重点工艺流程

的控制，在原系统的基础上，增加了深锥浓密机底流放矿浓度、搅拌桶出口充填管路浓度、搅拌桶液位的检测体系，增加了控制放砂流量以及水量的电动调节阀。并建立了独立的 PLC 分站，能与原系统 S7–400PLC 系统进行通讯，完成了充填站主控制系统与其他各子系统的整合。

②软件部分。智能管控系统对充填站的逻辑控制进行了全面的改造升级。在增加部分硬件设施的基础上，对逻辑控制进行了重新编程，包含对除尘系统、絮凝剂制备添加系统的通讯接入，一键启动/停止的顺序控制，充填设备间的连锁控制以及搅拌桶液位的自动控制等，建立了更全面、直观的操作系统。系统总体结构上以 EIC、PLC 为控制核心，整合了充填站所有的子系统控制。操作界面包含了所有设备和子系统，操作人员可以面对上位机对充填流程进行全面监控。同时上位机管理功能增加了参数设定、报表、历史趋势、报警记录、操作记录等管理功能，为管理人员开辟了新的管理方式和思路。

③手机 APP 软件部分。建立了大数据平台，采集和归纳了充填站的生产数据，配置了独立服务器负责数据的整理和交互工作。手机 APP 软件的开发，完成了生产流程、重要生产数据的手机端呈现，完成了生产报表、历史趋势、报警等管理功能的手机端呈现，智能手机的广泛应用使得充填站手机 APP 软件成为最快捷、有效的生产管理平台。

（2）智能系统实现功能

①充填生产一键启停功能。充填生产的一键启停包含多工艺设备的连锁启动控制、设备开停机时间控制、开机自动提示控制等功能。一键启动"任务开始"后，系统自动检测各仪表参数，根据顺序控制逻辑，连锁启动相应的设备，直至充填生产稳定开始。充填生产结束时，一键启动停车功能，系统自动关停相应设备，并开启冲洗水对充填管路进行冲洗，直至停车结束。

②深锥浓密机底流放砂的自动控制。张庄矿充填系统为自流充填系统，深锥浓密机的放砂流量应与充填流量保持一致，才能保证生产的连续性。搅拌桶作为具有一定缓存能力的设备，可为深锥浓密机放砂提供可控条件。为保证尾砂与胶固粉的充分混合，搅拌桶液位必须保持在合理液位。该控制以搅拌桶液位基本稳定为控制目标，通过搅拌桶入口管路的电动管夹阀开度控制管路的实时流量，通过对该工艺段设备的闭环控制，达到自动调节深锥浓密机放砂流量的目的。

③自动精确控灰控制。通过检测深锥浓密机底流管路下砂浓度，结合管路实时流量计算实时放砂干砂量，依据设定的灰砂比，得到实时的配灰（胶固粉）量。自动控制系统将该量反馈给螺旋输送秤，实时调整螺旋输送机的工作频率，实现自动控制下灰（胶固粉）、稳定灰砂配比的功能。

④其他功能。其他功能包括搅拌桶液位自动控制、充填浓度检测及稳定控制、除尘系统和絮凝剂制备添加系统的通讯接入、生产报表统计功能、操作记录查询和自动语音报警功能和手机 APP 软件管理查询功能。

### 11.3.3 山东黄金智慧充填系统

智慧充填以物联网、基础自动化系统为支撑，融合现代计算机网络通信技术、现代控制理论技术、人工智能技术和现代企业管理技术，建立了多层级分布式网络智慧充填系统，具有信息交互、复杂工况感知、智能化动态决策执行等功能，能实现充填全过程的智能控制和数据集成化的管理分析，从而实现充填的安全化、精准化、智能化、高效化，最终实现具有系统自优化和决策控制功能的新一代智慧型充填系统。智慧充填的核心是对整个矿山充填过程进行智能控制，从技术角度看，智慧充填涉及多种技术，并且需要实现各个技术要素之间的整合与平衡。智慧充填系统包含矿山生产现场的智能充填控制系统和云平台的充填数据集成化管理系统[17]。

（1）智能充填控制系统

①空区扫描技术。通过操纵无人机搭载 Hovermap（旋图）三维激光扫描仪，实现井下采空区三维激光扫描建模，准确计算采空区三维模型和预充填体积，为充填方案设计提供基础数据。充填过程中，通过智慧充填系统对充填工艺参数进行实时测量和数据处理，实现对当前充填区域实时充填状态及充填进度的全程可视化监控，为指导充填生产提供数据支持。

②充填精准制备系统。充填料浆的精准制备是智慧充填的基础，充填数据集成管理平台将各子矿山试验的最佳浓度配比作为充填系统控制的依据。矿山充填工艺流程包含选矿尾砂输送、浓密造浆、胶结充填配灰、充填料浆搅拌、井下充填输送以及充填生产辅助等环节。充填精准制备系统又包括供砂系统的智能监测与控制、立式砂仓造浆与深锥浓密系统的智能控制、精准配灰系统的智能控制、搅拌桶液位的智能稳定控制、故障自诊断系统、充填生产智能安全监控。

③充填管路监测系统。目前大多数充填自动化系统都缺乏监测充填管路状态的功能，充填管路的堵塞和泄漏会严重影响正常生产。充填料浆输送可靠性在线监测系统可实现充填管网压力、流量、浓度的采集和传输，建立充填管网运行状态评判模型和充填管网故障预警机制，实现故障诊断、预警和故障应急处置。充填智能控制系统可以依据充填采场编号，自动计算充填管路的倍线及总长度，同时结合充填浓度多少、是否胶结等，综合分析最合理的管路冲洗水量及冲洗时间，进行管路冲洗控制，降低井下排水成本。

④充填体强度监测系统。充填时预埋多个数据采集箱监测充填体的温度、湿度、形变、振动情况，持续跟踪充填体强度受地压扰动的变化，并将井下采集的数据上传到充填数据平台系统，对充填体的稳定性进行长期跟踪，可以为预防地质灾害提供数据支持。

（2）充填数据集成化管理系统

①网络平台。井下现场数据网络传输基本上仍以百兆、千兆工业以太网为

主。在一段时间内,网络构架以"工业以太网+接入网"的形式为主。主干网为工业以太网,井下充填管路监测和采场监测等设备可直接接入主干网,也可形成小的控制系统再接入主干网。在智慧充填系统中,应用 5G、光纤通信等作为接入网技术,可以使系统接入更方便,利于实现充填管路监测等系统的全覆盖,减少数据盲区。智慧充填要求能实现矿山网络灾后重构,应首先使用集中式网络恢复和混合的网络恢复协议。智慧充填网络平台部署于山金企业云平台,增加了网络安全性。

②数据平台。大数据和云计算是智慧充填数据平台应用的发展趋势。目前,山东黄金集团已有自己的私有云(山金云),智慧充填数据服务已在山金云平台上使用。智慧充填数据管理系统采用统一的网络接口,能够融合各矿山的充填数据,收录各矿山不同阶段的充填试验数据。统一数据平台有利于聚合大量数据。专业人员可通过新一代人工智能技术分析长期积累的数据,完成机器学习,辅助充填设计,指导生产工业参数优化。智慧充填所需的统一数据平台与大数据技术体现为工业数据采集与管理、大数据分析、知识挖掘、信息充分利用,能形成隐患辨识模型,建立充填信息自动判识、预警与控制机制,提高生产效率。

③协同诊断系统。过去在充填生产中,设备或系统遇到问题时会组建技术队伍,根据经验分析原因并解决问题,实际上并没有利用数据形成专家诊断系统,系统不具有深度学习和自优化功能。在智慧充填建设中,要实现系统的自诊断、自调整,必须要有一个协同工作平台。目前的智慧充填系统能够对部分矿山充填全过程进行实时三维监控,实时为矿山充填系统提供最优控制浓度、配比等参数。充填系统异常时各矿山技术人员可协同诊断。同时手机端可完成数据的查询分析,实现充填系统运行状态上传功能。

(3)智慧充填效益分析

智慧充填控制系统已经在山东黄金部分矿山进行应用,以山东黄金集团鑫汇公司为例,矿山每年工作 330d,每天充填 16h,日均充填量 747m³,采用智慧充填系统后的充填技术经济指标变化量如表 11-1 所示。经进一步统计,智慧充填系统运行后,该矿每年节省人工费用 60.1 万元,节省充填材料成本 69.49 万元,节省井下充填排水排泥费 101 万元,矿石损失率与贫化率降低所产生的经济效益为1890 万元,年创造的经济效益总计为 2120.59 万元。综上,智慧充填系统在该矿运行后所产生的经济效益十分可观。

表 11-1　采用智慧充填系统后的充填技术经济指标变化量

| 节约材料费用<br>/(元·t⁻¹) | 节省人工成本<br>/(元·t⁻¹) | 减少采空区排水<br>/(t·m⁻³) | 减小矿石损失率<br>/% | 减小矿石贫化率<br>/% |
|---|---|---|---|---|
| 1.41 | 1.22 | 0.11 | 3 | 2 |

## 11.4 矿山固废充填发展趋势

目前金属矿山固废充填仍面临一系列挑战和难题。首先，充填材料受制于成本制约，一般只能因地制宜，就地取材，外区域的优质惰性材料、活性材料和改性材料难以大量使用，同时惰性充填材料也难以实现深度加工，充填材料的波动性为充填质量的调控引入了巨大的不可靠性。其次，充填过程仍以经验干预为主，充填过程的品质调控具有典型的高延时性和不确定性，装备的自动化、物料调配的自动化以及控制系统的自动化水平仍将是制约膏体充填快速发展和全面推广的核心问题。第三，充填方案的适用性与经济模型的匹配关系表现出了特殊的平衡关系。由于充填采矿方法的复杂性和时效性，确定满足安全回采需求的最优充填方法是充填方案设计的基础和前提，也是经济评价的立足点。建立"采矿方法—充填方案—充填效果—经济模型"综合评价体系将成为促进矿山固废充填标准化评价的重要支撑。

在金属矿山资源开采蓬勃发展的今天，有效解决安全与环境问题已成为固废充填采矿替代其他采矿方法的最大合理性需求。未来几年，围绕国家生态建设、资源开发需求，结合行业发展特点，金属矿山固废充填仍将持续性发挥重要作用。在消除深部采矿安全隐患、保护矿山生态环境方面，充填采矿法或将成为深部采矿和绿色采矿未来可期的唯一解决方案，这也对金属矿山固废充填发展质量提出了更高的要求。

（1）拓展绿色发展内涵

2006 年，国土资源部首次提出了"坚持科学发展，建设绿色矿业"的口号；2017 年，党的"十九大"报告为我们明确了"绿水青山就是金山银山"的绿色发展理念。矿山固废充填绿色发展应包括绿色技术、绿色路线、绿色材料、绿色装备、绿色效果等方面。绿色技术侧重于发展超细固废高效利用、选矿废水回收与循环利用、长距离高落差大流量输送、充填强度稳定性控制、充填系统智能化与集约化；绿色路线应以不增加矿山资源回收前三废要素，不减少生态要素为指导；绿色材料应重点发展对工作环境、地下水体无毒害，降低有害成分产出的新型材料；绿色装备应以能耗低、充分利用新能源技术为方向；绿色效果应综合实现生态良好、人文和谐，促进矿地经济一体协同发展。

（2）探索模块化、规模化、智能化之路

随着"采、选、冶一体流态化开采"技术的提出，在现代"一键式组装、一键式运营、一键式管理"模式的驱动下，工艺流程既要简约灵活，又要能够迅速形成规模化生产力，模块化、规模化的装备及技术需要各工艺环节的有效协同。引入云计算、大数据分析、机器自学习，实现管控可视化、智能化，形成充填智能化管控平台，综合开展大型无轨装备自主化及远程智能化控制、开采全过程三维可视化及数据实时采集智能化处理、矿山生产决策及管控一体化平台研究，推进我国金属矿山开采的智能化之路。

（3）形成完备的充填理论与技术

在尾矿浓密方面，通过尾矿停留时间、泥层压力、屈服应力与底流浓度之间的关系等，形成对浓密过程的精细化描述，探索适应不同充填环境的浓密方案。在充填料浆高效制备方面，通过对连续搅拌方式、制备能力、停留时间、搅拌功耗、搅拌均质性与物料特性之间的关联性的研究，实现对充填专用设备的研发与控制。在充填管道输送方面，以流体力学为基础，描述具有高固相特征的充填料浆流动模式，建立较为准确的增阻与减阻调控技术。在新型充填材料方面，围绕城市垃圾等更为广义的充填固废惰性材料、新型的胶凝材料和专用改性材料开展系列研发。在充填力学特性方面，开展充填料浆采场凝结性能、强度发育特征以及与围岩作用关系研究，尤其在改善区域地压的作用等方面。在研究手段方面，深入开发能够表征具有多尺度、高浓度特征的充填料浆数值模拟方案，在浓密、搅拌、输送以及强度发展等方面实现原景观测的数值可视化。

（4）服务深地开采需求

由于深部原岩应力高、构造应力扰动剧烈，在深部开采活动中地压显现严重，硬岩岩爆、软岩塌方灾害显著[18]。空场法、崩落法等传统采矿方法已无法确保深部采矿生产的安全，充填采矿方法将成为支撑深部资源安全回采的重要内涵[19]。在国家战略层面，深层和复杂矿体采矿技术及无废开采综合技术已被列入矿产资源领域的优先主题。膏体充填体能够达到良好的接顶性能及力学性能，可有效吸收转移应力，缓解区域地压[20]，但在深井管道输送、适应深部环境的特殊材料以及深部充填体多场力学性能方面仍需要进一步研究。

# 参考文献

［1］陈鑫政，杨小聪，郭利杰，等. 矿山充填智能控制系统设计及工程应用［J］. 有色金属工程，2022，12（2）：114-120.

［2］崔晓庆，赵望达. 矿山充填过程的智能仪表及智能控制方法研究［J］. 电子质量，2002（9）：49-53.

［3］QI C C，YANG X Y，LI G C，et al. Research status and perspectives of the application of artificial intelligence in mine backfilling［J］. J China Coal Soc，2021，46（2）：688.

［4］BOUBOU R，EMERIAULT F，KASTNER R. Artificial neural network application for the prediction of ground surface movements induced by shield tunnelling［J］. Can Geotech J，2010，47（11）：12-14.

[5] OREJARENA L, FALL M. The use of artificial neural networks to predict the effect of sulphate attack on the strength of cemented paste backfill[J]. Bull Eng Geol Environ, 2010, 69 (4): 659.

[6] QI C C, FOURIE A, CHEN Q S, et al. A strength prediction model using artificial intelligence for recycling waste tailings as cemented paste backfill[J]. J Clean Prod, 2018, 183: 566.

[7] 郭科伟. 充填膏体制备及泵送自动监控系统[D]. 邯郸：河北工程大学，2013.

[8] ZHANG G S, CHEN Y T, HU Y J, et al. Research on mixing proportions of a new backfilling cementitious material based on artificial intelligence neural network[J]. Min Res Dev, 2020, 40(9): 143.

[9] WANG Z H, WU A X, WANG Y M. Progress and prospect of three-dimensional analytical model for the strength design of cemented filling body[J]. Min Res Dev, 2020, 40(1): 37.

[10] QI C C, FOURIE A, CHEN Q S. Neural network and particle swarm optimization for predicting the unconfined compressive strength of cemented paste backfill[J]. Constr Build Mater, 2018, 159: 473.

[11] QI C C, FOURIE A, MA G W, et al. Comparative study of hybrid artificial intelligence approaches for predicting hangingwall stability [J]. J Comput Civ Eng, 2018, 32 (2): 04017086.

[12] QI C C, CHEN Q S, FOURIE A, et al. Constitutive modelling of cemented paste backfill: A data-mining approach[J]. Constr Build Mater, 2019, 197: 262.

[13] QI C, CHEN Q, KIM S S. Integrated and intelligent design framework for cemented paste backfill: A combination of robust machine learning modelling and multi-objective optimization [J]. Minerals Engineering, 2020, 155: 106-422.

[14] 张钦礼, 刘奇, 赵建文. 全尾砂絮凝沉降参数预测模型研究[J]. 东北大学学报(自然科学版), 2016, 37(6): 875-879.

[15] QIN X, CUI S, LIU L, et al. Prediction of mechanical strength based on deep learning using the scanning electron image of microscopic cemented paste backfill [J]. Advances in Civil Engineering, 2018.

[16] 王南南, 余剑, 王玉富, 等. 一键智能充填系统在张庄矿的应用[J]. 现代矿业, 2021, 37(2): 137-140.

[17] 王增加, 齐兆军, 寇云鹏, 等. 智慧充填系统赋能矿山新发展[J]. 矿业研究与开发, 2022, 42(1): 156-161.

[18] LI C H, BU L, WEI X M, et al. Current status and future trends of deep mining safety mechanism and disaster prevention and control[J]. Chin J Eng, 2017, 39(8): 1129.

[19] CAI M F, XUE D L, REN F H. Current status and development strategy of metal mines [J]. Chin J Eng, 2019, 41(4): 417.

[20] WU A X, LI H, YANG L H, et al. Cemented paste backfill paves the way for deep mining [J]. Gold, 2020, 41(9): 51.